U0334432

总主编 伍 江 副总主编 雷星晖

余光辉 何品晶 著

基于絮体多层结构的污水厂
污泥脱水和颗粒化机制研究

Mechanism of Sludge Dewatering and Granulation of Wastewater Treatment Plants Based on the Multi-layers Structure of Flocs

内 容 提 要

本书研究了影响污泥脱水性能的主要因素，探明了超声波和碱预处理调控污泥絮体结构和有机质分布模式的效果，比较了污泥絮体各层用作絮凝剂的絮凝效果及机制，探讨了污泥絮体去除胞外聚合物后细胞相优化好氧污泥颗粒化工艺的现象与机制。

本书立题新颖，理论与实践紧密结合，研究设计科学规范合理，分析深入，表述清晰，结论可靠，有很好的生产应用价值。本书可供高等院校环境专业及相关专业、环保决策人士及有兴趣的读者参考阅读。

图书在版编目(CIP)数据

基于絮体多层结构的污水厂污泥脱水和颗粒化机制研究 / 余光辉，何品晶著. —上海：同济大学出版社，2017.8
(同济博士论丛 / 伍江总主编)
ISBN 978-7-5608-6964-3

Ⅰ. ①基… Ⅱ. ①余… ②何… Ⅲ. ①污水处理厂—污泥处理—研究 Ⅳ. ①X703

中国版本图书馆 CIP 数据核字(2017)第 093002 号

基于絮体多层结构的污水厂污泥脱水和颗粒化机制研究

余光辉　何品晶　著

出 品 人　华春荣　　责任编辑　陆义群　卢元姗
责任校对　徐春莲　　封面设计　陈益平

出版发行　同济大学出版社　www.tongjipress.com.cn
(地址：上海市四平路 1239 号　邮编：200092　电话：021-65985622)
经　　销　全国各地新华书店
排版制作　南京展望文化发展有限公司
印　　刷　浙江广育爱多印务有限公司
开　　本　787 mm×1092 mm　1/16
印　　张　15.25
字　　数　305 000
版　　次　2017 年 8 月第 1 版　2017 年 8 月第 1 次印刷
书　　号　ISBN 978-7-5608-6964-3

定　　价　71.00 元

“同济博士论丛”编写领导小组

总 序

在同济大学110周年华诞之际，喜闻“同济博士论丛”将正式出版发行，倍感欣慰。记得在100周年校庆时，我曾以《百年同济，大学对社会的承诺》为题作了演讲，如今看到付梓的“同济博士论丛”，我想这就是大学对社会承诺的一种体现。这110部学术著作不仅包含了同济大学近10年100多位优秀博士研究生的学术科研成果，也展现了同济大学围绕国家战略开展学科建设、发展自我特色，向建设世界一流大学的目标迈出的坚实步伐。

坐落于东海之滨的同济大学，历经110年历史风云，承古续今、汇聚东西，秉持“与祖国同行、以科教济世”的理念，发扬自强不息、追求卓越的精神，在复兴中华的征程中同舟共济、砥砺前行，谱写了一幅幅辉煌壮美的篇章。创校至今，同济大学培养了数十万工作在祖国各条战线上的人才，包括人们常提到的贝时璋、李国豪、裘法祖、吴孟超等一批著名教授。正是这些专家学者培养了一代又一代的博士研究生，薪火相传，将同济大学的科学研究和学科建设一步步推向高峰。

大学有其社会责任，她的社会责任就是融入国家的创新体系之中，成为国家创新战略的实践者。党的十八大以来，以习近平同志为核心的党中央高度重视科技创新，对实施创新驱动发展战略作出一系列重大决策部署。党的十八届五中全会把创新发展作为五大发展理念之首，强调创新是引领发展的第一动力，要求充分发挥科技创新在全面创新中的引领作用。要把创新驱动发展作为国家的优先战略，以科技创新为核心带动全面创新，以体制机制改革激发创新活力，以高效率的创新体系支撑高水平的创新型国家建设。作为人才培养和科技创新的重要平台，大学是国家创新体系的重要组成部分。同济大学理当围绕国家战略目标的实现，作出更大的贡献。

大学的根本任务是培养人才，同济大学走出了一条特色鲜明的道路。无论是本科教育、研究生教育，还是这些年摸索总结出的导师制、人才培养特区，“卓越人才培养”的做法取得了很好的成绩。聚焦创新驱动转型发展战略，同济大学推进科研管理体系改革和重大科研基地平台建设。以贯穿人才培养全过程的一流创新创业教育助力创新驱动发展战略，实现创新创业教育的全覆盖，培养具有一流创新力、组织力和行动力的卓越人才。“同济博士论丛”的出版不仅是对同济大学人才培养成果的集中展示，更将进一步推动同济大学围绕国家战略开展学科建设、发展自我特色、明确大学定位、培养创新人才。

面对新形势、新任务、新挑战，我们必须增强忧患意识，扎根中国大地，朝着建设世界一流大学的目标，深化改革，勠力前行！

万　钢

2017 年 5 月

论丛前言

承古续今，汇聚东西，百年同济秉持“与祖国同行、以科教济世”的理念，注重人才培养、科学研究、社会服务、文化传承创新和国际合作交流，自强不息，追求卓越。特别是近20年来，同济大学坚持把论文写在祖国的大地上，各学科都培养了一大批博士优秀人才，发表了数以千计的学术研究论文。这些论文不但反映了同济大学培养人才能力和学术研究的水平，而且也促进了学科的发展和国家的建设。多年来，我一直希望能有机会将我们同济大学的优秀博士论文集中整理，分类出版，让更多的读者获得分享。值此同济大学110周年校庆之际，在学校的支持下，“同济博士论丛”得以顺利出版。

“同济博士论丛”的出版组织工作启动于2016年9月，计划在同济大学110周年校庆之际出版110部同济大学的优秀博士论文。我们在数千篇博士论文中，聚焦于2005—2016年十多年间的优秀博士学位论文430余篇，经各院系征询，导师和博士积极响应并同意，遴选出近170篇，涵盖了同济的大部分学科：土木工程、城乡规划学(含建筑、风景园林)、海洋科学、交通运输工程、车辆工程、环境科学与工程、数学、材料工程、测绘科学与工程、机械工程、计算机科学与技术、医学、工程管理、哲学等。作为“同济博士论丛”出版工程的开端，在校庆之际首批集中出版110余部，其余也将陆续出版。

博士学位论文是反映博士研究生培养质量的重要方面。同济大学一直将立德树人作为根本任务，把培养高素质人才摆在首位，认真探索全面提高博士研究生质量的有效途径和机制。因此，“同济博士论丛”的出版集中展示同济大学博士研究生培养与科研成果，体现对同济大学学术文化的传承。

“同济博士论丛”作为重要的科研文献资源，系统、全面、具体地反映了同济大学各学科专业前沿领域的科研成果和发展状况。它的出版是扩大传播同济科研成果和学术影响力的重要途径。博士论文的研究对象中不少是“国家自然科学基金”等科研基金资助的项目，具有明确的创新性和学术性，具有极高的学术价值，对我国的经济、文化、社会发展具有一定的理论和实践指导意义。

“同济博士论丛”的出版，将会调动同济广大科研人员的积极性，促进多学科学术交流、加速人才的发掘和人才的成长，有助于提高同济在国内外的竞争力，为实现同济大学扎根中国大地，建设世界一流大学的目标愿景做好基础性工作。

虽然同济已经发展成为一所特色鲜明、具有国际影响力的综合性、研究型大学，但与世界一流大学之间仍然存在着一定差距。“同济博士论丛”所反映的学术水平需要不断提高，同时在很短的时间内编辑出版110余部著作，必然存在一些不足之处，恳请广大学者，特别是有关专家提出批评，为提高同济人才培养质量和同济的学科建设提供宝贵意见。

最后感谢研究生院、出版社以及各院系的协作与支持。希望“同济博士论丛”能持续出版，并借助新媒体以电子书、知识库等多种方式呈现，以期成为展现同济学术成果、服务社会的一个可持续的出版品牌。为继续扎根中国大地，培育卓越英才，建设世界一流大学服务。

伍　江

2017年5月

前言

污泥脱水不仅是污水厂污泥无害化处理处置必不可少的前处理环节，也是污水厂污泥管理过程中应用最为普遍的共性技术；而由污泥絮体中微生物产生的大分子有机物——胞外聚合物(extracellular polymeric substances, EPS)是决定污泥脱水性能的关键物质。鉴于污泥的脱水性能由污泥絮体结构和有机组成特征决定，本书通过构建和表征污泥絮体多层结构，结合三维荧光光谱-平行因子(EEM-PARAFAC)分析，及荧光染色-共聚焦激光显微镜原位观察方法，建立对污泥脱水性能具有关键影响的污泥絮体结构和有机组成特征的创新研究方法。基于此方法，本书研究了影响污泥脱水性能的主要因素；探明了超声波和碱预处理调控污泥絮体结构和有机质分布模式的效果，及对后续厌氧与好氧消化过程中的脱水性能和消化性能的改善机制；比较了污泥絮体各层用作生物絮凝剂的絮凝效果及机制，分析了其用作生物絮凝剂提高污泥脱水性能的潜力；还探讨了污泥絮体去除EPS后的细胞相(pellet)优化好氧污泥颗粒化工艺的现象与机制。本书获得了如下的创新研究成果。

1) 基于污泥絮体具有剪切力敏感性的特征，通过具有不同剪切力的离心和超声波方法，构建了污泥絮体多层结构模式，即污泥絮体从外向内分成上清液(supernatant)层、黏液(slime)层、疏松结合EPS(LB-EPS)层、紧密结合EPS(TB-EPS)层和细胞相(pellet)层；发现污泥脱水性能主要受supernatant、slime和LB-EPS层的蛋白质($R^2>0.72$, $p<0.01$)和蛋白

质与多糖的比值($R^2 > 0.51$, $p < 0.01$)影响,而不受其他层或整个污泥絮体的蛋白质和蛋白质与多糖的比值影响,也不受任何污泥絮体层或整个污泥絮体中的多糖影响。而在以前的同类研究中,supernatant和slime层因含较少的有机质,通常是被可忽略的。

2) EEM-PARAFAC的非破坏性表征方法,首次被应用于研究影响污泥脱水性能的主要因素。结果表明:所研究的生活污水源(3个厂)、生活垃圾源(4个厂)、工业污水源(4个厂)和特殊工业污水源(1个厂)的污水处理厂污泥的EEM光谱都可被PARAFAC方法分成6个荧光组分;污泥脱水性能在supernatant层主要受类蛋白质物质[Ex/Em = (220, 280)/350]影响,而在slime层、LB-EPS层和TB-EPS层则不仅受类蛋白质物质影响,同时也受类腐殖酸和类富里酸物质[Ex/Em = (230, 280)/430, (250, 340)/430, (250, 360)/460]影响。而在以前的同类研究中,类腐殖酸和类富里酸对污泥脱水性能的影响均未被关注。该结果还表明,虽然TB-EPS层在污泥絮体中不影响污泥脱水性能,但转化为可溶态时也会劣化污泥脱水性能,即具有影响污泥脱水性能的潜力。

3) 利用荧光染色-共聚焦激光显微镜方法,原位观察过滤过程中有机质,在所形成滤饼中的分布状况,及影响过滤性能的主要因素。结果表明,在supernatant、LB-EPS和TB-EPS层,蛋白质、α-多糖和脂肪均会影响污泥过滤性能;在slime层,蛋白质和脂肪对污泥过滤性能有重要的影响;而在污泥絮体各层,β-多糖均不影响污泥过滤性能。而在以前的所有同类研究中,由于多糖没有被进一步区分,α-多糖对污泥过滤性能的影响常被忽略。原污泥过滤阻力是由可溶性EPS(supernatant+slime+部分LB-EPS)中的蛋白质和α-多糖控制的,而超声污泥过滤阻力仅由TB-EPS中的蛋白质控制。该结果也表明,TB-EPS层转化为可溶态时,会劣化污泥脱水性能。

4) 以不破坏污泥絮体中的细胞,而最大限度地释放EPS固定的胞外有机质和胞外酶为确定最优工艺条件的依据,超声波预处理污泥的最优工艺条件为 20 kHz、10 min 和 3 kW/L。在该最优工艺参数下，超声波预处理通过调控污泥絮体各层中有机质组成和分布（空间结构）特征，释放污泥絮体内层（TB－EPS 和 pellet）中的蛋白质、多糖及胞外酶到外层（slime 和 LB－EPS），创造有机质与胞外酶充分接触的环境，达到更有效降解后续消化工艺中可溶性有机物的效果，从而达到同时改善后续厌氧/好氧消化工艺中的污泥脱水性能和消化性能的目的。

5）pH 10.0 时，可以大幅度提高污泥中温和高温水解酸化过程中挥发性脂肪酸（VFA）产量，同时有效阻断甲烷化途径；但致使其污泥脱水性能严重劣化。其机制是 pH 10.0 提供了污泥连续碱预处理的条件，不断转化污泥絮体内层（TB－EPS 和 pellet）中难以被微生物利用的颗粒态有机质，到外层（slime 和 LB－EPS）为易于微生物利用的可溶态有机质，解除了 EPS 对污泥水解的限制作用，明显提高了水解酸化过程中 VFA 浓度。因此，pH 10.0 的水解酸化工艺可以作为污水厂三级处理的一部分。

6）原生污泥中的 EPS 在接种培养好氧颗粒污泥时，可能起到空间位阻的作用，延缓了好氧污泥的颗粒化过程；而 pellet 接种，可以加速好氧颗粒污泥的培养过程，同时，pellet 接种的完全混合式反应器（CSTR）也可以培养出少量好氧颗粒污泥；六倍荧光染色－共聚焦显微镜原位观察和污泥絮体分层结合的分析结果表明，污泥颗粒化过程中，丝状菌起着骨架的作用，球状菌附着生长在其上，该结果对探明好氧颗粒污泥的形成机制具有重要意义。

7）探明污泥絮体中的胞外酶和有机质分布模式，对资源化利用污泥中酶资源和生物絮凝剂资源，及发展新的污泥管理模式都有重要意义。回收的酶与生物絮凝剂资源，可以回用于污水处理工艺，提高污水处理效率；通过预处理调控污泥絮体结构，可以达到同时改善后续厌氧/好氧消化工艺中污泥脱水性能和消化性能的目的，为污泥高效脱水预处理技术的科学研究和工程应用提供理论基础与技术支撑；EEM－PARAFAC 方法可以作为一种有应用价值的污泥脱水性能监测工具，应用该方法测定污泥脱水性能时，仅需过滤或稀释等简单的样品预处理，不需要任何化学试剂；疏松结合的污泥絮体层(即 supernatant, slime 和 LB-EPS 层)受污水来源影响较大。因此，疏松结合的污泥絮体层的 EEM 谱图可以用于区分污水的来源。

缩写词对照表

缩　写	英　文　全　名	中　文　名
ADM	anaerobic digestion model	厌氧消化模型
CLSM	confocal laser scanning microscopy	共聚焦激光显微镜
COD	chemical oxygen demand	化学需氧量
CST	capillary suction time	毛细吸水时间
CSTR	continuously stirred tank reactor	完全混合反应器
DNA	deoxyribonucleic acid	脱氧核糖核酸
EDTA	ethylenediaminetetraacetic acid	乙二胺四乙酸
EEM	excitation emission matrix	激发发射矩阵
EPS	extracellular polymeric substances	胞外聚合物
FI	fluorescence intensity	荧光强度
FRI	fluorescence regional integration	荧光区域综合指数
FT - IR	fourier transform-infrared spectroscopy	傅里叶红外光谱
GC	gas chromatogram	气相色谱
GPC	gel permeation chromatography	凝胶渗透色谱
ICP	inductively coupled plasma	电感耦合等离子体
IWA	International Water Association	国际水质协会
LB - EPS	loosely bound - EPS	疏松结合 EPS
LC	liquid chromatogram	液相色谱
OUR	oxygen uptake rate	好氧呼吸速率
PARAFAC	parallel factor analysis	平行因子分析

续　表

缩　写	英　文　全　名	中　文　名
PBS	phosphate-buffered saline	磷酸盐缓冲溶液
PCA	principal component analysis	主成分分析
PSD	particle size distribution	粒径分布
SBR	sequencing batch reactor	序批式反应器
SCOD	soluble COD	可溶性化学需氧量
SEC	size exclusion chromatography	尺寸排除色谱
SEM	scanning electron microscopy	扫描电镜
SMP	soluble microbial byproduct	可溶性微生物副产物
SRF	specific resistance to filtration	比阻
TB-EPS	tightly bound-EPS	紧密结合 EPS
TOC	total organic carbon	总有机碳
TSS	total suspended solids	总悬浮固体
VFA	volatile fatty acids	挥发性脂肪酸
VSS	volatile suspended solids	挥发性悬浮固体
WAS	waste activated sludge	废弃活性污泥

目　录

第1章 绪论

1.1 概述

污水厂污泥是污水处理产生的主要二次污染物。在典型的生物处理工艺中，污水厂污泥主要由剩余活性污泥组成。从污水中去除的污染物大部分集聚在污泥之中，有机物和氮为50%～70%，磷和重金属为80%～90%。近年来，我国的水污染控制事业发展迅速，相应的污水处理量和污泥产生量均日益增长。据中国环境统计公报提供的数据，中国2006年排放污水约556.7亿m^3，比上年增加3.7%[1]；综合处理率以60%计，且假定污水处理的污泥干固体产率为万分之二，则污水处理厂干污泥的产量约为668万t/年，按含水率96%的浓缩污泥计，污泥产生量可达16 700万m^3/年；而按国家"十一五"环境保护规划，新增城市污水处理能力4 500万m^3/d，则到"十一五"末，我国污水厂浓缩污泥产生量将达2.4亿m^3/年。数量如此巨大的污泥如得不到妥善处置，将对环境造成严重的二次污染[2]。

污水处理厂产生的大量污泥必须经过进一步的处理，以达到减少污泥量、提高污泥可处理性及减少对人体健康危害的目的。因此，污泥处理应该① 降低污泥含水率；② 转化污泥中易腐有机质为稳定的、惰性无机物质；③ 调理污泥残余物达到可处置的要求。简言之，与其他废弃物相同，可持续的污泥管理应遵循"减量化、资源化、无害化"的原则。此外，污泥一经产生，即只能被转化而不能被消灭，因此不管是如何完善的污泥处理技术过程，其产物进入自然环境仍可能产生一定的不利影响，只有当污泥被最终作为资源利用时，才可能期望整个污泥的处理过程具有对环境有利的影响[3]。由此可见，污泥资源化利用对污泥管理有重要意义。

目前，回收污泥中有用物质（如碳源、酶源、生物絮凝剂）已成为普遍的趋势[4]。污泥中有机物的含量在60%左右，生物易降解有机组分在40%以上。如果能利用微生物在一定的条件下，将剩余污泥转化为有机酸，不仅可以减少它对环境的污染，又可以生产有机酸用于补充生物除磷脱氮工艺中碳源的不足，对许多进水COD浓度低的污水厂有一定的实际意义。此外，污泥脱水性能较差，常需添加化学药剂进行调理；而化学工业生产的絮凝剂虽然可以改善污泥的脱水性能，但其价格昂贵，使污泥处理成本偏高。污泥本身含有较多的大分子有机物，因此可以考虑用作生物絮凝剂，达到“以废制废”的目的。

常规的污泥处理工艺流程如图1-1所示[5]。目前，厌氧和好氧消化仍是污泥处理的主要工艺，但它们都存在所需消化时间长的问题[6, 7, 8]。这主要是由于污泥中含有较多量的颗粒态、慢速降解的有机物（图1-2）。因此，在污泥消化过程中，水解是限速步骤，导致污泥消化所需时间较长。国际水质协会（IWA）发展的厌氧消化模型（ADM1，图1-3）也表明，污泥主要由颗粒态的多糖、蛋白质和脂肪组成，这些大分子有机物的水解成为厌氧消化的限速步骤。

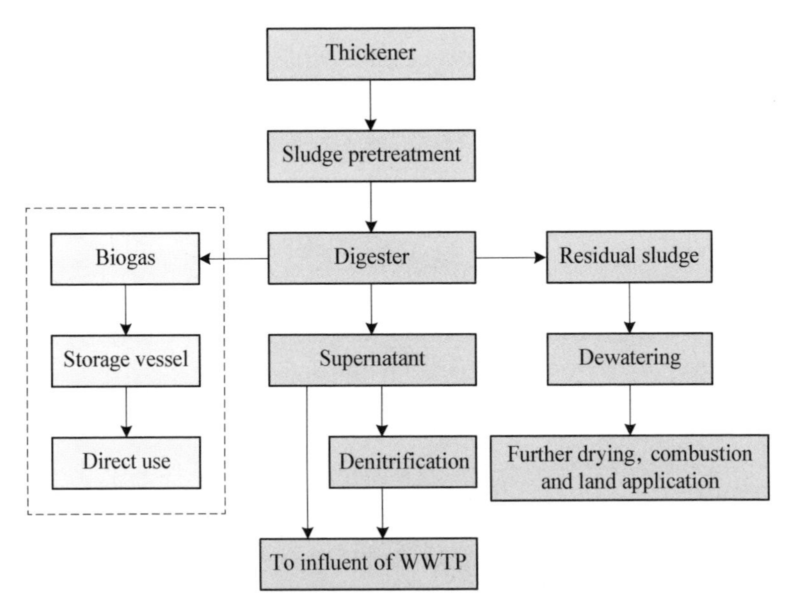

图1-1　污泥处理工艺流程(虚线包含的处理步骤仅针对厌氧消化)[5]

目前，很多研究结果已表明，采用预处理方法可以缩短厌氧和好氧消化时间[5]（图1-1）。所采用的预处理方法有：生物消化、絮凝、热处理、酸碱处理、超声处理、化学氧化等。这些预处理方法均可改善污泥厌氧和好氧消化性能，但其

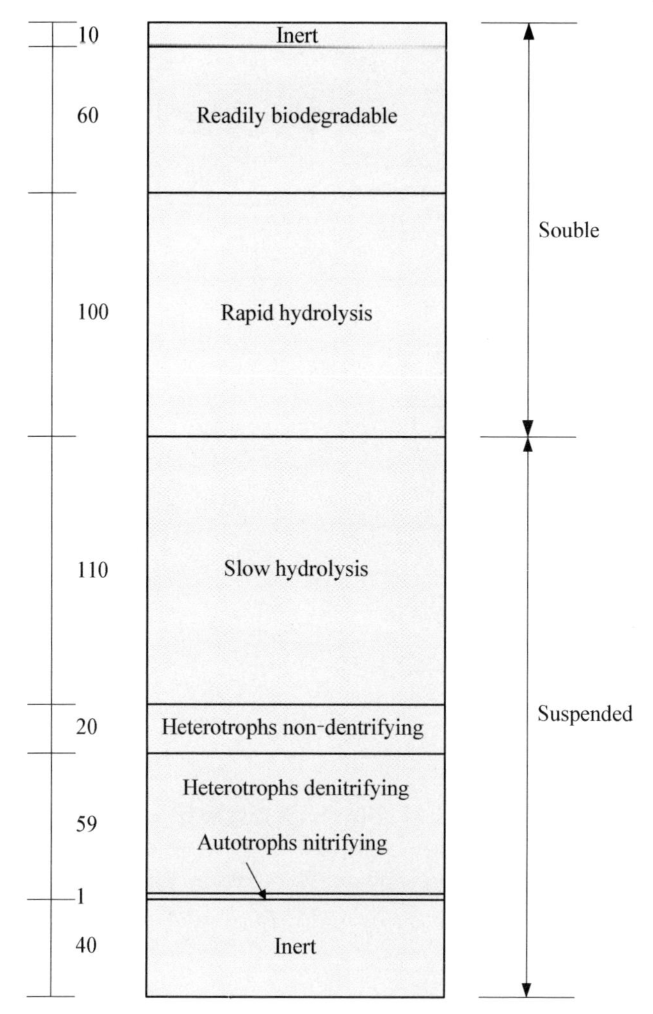

图 1-2 污水中以 COD（= 400 g/m³）表示的有机质组分分类

改善后续厌氧和好氧消化性能的机理还存在争议。同时，很少有研究者关注预处理对后续厌氧和好氧消化过程中污泥脱水性能的影响。由于厌氧和好氧消化后污泥仍需先进行脱水处理，尔后再进一步处置（图 1-1）。因此，在关注预处理提高后续污泥厌氧和好氧消化过程中消化性能的同时，也需要关注该过程中污泥脱水性能的变化，以期达到通过预处理同时提高脱水性能和消化性能的目的。

脱水不仅可使污泥体积最大限度地减小，而且也是污泥焚烧、堆肥化农用、卫生填埋等无害化处理处置不可或缺的前处理环节[5]（表 1-1），是污泥管理过程中应用最为普遍的共性技术（图 1-1）。但目前应用的污泥脱水技术的效

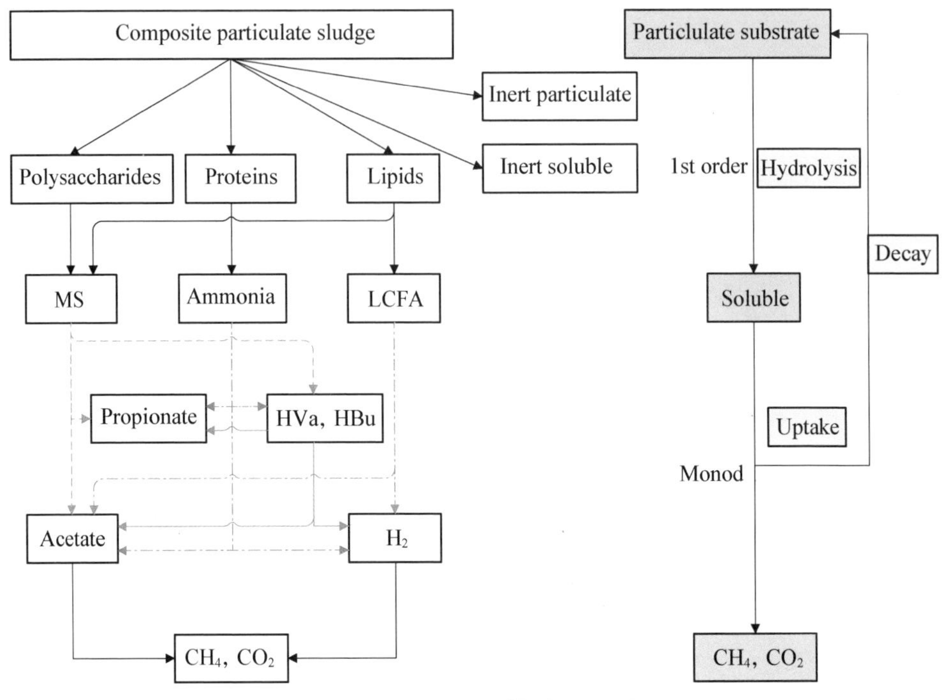

图 1-3 厌氧消化模型(ADM1)

表 1-1 不同的污泥处置路径[5]

路线	出路	需要的操作
1	农业(土地利用)	浓缩+运输
2	农业	浓缩+机械脱水+运输
3	农业	浓缩+厌氧消化+运输
4	农业	浓缩+厌氧消化+机械脱水+运输
5	填埋	浓缩+机械脱水+运输
6	填埋	浓缩+厌氧消化+机械脱水+运输
7	固体燃料	浓缩+厌氧消化+机械脱水+运输
8	固体燃料	浓缩+厌氧消化+机械脱水+干化
9	灰分	浓缩+机械脱水+干化+焚烧
10	灰分	浓缩+厌氧消化+机械脱水+干化+焚烧

率仍受到污泥脱水设备和工艺的制约，成为限制污泥处理全过程优化的关键问题[9, 10]。

目前，国际上污泥脱水设备的性能已接近机电技术的极限。因此，提高污泥脱水效率的主要方向是通过深入了解影响污泥脱水性能的主要因素，采用污泥预处理手段，改善污泥絮体的可脱水性。尽管有很多通过预处理方法改善污泥可脱水性的报道，但在应用效果的稳定性和普适性方面却均存在很大的不确定性。同样的工艺和操作条件，应用于同类、不同来源的污泥时，可脱水性改善程度差异极大。

鉴于污泥的脱水性能和消化性能由污泥絮体结构与有机物组成特征决定，因此，需要发展描述污泥絮体结构和组成的表征方法，揭示与污泥脱水性能与消化性能相关的污泥絮体结构和组成特征；再以絮体结构和组成表征为桥梁，连接污泥预处理操作、厌氧/好氧消化和脱水性能及消化性能，为污泥消化和脱水预处理方法对后续污泥厌氧/好氧消化工艺的优化提供更为可靠的研究工具；推动污泥预处理后续高效消化脱水技术的发展与应用。

1.2 文献综述

1.2.1 污泥脱水性能的影响因素

已有很多报道指出污泥絮体的粒径、粒径分布（PSD）和结合水含量是影响其脱水性能的主要因素，而胞外聚合物（EPS）量及其性质与污泥絮体的粒径、粒径分布和结合水含量具有显著的相关性[11]。目前，研究者已对包括 EPS 量、粒径或粒径分布、蛋白质含量、多糖含量、蛋白质与多糖的比值、结合水含量等 EPS 参数与污泥脱水性能的相关关系进行了研究，发现 EPS 对污泥的脱水性能确有极其重要的影响[12, 13, 14]；但到目前为止，无论是 EPS 的表征方法，还是其与污泥脱水性能相关性的研究结果均尚不统一，影响了这一研究方法在污泥脱水技术发展中的应用。其中缺乏能够表征污泥絮体中 EPS 分布特征的方法，难以将 EPS 特性与污泥絮体空间结构相对应，是目前 EPS 表征方法的主要缺陷；发展创新的污泥絮体中 EPS 分布结构特征表征方法，是揭示污泥脱水性能的本征影响因素，从而成为引导创新的污泥脱水预处理对后续污泥厌氧/好氧消化技术发展的关键。

1. 胞外聚合物（EPS）

EPS 是由微生物分泌并包围在微生物周围的一大类高分子聚合物的总称。

EPS可能由细菌产生，可能为水解产物，或是从废水中吸附离子，也可能来自被吸附在絮体上的废水中的有机物。EPS是污泥絮体的主要组成部分，占有机质总量的50%～60%，而细胞仅占有机质总量的2%～20%[15, 16]。EPS含水率高达98%，是高含水基质[17]。污泥中仅有一小部分水为胞内水，大部分水是被EPS结合的[18, 19]。EPS包括荚膜、黏液层及其他表面物质，其有机组分主要由蛋白质、多糖和少量DNA、脂肪和腐殖酸组成，其无机组分约占总量的10%～20%。EPS在细胞表面主要有以下作用：吸附外界有机物和无机离子，形成污泥凝体和保护细胞等。

1) EPS总量

EPS对污泥脱水有两个方面的影响：① 少量EPS的存在，增加了污泥的絮凝性能，这主要是因为一定量的EPS起到了提高絮凝的作用，通过增大污泥絮体粒径，提高了污泥的脱水性能；② 过量EPS导致污泥脱水和过滤性能变差，由于污泥絮体中EPS量超过一定值后，EPS结合的表面水增加，可降低污泥的脱水性能。

Houghton等[20]发现，对活性污泥，脱水性能[以毛细吸水时间(CST)表征]在EPS量为35 mg/g VSS时最好；对原污泥，EPS量为20 mg/g VSS时，其脱水性能最好；而对消化污泥，EPS量为10 mg/g VSS时，其脱水性能最好。Raszka等[21]发现，加入葡萄糖后，尽管粒径分析结果表明其细颗粒减少，表面积减小；但因EPS量增加，污泥脱水性能仍变差。上述结果表明，过多的EPS增加了污泥的结合水，导致脱水性能变差。

2) EPS组成

蛋白质和多糖是EPS中的主要有机质，也是EPS中最主要的束水组分，两者约占EPS总量的70%～80%[22]；同时，蛋白质和多糖也是污泥絮体中电荷的主要贡献者。因此，与EPS中蛋白质和多糖结合在一起的水主要是通过静电作用与蛋白质和多糖结合在一起的，很难通过一般的物理方法去除。

目前，EPS中蛋白质和多糖对污泥脱水性能的影响还存在较大争议。Poxon和Darby[23]认为，EPS中具体化学组分(蛋白质和多糖)对污泥脱水性能的影响比EPS总量的影响更大；Cetin和Erdincler[24]进一步提出，蛋白质减少或多糖增加均使污泥脱水性能提高。然而，Jin等[25]认为，CST与EPS中的蛋白质和多糖呈负相关性。此外，其他研究者也表明，对污泥脱水性能而言，蛋白质有正影响[26]或负影响[27]；多糖几乎完全是负影响[28, 29]。同时，也有研究者认为，污泥的脱水性能是与EPS中的蛋白质与多糖的比值相关的[30]。

3）污泥絮体分层

污泥絮体的分层（图1－4）通常是根据操作方法定义的[31]。污泥絮体一般可分为紧密结合的EPS（TB－EPS）和疏松结合的EPS（LB－EPS）。TB－EPS与细胞结合较紧密，能稳定地附着于细胞表面，具有一定外形；LB－EPS位于TB－EPS外层，具有比较松散的结构，不与细胞直接接触。此外，与生物聚集体的结合比LB－EPS更松散的有机物部分称为可溶性EPS（即黏液层slime）。slime层可在污泥絮体和周围液体之间自由运动，但在溶液中是不可溶的。溶液中可溶性的大分子聚合物常称为上清液（supernatant）。

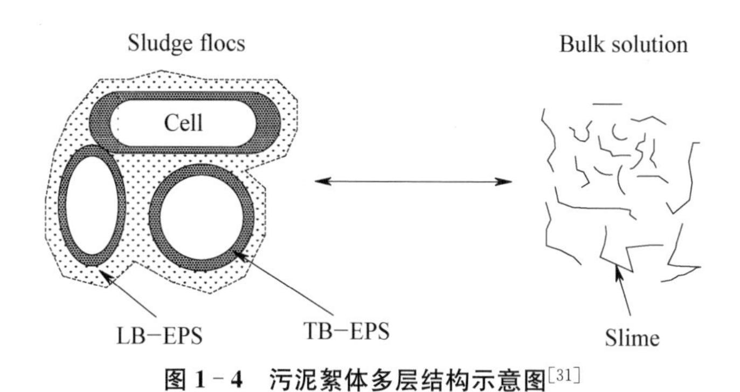

图1－4 污泥絮体多层结构示意图[31]

值得指出的是，污泥絮体的这种分层并不是绝对的，即各层EPS的相对量可随污泥絮体环境条件的改变而改变[32]。如在离子条件尤其是二价阳离子和三价阳离子浓度改变时，聚合物在supernatant、slime和LB－EPS之间的量会发生相应的迁移。

一些研究发现，污泥絮体中LB－EPS比TB－EPS对污泥脱水性能影响大。王红武等[33]表明，污泥絮体中LB－EPS层含量与TB－EPS层含量之比增大时，污泥脱水性能是降低的。Li和Yang[34]研究了非稳定状态下的LB－EPS层与TB－EPS层的变化，发现前者的变化与污泥的脱水性能密切相关，即污泥LB－EPS层含量的增多不利于污泥脱水性能的改善。

综上所述，关于EPS对污泥脱水性能的影响，各个研究结果并不一致。EPS含量的增加与污泥脱水性能的关系既呈正相关性也呈负相关性，说明影响污泥脱水性能的因素不只是EPS的总量，可能还有其他的影响因素。这可能主要是由于研究者所采用的EPS提取方法及各组分的测量方法没有统一的标准所致。

2. 粒径

污泥絮体的粒径分布是影响污泥脱水性能的一个重要因素。Karr和

Keinath[35]发现，1～100 μm之间的絮体对污泥的脱水性能影响最大。在此范围内，随着絮体浓度的增加，污泥的脱水性能逐渐降低。Neyens等[36]也表明，减少污泥絮体中的细微颗粒是提高污泥脱水性能的关键。Chu等[90]研究了絮体的粒径和污泥的脱水性能之间的关系，结果表明，超声波预处理可以减小污泥的絮体粒径，导致污泥的脱水和过滤性能降低。其原因可能是小颗粒的污泥拥有较大的比表面积，使其结合的水量增多，从而使CST增加。

3. *表面电荷*

胶粒表面带电的原因比较复杂，但以污泥为例主要有3种基本方式。一是胶粒表面上的化学反应。许多固体表面含有可离解的基团，如羟基、羧基等，这些基团离解，可使胶粒产生表面电荷；二是粒子之间能形成共价键、离子键、氢键、偶极键或诱导偶极键，由于粒子得失电子或共享电子，使胶粒带电；三是胶粒表面吸附H^+、OH^-或其他离子也能使自身带电。由此可知，胶粒所带电荷的性质和电荷量的多少与胶粒本身的性质、介质的pH条件等都有密切的关系。

胶体表面所带电荷可以影响胶体的稳定性，从而影响其脱水性能。Bowen和Keinath[37]报道污泥的表面电荷随不同类型的污泥而改变。表征污泥表面电荷的方法是界面(Zeta)电位法。Zeta电位虽然与污泥表面电荷相关，但并不等同于表面电势。因此，采用Zeta电位的一个最大问题是不能代表颗粒的粒径和数量，当溶液中颗粒数量改变时，Zeta电位可能不相关于总的表面电荷[38]。如Elmitwalli等[39]报道了135 d的中温厌氧消化过程中，Zeta电位仅从−22.6 mV到−19.5 mV，表明电荷对污泥的脱水性能影响不大。Thomas和Rolf[40]也认为，污泥的Zeta电位对污泥的脱水性能影响较小；Forster[41]报道了比阻(SRF)与污泥表面电荷之间没有任何关系，减少污泥的结合水量并不能使污泥的SRF降低。

4. pH

污泥pH的改变可以导致一些细胞物质与污泥固体表面的分离。田禹和王宁[42]研究了酱油污水处理厂的污泥脱水性能的影响因素。当pH为3时，污泥的SRF最低，这可能是在调质前其胶体颗粒带有负电荷；当向污泥溶液中加酸时，溶液中的H^+可中和污泥颗粒表面的负电荷，使颗粒间的排斥力减小，扩散层厚度变薄，SRF随pH的降低而降低；在pH为3时，表面电荷被完全中和，污泥SRF值达到最低。陈银广等[43]研究表明，酸处理污泥可明显提高离心脱水的效果。随着pH的降低，脱水效果提高，污泥含水率在pH为2.5时达到最低。这主要归因于酸能减少污泥表面的EPS，使EPS溶解于污泥中，从而污泥更易被压缩，表现为脱水效果的提高。Chen等[44]也报道了污泥的脱水效率随

pH 的降低而提高，可能是酸性条件下 EPS 的溶解提高了污泥的脱水和絮凝性能，酸预处理可改变微生物的表面性质。当 $pH<3$ 时，污泥的体积有大幅度地下降，当 pH 为 2.5 时，脱水性能最好，但进一步降低 pH 对脱水能力却没有影响。主要原因是 pH 越低，导致活性污泥表面的 EPS 释放溶解，从而减少污泥的含水量。Li 等[45]发现，对污泥进行酸化处理可以降低污泥的 CST 和 SRF，提高污泥的脱水性能，最佳的酸化条件是 pH 为 2，原因可能是酸化过程中的电荷中和作用。

5. 金属阳离子

EPS 通过二价和三价金属离子的架桥作用结合在污泥絮体上。一些研究表明，金属离子能影响污泥的沉降和脱水性能，比较经典的是用 DLVO 理论来解释。根据 DLVO 理论[46]，当离子强度增加时，颗粒间的斥力会减少，从而促进颗粒之间的絮凝。因此，金属离子（Na^{+}、Mg^{2+}、Fe^{3+}、Ca^{2+}、Al^{3+}）在污泥絮体的形成中扮演重要角色。Jin 等[47]也发现，污泥絮体中 Mg^{2+}、Fe^{3+}、Ca^{2+}、Al^{3+} 等金属离子浓度的增加，可以提高污泥的压缩和沉降性能。由于污泥胞外聚合物的高负电性，金属离子通过结合在絮体表面中和一部分电荷从而降低污泥的表面电荷。因此，脱水与沉降性能的提高可归因于金属离子和有机质之间的吸附架桥作用。

金属离子对絮体结构的形成有重要影响，二价离子（尤其是 Ca^{2+}）、无机颗粒和 EPS 的相互作用，可导致污泥中絮体的形成和沉降。Ca^{2+} 可在 EPS 之间及 EPS 与细菌之间起架桥作用，在絮体稳定中起关键作用[48]。有研究表明，污泥中高浓度的 Ca^{2+} 可以提高其脱水性能。Nguyen 等[49]发现，加入 Ca^{2+} 可以减少污泥中结合水的量。当污泥中的 Ca^{2+} 被提取时，污泥的浊度增加且过滤性能变差。Al^{3+} 在絮体形成方面起辅助的作用，Mg^{2+} 的作用则不明显。

Higgins 等[26]发现金属离子会影响蛋白质量，但对多糖无影响。如 EPS 中的蛋白质量随着 Mg^{2+} 浓度的增加而增加，随 Na^{+} 浓度的增加而降低。Jin 等[25]也报道了污泥中 Mg^{2+}、Fe^{3+}、Ca^{2+}、Al^{3+} 浓度的增高可提高脱水性，原因可能是这些金属离子可以促进污泥絮体的形成。Neyens 等[36]认为，阳离子可吸附 EPS 上的负电点，从而促进絮体粒径的增大，然而二价金属离子可结合蛋白质而非多糖；加入二价金属离子可以改善污泥的沉降和脱水性能，表明蛋白质在絮凝过程中起重要作用。Novak 等[50]研究了 Fe^{3+} 在絮体结构及脱水性能方面的作用，发现 Fe^{3+} 增加时，溶液中的蛋白质含量减少，导致污泥的 CST 降低。

1.2.2 污泥絮体中胞外酶的分布

污泥中的胞外酶在其生物处理中发挥着至关重要的作用。污泥中大部分有机物是大分子物质，而微生物只能通过主动运输直接利用一些小分子物质(<1 000)，大部分有机质必须经过胞外酶的水解之后才能被利用[51, 52, 53]。因此，胞外酶的浓度、分布模式和酶水解产物的传输机制都影响生物工艺的反应速率[54]。此外，测定污泥中酶活性也是评估污泥中生物量和生物活性的一种方法[55]。因此，了解酶在污泥中的空间分布和产生不同酶的微生物种类，对更清晰地了解污泥中有机质的降解模式和优化污水处理厂有机物的去除效率有重要意义。

胞外酶在污泥絮体中主要分布在EPS和细胞组成的基质中，很少分布在上清液中[51, 56]。表1-2列出了文献中对胞外酶在污泥絮体中的分布模式研究结果。

表1-2 污泥絮体中胞外酶的分布[a]

文献	supernatant	slime LB-EPS	TB-EPS	pellet	样品
Teuber和Brodisch (1977)	磷酸酯酶(5%)，糖苷酶(5%)，淀粉酶(5%)		磷酸酯酶(95%)，糖苷酶(95%)，淀粉酶(95%)		3个城市污水厂污泥
Frølund等(1995)	—		α-葡糖苷酶(+)，β-葡糖苷酶(+)，脂肪酶(+)，氨基肽酶(+)，壳聚糖酶(+)，酯酶(+)		1个城市污水厂污泥
Goel等(1998a)	蛋白酶(—)，葡糖苷酶(—)，碱磷酸酯酶(—)，酸磷酸酯酶(—)，脱氢酶(—)		蛋白酶(+)，葡糖苷酶(+)，碱磷酸酯酶(+)，酸磷酸酯酶(+)，脱氢酶(+)		1个城市污水厂污泥
Goel等(1998b)	蛋白酶(4%)，α-葡糖苷酶(4%)		蛋白酶(96%)，α-葡糖苷酶(96%)		1个城市污水厂污泥
Confer和Logan (1998)	氨基肽酶(3%)，α-葡糖苷酶(7%)		氨基肽酶(97%)，α-葡糖苷酶(93%)		1个城市污水厂污泥

续 表

文 献	supernatant	slime LB-EPS	TB-EPS	pellet	样 品
Van Ommen Kloeke和Geesey (1999)	磷酸酯酶(1%)		磷酸酯(99%)		1个城市污水厂污泥
Cadoret等(2002)	—		蛋白酶(23%),淀粉酶(44%),葡糖苷酶(5%),氨基肽酶(17%)	未检测	1个城市污水厂污泥
Whiteley等(2002)	蛋白酶(3%~5%),磷酸酯酶(0.4%~0.6%)		蛋白酶(96%~97%),磷酸酯酶(99.4%~99.6%)		1个城市污水厂污泥
Gessesse等(2003)		未检测	蛋白酶(+),Lip(+)	未检测	1个城市污水厂污泥
Li和Chrost (2006)	碱磷酸酯酶(3%~46%),氨基肽酶(3%~46%),β-葡糖苷酶(3%~46%),脂肪酶(3%~46%)		碱磷酸酯酶(55%~97%),氨基肽酶(55%~97%),β-葡糖苷酶(55%~97%),脂肪酶(55%~97%)		3个污泥(城市污水厂、牛奶厂、化工厂)

a 注:(+),含量多;(—),含量少

Teuber和Brodisch[57]研究了3个城市污水处理厂的污泥样品,发现95%的磷酸酶、糖苷酶和氨基肽酶分布在污泥絮体中;Frølund等[51]研究了1个城市污水处理厂的污泥样品,表明胞外酶主要被固定在EPS网格中;Goel等[58, 59]、Confer和Logan[60]和Whiteley等[61]研究了1个城市污水处理厂的污泥样品,认为大部分胞外酶是与絮体、细胞相或颗粒态有机物结合在一起的。Li和Chrost[62]收集了3个城市污水处理厂的污泥样品,研究发现污泥絮体中酶活性的54.5%~97.4%是与微生物细胞结合在一起的。但目前对胞外酶在不同EPS层中的分布模式研究还未见报道。

1.2.3 污泥EPS的表征方法

一般地,光学显微镜和扫描电镜(SEM或TEM)是用来研究污泥絮体结构的方法。然而，前者分辨率低，不能研究细胞间的物理结构及细胞外的 EPS 分布；后者在样品前处理中需要脱水操作，而污泥絮体是高含水基质，因而在脱水过程中会破坏细胞外 EPS 的结构。因此，这些研究方法不适合研究污泥絮体中 EPS 的分布。近年来发展的荧光化学探针染色技术可以用于标记 EPS 中的有机物，结合共聚焦激光显微镜观察方法，是一种非破坏性的、原位观察污泥絮体中 EPS 分布的方法[63]；同时，三维荧光光谱（3D－EEM）也是一种非破坏性的 EPS 表征手段。

1. EPS 的荧光染色共聚焦激光显微镜（CLSM）原位观察方法

荧光染剂是针对某种特定目标物的探测器，能够特异性地识别目标物，并可直接进行检测或带有可检测标记物的高效探测荧光试剂。特点是在原位观察的前提下，实现高灵敏度、高选择性和快速准确的分析。

目前，此方法已在污泥絮体 EPS 分析中得到了应用。Chen 等[64]将四倍荧光 EPS 染色技术，应用于研究膜生物反应器中膜污染的影响因素，结果表明在最初形成的膜污染层（图 1－5）中，β－多糖（a）呈连续层状分布，蛋白质（b）呈簇状分布，细胞（c）呈分散分布，而 α－多糖（d）较少且呈点状分布。据此，认为 β－

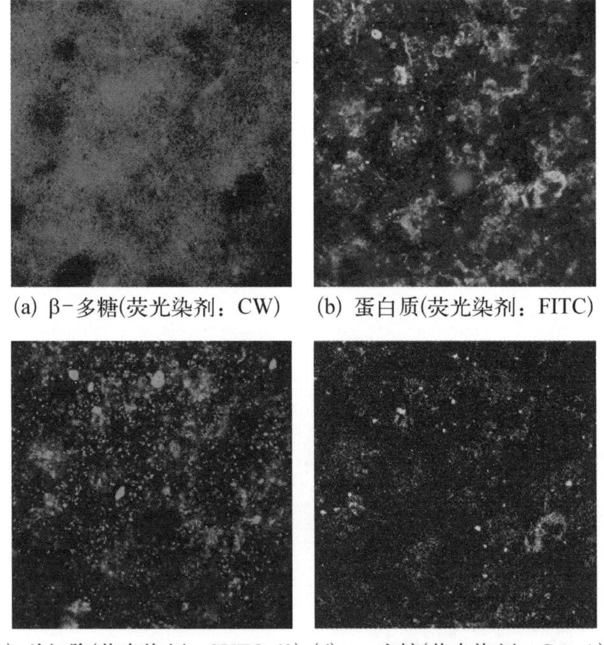

(a) β－多糖(荧光染剂：CW)　(b) 蛋白质(荧光染剂：FITC)

(c) 总细胞(荧光染剂：SYTO 63)　(d) α－多糖(荧光染剂：Con A)

图 1－5　共聚焦激光显微镜原位观察 EPS 荧光染色[64]

多糖对膜污染贡献最大。

Chen 等[65]还发展了六倍荧光 EPS 染色技术，该技术可以同时标记生物聚集体（即污泥絮体或好氧颗粒污泥）中的蛋白质、α-多糖、β-多糖、脂肪、总细胞和死细胞，并利用 CLSM 原位观察生物聚集体中标记物质的空间分布。

因此，荧光染色和 CLSM 结合的 EPS 原位观察方法，可以实现对污泥絮体 EPS 组成及其空间分布的原位、非破坏性表征；与多层结构方法结合，可以补充其空间分布观察方面的缺陷；同时，在 EPS 量的分析精度方面，又能得到该方法的支持。可见，两者的结合是突破目前污泥絮体 EPS 表征技术瓶颈的可行途径，而这在国内外还鲜见报道；更没有荧光 EPS 染色与多层结构分析方法结合应用于研究污泥脱水性能的实践。

2. 三维荧光光谱（3D-EEM）的平行因子分析（PARAFAC）方法

三维荧光光谱（3D-EEM）是一种非破坏性的 EPS 表征手段[53, 66]。3D-EEM 具有灵敏度高、选择性强、需样品量少和方法简便等优点，测定下限通常比分光光度法低 2～4 个数量级。但由于污泥成分复杂，含有不同类型的荧光基团（图 1-6）[53, 67]；同时，这些荧光基团相互叠加，致使荧光强度与监测指标的相关性降低[53, 66]。

平行因子分析（PARAFAC）方法是一种将三维荧光数据解析成为三线性组分的方法，它可以对其荧光基团进行解析，将重叠的荧光峰进行分离，得到荧光成分的激发光谱矩阵和发射光谱矩阵，并通过其得分矩阵对其浓度进行相对定量[68～70]。

PARAFAC 方法利用交替最小二乘原理，通过三线性分解迭代步骤获得最小二乘解。三线性分解方程见 1-1：

$$x_{ijk} = \sum_{f=1}^{F} a_{if} b_{jf} c_{kf} + \varepsilon_{ijk},\ i = 1, 2 \cdots, I;\quad j = 1, 2, \cdots, J;\ k = 1, 2, \cdots, K \tag{1-1}$$

式中，F 表示测量体系的总因子数（实际对荧光有贡献的组分数以及背景干扰因子数之总和）； x_{ijk} 是三维数据阵中的元素（i, j, k），它表示样本 k 在荧光激发光谱通道为 i、发射光谱通道为 j 时的荧光强度； a_{if} 是相对激发光谱阵 A(I×F)中的元素（i, f）； b_{if} 是相对发射光谱阵 B(J×F)中的元素（j, f）； c_{if} 是相对浓度阵 C(K×N)中的元素（k, f）； ε_{ijk} 是残差阵 E(I×J×K)中的元素（i, j, k）。

Ohno 等[68]、Yamashita 和 Jaffe[69] 利用 EEM 与平行因子分析方法（称之为

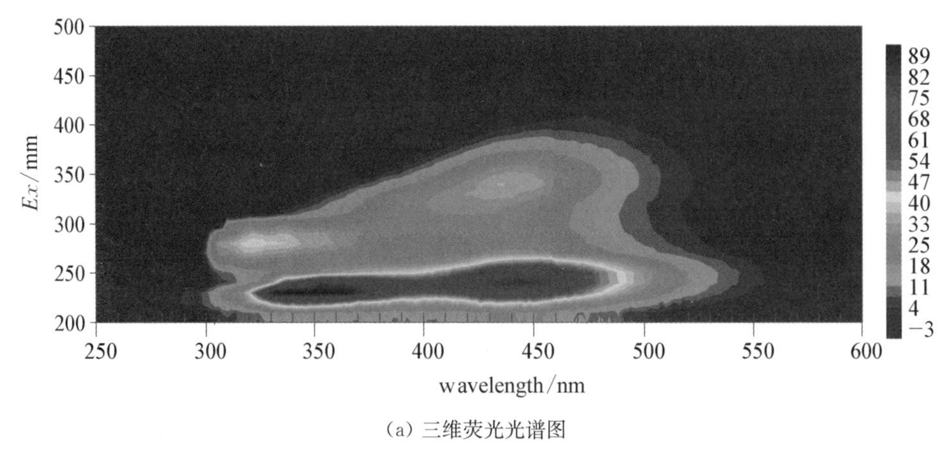

(a) 三维荧光光谱图

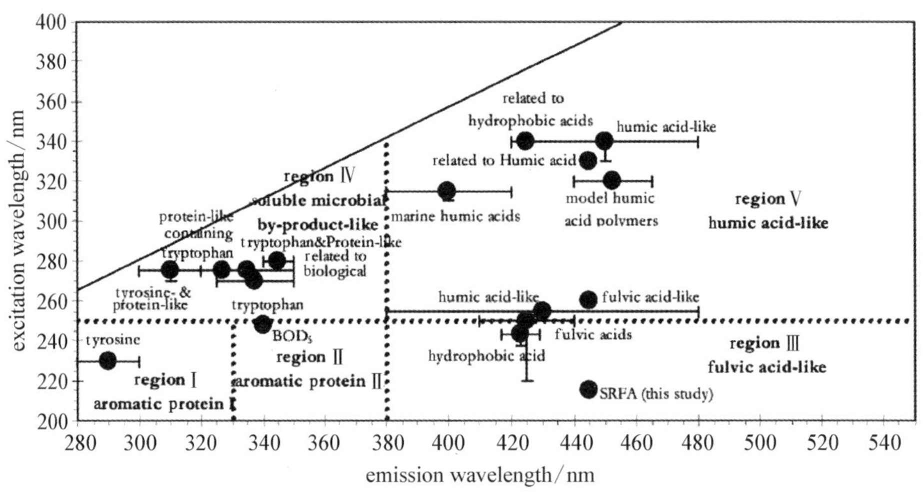

(b) 三维荧光光谱的峰定位

图 1-6 典型的污泥中三维荧光光谱图及相应峰的定位[67]

EEM-PARAFAC 方法)，将 EEM 中荧光基团分成不同的组分，成功地表征了水环境中 DOM 和金属离子的相互作用机制。

1.2.4 预处理对后续厌氧/好氧消化过程中污泥消化和脱水性能的影响

城市污水生物处理过程中会产生大量的污泥，这些剩余污泥的处理和处置费用通常占发达国家污水处理厂总运行费用的 60%以上[71, 72]；同时，污泥处理处置不当会造成严重的二次污染，污泥管理已成为人们关注的热点[73]。污泥的高含水率和生物不稳定性(易腐败、有强烈的臭味)是污泥处理处置的主要问题。

污泥生物消化具有有机物减量化和稳定化的作用，是污泥处理的关键单元工艺。污泥生物消化工艺发展的基本方向，是提高污泥有机物的消化降解比例和降解速率[6]。

目前，厌氧/好氧消化仍是污泥处理的主要工艺，但它们都存在所需消化时间长、反应速率慢、池体体积庞大等问题[7,6,8]。水解是指复杂的、颗粒态的大分子有机质降解为简单的、可溶态的、能被微生物利用的小分子物质的过程[54]。水解已被认为是污泥消化过程中的限速步骤。采用预处理方法可以缩短厌氧/好氧消化时间，具有重要的工程意义。通常所采用的预处理方法有：超声波处理、酸碱处理、生物消化、絮凝、热处理、化学氧化等。其中，超声波预处理和碱预处理是最常用的两种方法。

1. *超声波预处理*

超声波是指频率从 20 kHz 到 10 MHz 这个波段范围内的声波。不同波段的超声波在污泥中可以产生不同的作用，超声波在低频范围内（20～100 kHz）尤其适合处理污泥。超声波处理作为一种污泥物化预处理手段，通过超声空化作用产生的局部高温、高压和极强的剪切力[74]，可使生物难降解的有机物在声化学反应下分解，促进胞内溶解性有机物释放，表现为污泥可溶性 COD（SCOD）占总 COD 的比例上升，改善污泥有机物的微生物可利用性[75]。通过超声波处理对污泥絮体的破碎作用，还能促进各种受絮体束缚的胞外酶的释放，有助于对污泥中大分子有机组分的生物代谢。例如，污泥有机组分中含量最高的蛋白质，通常其相对分子质量（MW）＞10 000，必须被蛋白酶水解为小分子（MW＜1 000）后，才能被微生物利用[53]。这也是超声波处理从另一个方面具有提高污泥生物消化效率的原因。

1）超声波对污泥性质的改变

超声处理可以大幅度地提高污泥的溶解性有机物（以 SCOD 表征）的浓度，SCOD 的释放对污泥减量和后续厌氧消化性能的提高均有很大的作用。针对污泥 SCOD 的产量与超声条件的关系，有研究报道，高能量和短时间情况下比低能量长时间的条件下效果更好[8]。

1991 年，Harrison[76] 首次报道了超声降解是一种破碎细胞壁的有效方法，并且认为相对分子质量＞40 000 的高分子物质可以被超声空化引起的强大水力剪切力所分解。Tiehm 等[6]研究了频率在 41～3 217 kHz 范围内，超声声强和处理时间的改变对污泥絮体的影响，结果表明，在低频率条件下，超声波产生的空化气泡较大，气泡破灭瞬间产生的水力剪切力非常强大，可以有效地分解污泥细胞;而在高频率条件下,超声波产生的空化气泡较小,气泡破灭不足以产生使污泥细胞分解的强大水力剪切力,分解污泥絮体的作用并不明显。同时,短时间的超声预处理不能使污泥细胞分解,但可以使污泥絮体发生解聚;长时间的超声预处理可以使污泥细胞壁破裂,从而将包裹在细胞 EPS 中的有机质释放出来。释放的有机质在后续的厌氧消化过程中能大幅度地促进污泥的水解,使污泥挥发性固体(VSS)浓度降低。王芬和季民[77]也进行了超声波破碎剩余活性污泥的相关实验,结果表明,在一定声能密度和时间条件下,污泥破碎速度与时间符合一级反应动力学规律;但在较高声能密度与较低污泥浓度下,SCOD 增值不再随时间呈线形增长,其增长的速度逐渐减缓。Zhang 等[78]研究了超声过程中污泥的 TSS 含量、生物活性、SCOD 及高分子污泥蛋白质等有机物浓度变化,结果表明,超声可以有效地破解污泥,随超声时间和超声能量的增加,污泥的 SCOD、可溶性蛋白质的增加效果更明显。说明超声可以有效地破坏污泥絮体和释放胞内物质,使 SCOD、蛋白质等从污泥内部释放到上清液中。超声在能量密度为 0.5 W/mL 时处理 30 min,污泥絮体可分解 30.1%,固体量可减少 23.9%。

生物学的研究结果表明,低强度的超声波具有促进酶的活性、刺激细胞生长和增加细胞通透性等特点[79]。曾晓岚等[80]发现,低强度超声波辐射对污泥活性有显著提高,采用 50 W/L 的能量密度处理 10 min,污泥的好氧呼吸速率(OUR)值提高了 129%,蛋白酶活性提高了 23.7%,脱氢酶活性提高了 24.6%。还有报道提出,超声波预处理在破碎污泥细胞及 EPS 的同时,污泥上清液溶液中的金属离子浓度(如 Ca^{2+}、Mg^{2+})会含量增加[81]。

2) 超声波对污泥消化的影响

Tiehm 等[82]采用容积为 150 L 的中试反应器,研究了超声波预处理对后续污泥厌氧消化的影响,发现污泥破解的程度和比能量输入(kJ/kg-TSS)有直接的关系。在超声试验条件为 3.6 kW、31 kHz、96 s 时,污泥的 SCOD 由初始的 100 mg/L 上升到 6 000 mg/L,污泥中 VSS 含量减少了 50.3%,而未处理的污泥只减少了 45.8%;在较短的水力停留时间(8 d)下,超声波预处理也能使污泥的厌氧消化进行得比较彻底,产气量是未处理污泥的 2.2 倍。Wang 等[83]研究了超声对废弃活性污泥(WAS)的影响,在 TSS 为 3.3%~4.0%,超声频率为 9 kHz,超声时间分别为 10、20、30 和 40 min 条件下,与不超声情况对比,VSS 减量分别提高了 11%、20%、38%和 46%,总产气量分别提高了 15%、38%、68%和 75%。

Ding 等[84]研究发现,经超声波预处理(28 kHz,0.90 kW/L,10 min)后,污

泥好氧消化 10～14 d，TSS 去除率达到 40%以上；而未处理的污泥则需 17 d 后，才能使 TSS 去除率达到 40%以上。Sangave 等[75]发现，污泥经超声波预处理（22.5 kHz，0.12 kW/L，30 min）后好氧消化 48 h，COD 去除率可高达 13%；而未处理的污泥消化后，COD 去除率仅为 1.8%。Salsabil 等[85]研究了超声波预处理对后续厌氧/好氧消化的影响，结果发现仅在高的能量输入（108 000 kJ/kg - TSS）或污泥分散度（47%）的条件下，才会明显提高后续厌氧/好氧消化效果。

3）超声波对污泥脱水的影响

超声可以通过改变污泥的絮体结构、沉降性能和细菌表面的性质，影响污泥的脱水性能。超声对污泥的脱水性能的影响已有很多报道，有研究者认为超声预处理可以提高污泥的脱水性能。如 Na 等[86]发现，对废弃活性污泥进行超声预处理可以提高其脱水性能（以 CST 表征），但随着超声能量的增加，脱水性能却是降低的。Yin 等[87]报道，低频率的超声波（20 kHz）处理活性污泥之后的污泥脱水性能可以提高，污泥的含水率可从 99%减少至 80%，SRF 从 3.59×10^{12} m/kg 减少到 1.18×10^{12} m/kg，同时节省 25%～50%的絮凝剂投加量。在超声能量 400 W/m^2作用 2～4 min 后，结合水量从 16.7 g/g 降到 2.0 g/g。

但也有研究者认为，超声预处理会导致污泥的脱水性能劣化。如 Wang 等[88]的研究结果表明，污泥的脱水性能（以 SRF 和 CST 表征）在超声破碎之后变差。当以 0.528 W/mL 的能量超声 5 min 后，污泥的 SRF 从初始的 1.67×10^{12} m/kg 上升到 1.33×10^{14} m/kg，CST 也从 82 s 上升到 344 s。Dewil 等[89]也发现，增加超声能量会降低污泥的脱水性能。当超声能量从 7 500 kJ/kg DS 增大到 20 000 kJ/kg DS 时，对比不超声处理的污泥，聚电解质的投加量增加了 2 倍。

Chu 等[90]研究认为，超声波处理污泥存在一个临界声能密度，当超声波的声能密度超过这个临界值时，污泥絮团会被打碎，污泥颗粒粒径会减小，吸附的水分会更多，从而会恶化污泥的脱水性能。实验结果表明，在 0.33 W/mL 下处理污泥 60 min，污泥的 CST 由初始的 197 s 增加到 490 s，污泥中的结合水含量也由初始的 3.8 g/g 升高到 11.7 g/g。

综上所述，超声处理对污泥脱水性能的影响的研究结论并不一致。这主要是由于超声波预处理对污泥脱水性能的影响比较复杂[91]。一方面，超声波预处理破坏了 EPS 结构，而 EPS 是高含水基质，同时其主要有机组分如蛋白质和多糖也是重要的束水有机物，因此，提高了污泥的脱水性能；另一方面，超声波预处理减小了污泥絮体粒径，导致过滤时滤饼堵塞，吸附水的表面积增大，反而降低了污泥脱水性能。

2. 碱预处理

1）碱预处理对污泥性质的改变

Cassini 等[92]研究表明，碱水解对溶解污泥有机质很有效，碱水解 1 h 后，SCOD/COD 从 0.6%增加到 60%。Yuan 等[93]研究了不同 pH 的碱水解对污泥性质的改变，表明 pH 在 8～11 范围内，随着 pH 的增加，释放的 SCOD 线性增加（$y_{SCOD} = 1\,382\text{pH} - 8\,021$，$R^2 = 0.94$）；在 pH 为 11 时，SCOD 高达 8 000 mg/L。Heo 等[94]研究了在碱浓度 45 meq NaOH/L 条件下水解 4 h，在 25℃、35℃和 55℃时 SCOD/COD 分别为 28%、31%和 38%。盛宇星等[95]研究结果表明，碱处理能够较好地削减污泥，并促进污泥溶液中的多糖进一步水解。Li 等[96]研究结果表明，NaOH 对污泥絮体的分解效果比 $Ca(OH)_2$ 好，NaOH 最佳剂量是 0.05 mol/L（0.16 g/g - TSS）；在此最佳剂量下处理 30 min，有机质可溶性为 60%～71%。

2）碱预处理对污泥消化的影响

Heo 等[94]发现，碱预处理后污泥厌氧消化过程中产气量增加了 66%以上。Yuan 等[93]发现，在碱处理条件下污泥发酵产生的 VFA 明显比中性和酸处理条件下高。Cassini 等[92]研究发现，碱处理（20～40 meq NaOH/L）后污泥厌氧消化过程中 EPS 含量明显降低，与酸处理相比，碱处理能更有效地去除污泥消化过程中 EPS。Lin 等[97]研究了碱预处理对废弃污泥厌氧消化的影响，实验中设置了 4 组反应器：A 组加入含 1% TSS 的污泥，不做任何处理，为控制组；B 组加入 20 meq/L NaOH 预处理的 1%的废弃污泥；C 组加入经 40 meq/L NaOH 预处理的 1%的废弃污泥；D 组加入的污泥为 1% TSS 的污泥重力浓缩至原体积 1/2 的污泥（即 2% TSS），然后经 20 meq/L NaOH 预处理。4 个反应器的水力停留时间分别为 20 d、13 d、10 d 和 7.5 d。研究结果表明，B、C 和 D 组的 COD、VSS 的去除率和产气量比 A 组好。在 10 d 水力停留时间下，A—D 组的 COD 去除率分别为 38%、46%、51%和 52%；B—D 组产气量比 A 组分别增加 33%、30%和 163%；B—D组的脱水性大幅度改善。Knezevic 等[98]研究结果表明，随着 NaOH 剂量的增加，后续厌氧消化过程中的产气量明显增多。Inagaki 等[99]发现，NaOH 预处理后的污泥在厌氧消化过程中的产气量提高了 60%。Tanake 和 Kamiyama[100]研究也发现，NaOH 预处理后，污泥厌氧消化过程中 TSS 减量增加了 60%。

3）碱预处理对污泥脱水性能的影响

Neyens 等[36]采用温度为 100℃和 pH 为 10 的条件对剩余污泥处理 60 min，发现剩余污泥的脱水性能提高，而且干固体的量减少了 60%，脱水泥饼的干固体含量从原来的28%提高到48%。Li等[96]研究结果表明，低剂量（<0.2 mol/L）的NaOH处理使污泥脱水性能变差；而增加NaOH的剂量可以逐渐提高污泥脱水性能。Lin等[97]研究了碱预处理对废弃污泥厌氧消化后脱水性能的影响，发现经碱预处理后的废弃污泥厌氧消化后的污泥脱水性能比不经碱预处理的好。

综上所述，采用预处理方法可以缩短厌氧/好氧消化时间，提高消化效率。污泥预处理改善后续厌氧/好氧消化的污泥可脱水性的实质，是采用物理、化学和生物的方法调控污泥絮体中的有机质在不同污泥絮体层组成和分布（空间结构）特征，使污泥絮体中的蛋白质、多糖及胞外酶从絮体内层释放到外层，创造有机质与胞外酶充分接触的环境，达到更有效及更迅速地降解后续消化工艺中可溶性有机物的效果。目前的研究结果均已表明，超声波和碱预处理方法均可改善污泥厌氧/好氧消化性能，但很少有研究者关注预处理对后续厌氧/好氧消化过程中污泥脱水性能的变化。由于厌氧/好氧消化后的污泥仍需先进行脱水处理，而后再进一步处置。因此，在关注预处理对后续污泥厌氧/好氧消化过程中消化性能影响的同时，也需要关注其对污泥脱水性能的优化，以期达到通过预处理同时改善污泥脱水性能和消化性能的目的。

污泥经超声波和碱预处理后释放出可溶性有机物，导致后续厌氧/好氧消化过程初期污泥的脱水性能较差。随着消化过程的进行，可溶性有机物逐渐减少，从而脱水性能也逐渐得到提高；相比之下，未经预处理的污泥在厌氧/好氧消化初期脱水性能较好，随着消化过程的进行，污泥絮体破碎，可溶性有机物增加，污泥的脱水性能也逐渐恶化。因此，经预处理的污泥在后续厌氧/好氧消化后期的脱水性能，应该比无预处理的更好。

1.3 研究目的

本文研究的目的，是通过科学地构建和表征污泥絮体多层结构，结合三维荧光光谱-平行因子分析（3D-EEM-PARAFAC）方法，及荧光染色-共聚焦显微镜（CLSM）原位观察方法，建立对污泥脱水性能具有关键影响的污泥性质的创新研究方法；以污泥絮体多层结构为基础，研究胞外酶的提取方法，及其在污泥絮体中的分布模式；探明超声波和碱预处理方法调控污泥絮体结构及有机质分布模式的效果，及改善后续厌氧/好氧消化过程中污泥脱水性能和消化性能的机制；探讨不同污泥絮体层用作生物絮凝剂的潜势，及其与污泥絮体的结合机理；

采用荧光染色-共聚焦显微镜原位观察与污泥絮体分层相结合的方法，研究污泥絮体去除 EPS 后的 pellet 接种，加速启动好氧颗粒污泥反应器的机理，探讨 EPS 对好氧颗粒污泥启动的不利影响。

1.4 研究内容

本文主要包括以下研究内容：

(1) 通过构建污泥絮体多层结构，建立对污泥脱水性能具有关键影响的污泥性质的创新研究方法，采用化学分析(蛋白质和多糖)与三维荧光光谱-平行因子分析(3D-EEM-PARAFAC)相结合的方法，研究不同污泥絮体层中大分子有机物与污泥脱水性能的泊松相关性，确定影响污泥脱水性能的主要因素；采用荧光染色-共聚焦显微镜方法，原位观察过滤过程所形成滤饼中有机质的分布状况，及影响污泥脱水性能的主要因素。

(2) 通过对比 7 种不同的污泥絮体 EPS 提取方法，确定效果最佳的污泥絮体中胞外酶的提取方法，并据此进一步优化提取条件；基于此优化提取条件，进一步研究污泥絮体中胞外酶的分布模式。

(3) 研究超声波和碱两种预处理方法，对污泥絮体结构及有机质(蛋白质、多糖)与胞外酶分布模式的调控效果，及改善后续厌氧/好氧消化过程中污泥脱水性能和消化性能的机制。

(4) 通过高岭土悬浮液与污泥絮体的絮凝实验，研究投加提取的污泥絮体各层对其粒径、Zeta 电位、空间结构及脱水性能的影响，评价污泥絮体各层用作生物絮凝剂、提高污泥脱水性能的潜力；采用 EPS 逐步剥除和再投加实验，探索不同污泥絮体层与污泥絮体的结合机制，及对污泥脱水性能的影响。

(5) 好氧颗粒污泥工艺不仅具有较高的污水处理效率，也具有较好的脱水性能。采用荧光染色-共聚焦显微镜方法，研究污泥絮体去除 EPS 后的 pellet 加速启动好氧颗粒污泥反应器的效果与机制，探索优化好氧颗粒污泥工艺的途径。

1.5 研究技术路线

本文总体技术路线见图 1-7。

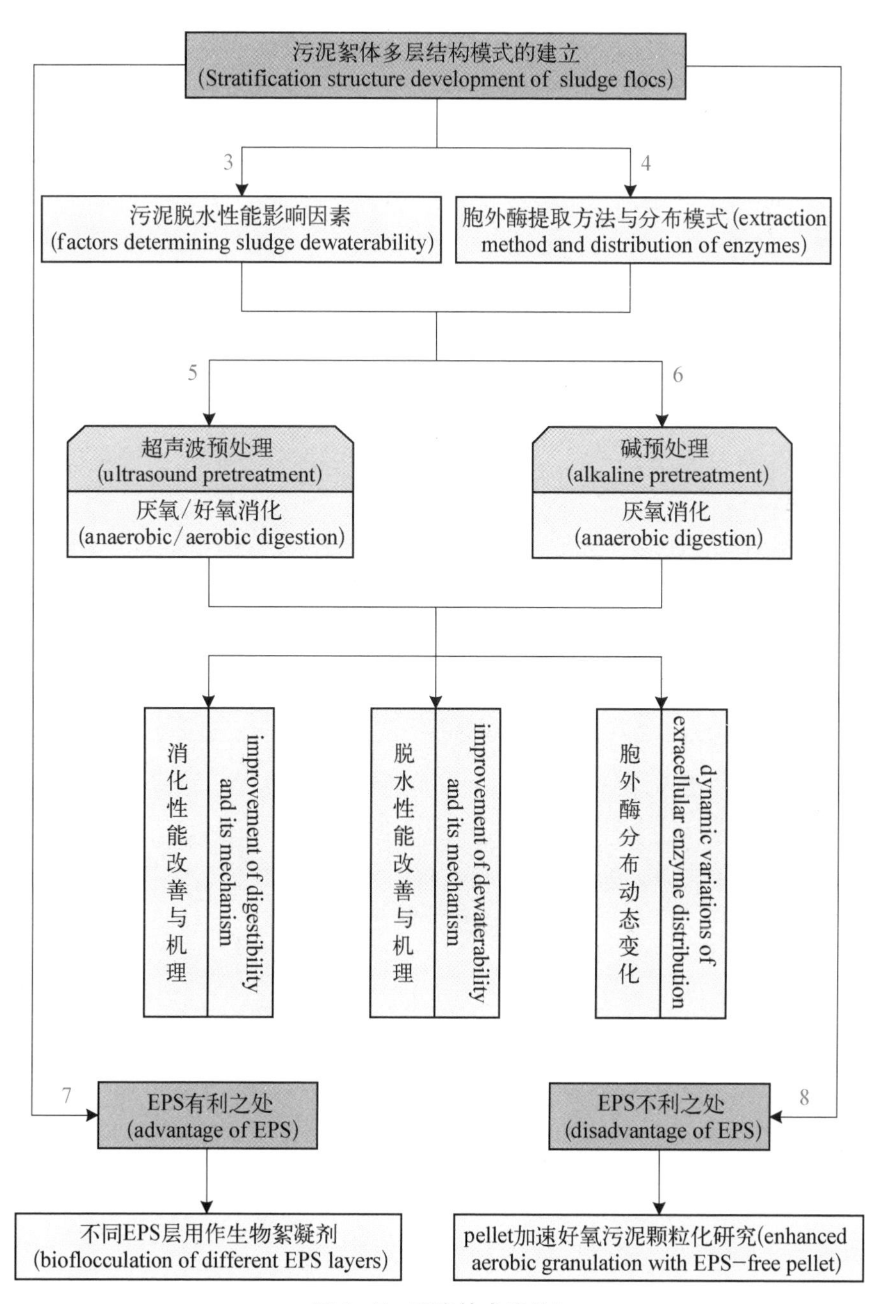

图 1-7　研究技术路线*

* 图中连接线上的数字为其在本文中的章节数

第2章 研究方法与实验内容

2.1 污泥絮体分层方法

污泥絮体有3个尺度水平[图2-1(a)]：分散的细菌尺度，描述了单个细菌的分层结构；污泥聚集体尺度，描述了沉降污泥絮体的空间结构；反应器尺度，同时描述了反应器中的上清液和沉降污泥絮体。本研究发展的污泥絮体多层结构方法是针对反应器尺度而言的。

由于污泥絮体具有剪切力敏感性[18]，因此本研究采用具有不同剪切力的离心力和超声波方法选择性地去除不同的污泥絮体层。具体操作步骤如下[图2-1(b)]。

过筛后的原污泥首先在4℃条件下沉降1.5 h，沉降后收集的液体称为上清液(supernatant)；沉淀物用缓冲液稀释到原体积，在2 000*g*转速条件下离心15 min后，收集的上清液为黏液(slime)层；沉淀物用缓冲液稀释到原体积，然后再以5 000*g*转速离心15 min，收集的上清液为疏松结合的EPS(LB-EPS)层；所剩沉淀物再用缓冲液稀释到原体积，先超声波提取(20 kHz，480 W，10 min)，再以20 000*g*的转速离心20 min，收集的上清液为紧密结合的EPS(TB-EPS)层；沉淀物再用缓冲液稀释到原体积(50 mL)后混匀，即为细胞相(Pellet)层。收集到的这些EPS层(除Pellet外)，再经0.45 μm滤膜过滤后，用于测定其中的蛋白质和多糖等指标。

缓冲液(PBS)成分[51]：Na_3PO_4：2×10^{-3} mol/L；NaH_2PO_4：4×10^{-3} mol/L；NaCl：9×10^{-3} mol/L；KCl：1×10^{-3} mol/L。该缓冲液使用前，调节其电导率与所用污泥电导率相同，避免污泥絮体在分层过程中导致其絮体结构破坏。

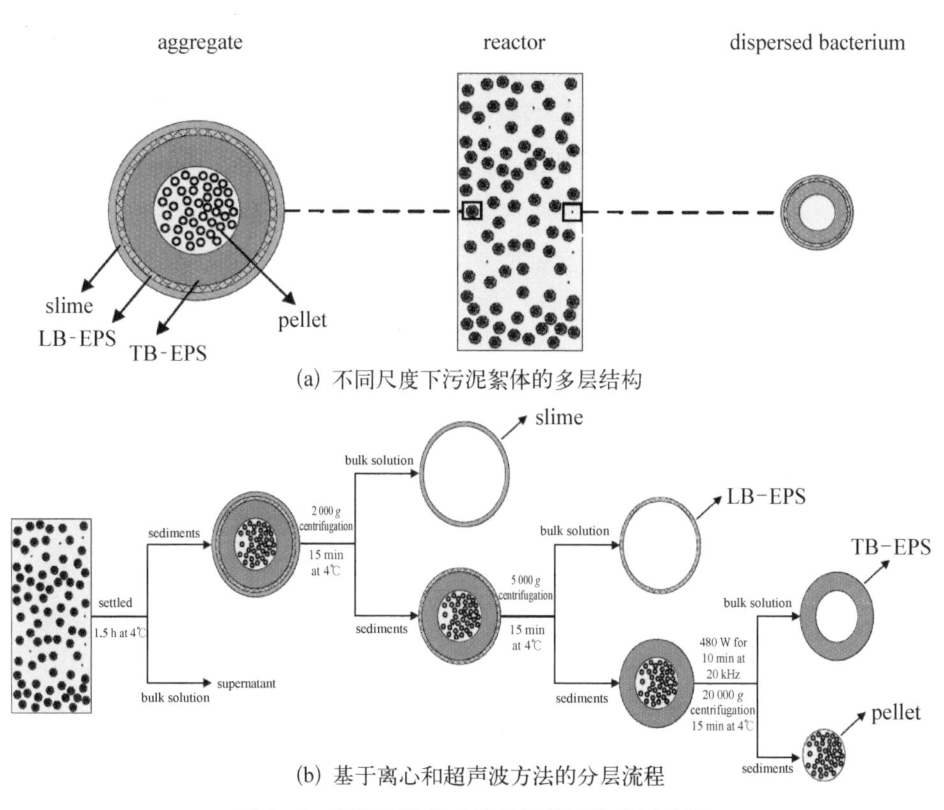

(a) 不同尺度下污泥絮体的多层结构

(b) 基于离心和超声波方法的分层流程

图 2-1　污泥絮体多尺度结构模型和分层流程

2.2　荧光光谱的平行因子(PARAFAC)分析方法

采用 DOMFluor toolbox(www. models. life. ku. dk)工具包，在 MATLAB 6.5 (Mathworks, Natick, MA)软件上对测定的三维荧光进行平行因子(PARAFAC)分析[103]。分析中应用非负性限制，可以允许仅有化学相关的组分被分析。具体分析步骤如下。

首先，将收集到的 11 个不同类型的污水处理厂的污泥絮体，按 2.1 节方法进行污泥絮体分层，共得到 55 个样品(11×5=55 个)，并对各样品进行 EEM 测定；其次，对测定后的荧光样品进行预处理，即先扣除空白样品(去离子水)荧光值，按文献[101]的方法去除瑞利和拉曼散射(图 2-2)，并将散射去除后的 EEM 样品除以各自的 DOC，用以减少不同样品有机物浓度的差异对样品的影响[102]；

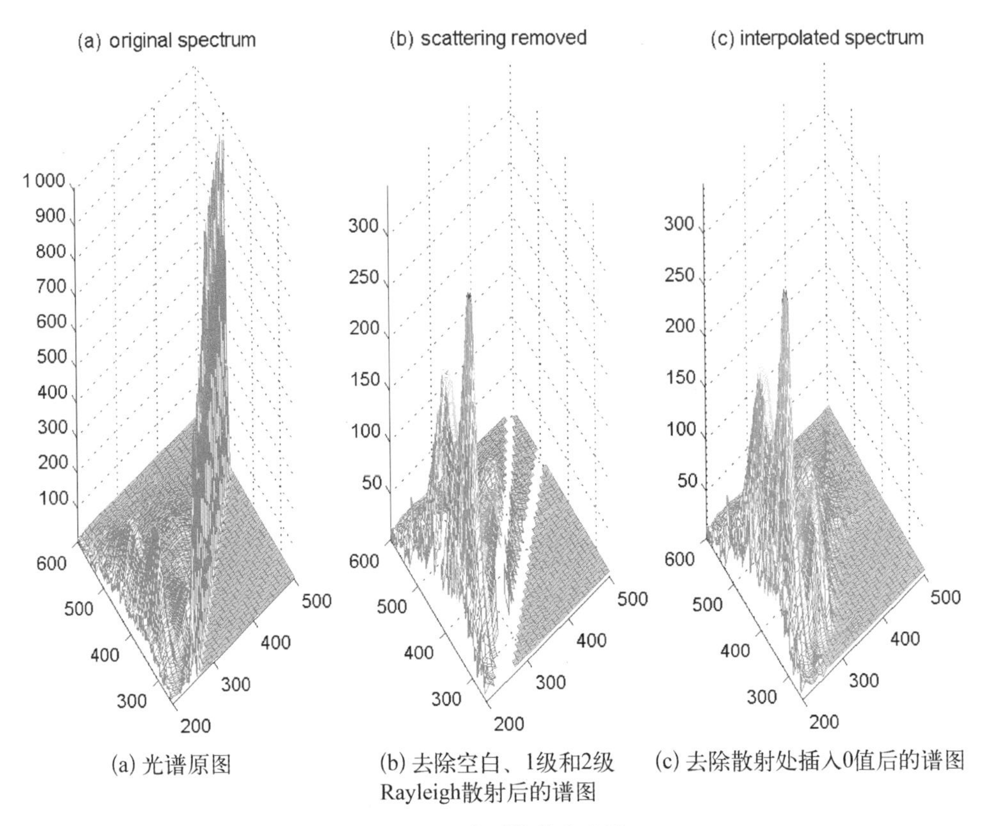

(a) 光谱原图　(b) 去除空白、1级和2级Rayleigh散射后的谱图　(c) 去除散射处插入0值后的谱图

图 2-2　典型的荧光光谱

然后，应用 Leverage 计算结果去除离群样品(Outlier，即与其他样品完全不同的样品)；最后，用 DOMFluor 工具包对 EEM 进行 2～7 组分运算，并采用残差分析(residual analysis)、半分裂法(split half analysis)和目视检验，确定最合适的荧光组分数[103]。

2.3　荧光染色与共聚焦激光显微镜(CLSM)原位观察方法

2.3.1　荧光染剂制备与流程

异硫氰酸荧光素(FITC, fluorescein-5-isothiocyanate)的构造式中有一种独特的异硫氰官能团(—N═C═S)，可和细胞内蛋白质上的胺基(amine group)反应，故用作标记蛋白质；刀豆蛋白 A(concanavalin A, Con A)为凝集素

(lectin),具有结合特殊单糖分子的能力,故用作标记 α-多糖;卡尔科弗卢尔荧光增白剂(calcofluor white, CW)能与 β-(1→4)及 β-(1→3)多糖作用而发出荧光,故用作标记 β-多糖;尼罗红(nile red)具有环状化合物,可溶于有机溶剂及脂质,是疏水性探针(hydrophobic probe),故用作标记脂肪;总细胞核酸染剂(SYTO 63)是一种核酸染剂,具有细胞膜渗透性,与核酸结合后荧光强度会增加,故用作标记总细胞;死细胞核酸染剂(SYTOX Blue)也属于核酸染剂,不具有细胞膜渗透性,通常用作鉴定死细胞[104]。将样品置入 2 ml 离心管中,配置上述 6 种荧光染剂[65],浓度见表 2-1。

表 2-1　荧光染剂及染色条件

染剂名称	染色目标物	染剂浓度	溶　剂	染色时间/min
FITC	蛋白质	10 mg/mL	1 mol/L $NaHCO_3$	60
nile red	脂肪	0.1 mg/L	PBS buffer	30
ConA	α-多糖	250 g/mL	PBS buffer	30
CW	β-多糖	300 mg/L	PBS buffer	30
SYTO 63	总细胞	20 mol/L	DI water	30
SYTOX blue	死细胞	5 mol/L	PBS buffer	10

注:PBS buffer,磷酸盐缓冲溶液

各荧光染剂装入棕色瓶中避光保存,具体染色流程如图 2-3 所示。

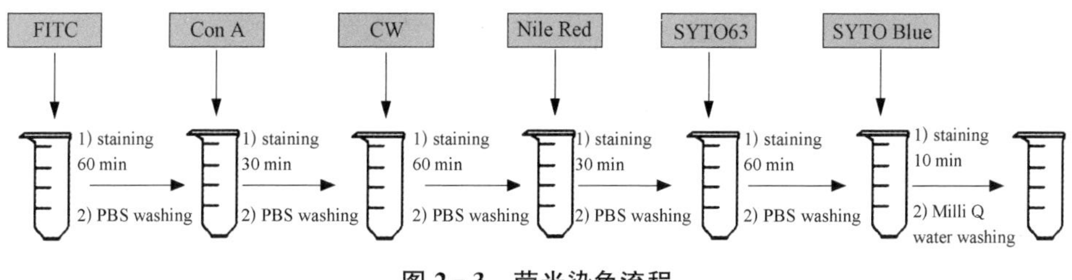

图 2-3　荧光染色流程

2.3.2　冷冻切片

首先,用包埋液(Cryomatrix, Thermo Shandon)将染色后的样品包埋,并放置在 -20℃ 平台上 10 min;然后,用冷冻切片机(CRYOTOME® E, Thermo Shandon)切成厚度约 20 μm 或 30 μm 的切片;最后,用载玻片取下切片样品。

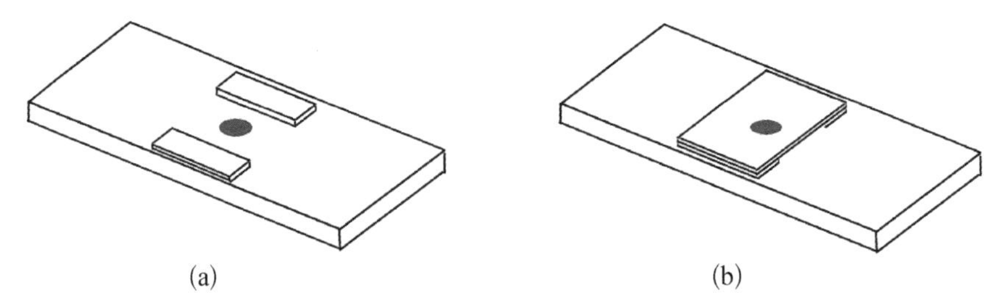

图 2-4 染色通道装置

在载玻片切片样品两侧，用指甲油涂出 1 个通道[图 2-4(a)]，然后以盖玻片封盖，使盖玻片与载玻片之间形成 22 mm×10 mm×0.17 mm 的通道[图 2-4(b)]，以免盖玻片压迫切片样品。

2.3.3 共聚焦激光显微镜原位观察

采用共聚焦激光显微镜(Leica TCS SP2 Confocal Spectral Microscope Imaging System)对切片样品进行原位观察(图 2-5)。各荧光染剂所用光源和设定条件如表 2-2 所示。

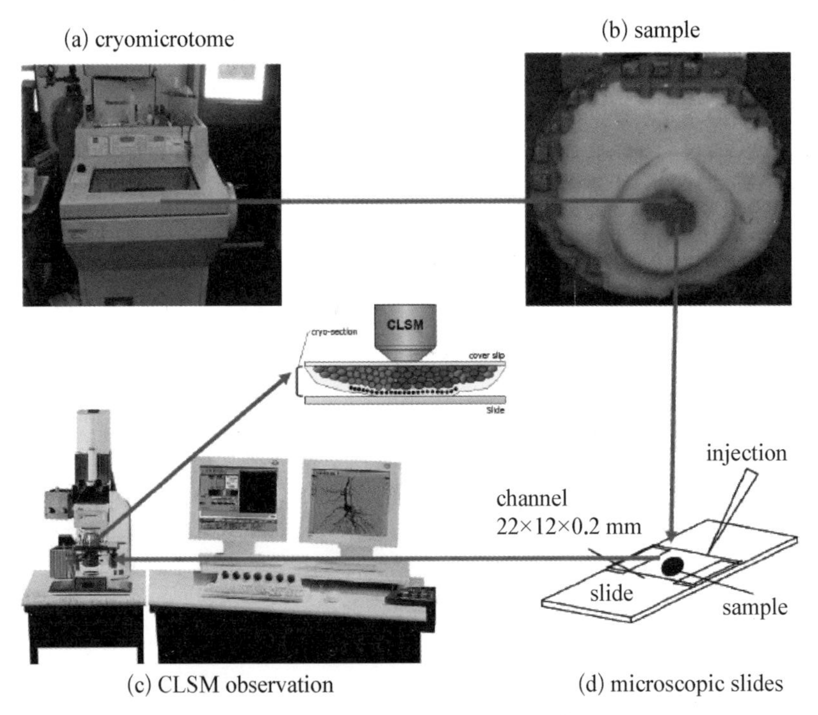

图 2-5 共聚焦激光显微镜原位观察流程

表 2 - 2　荧光染剂的激光光源及设定条件

荧 光 染 剂	激 发 光 源	激发波长/nm	收光波长/nm
FITC	Ar	488	500～550
nile red	Ar	514	625～700
con A	He - Ne	543	550～590
CW	UV	364	410～480
SYTO 63	He - Ne	633	650～700
SYTOX blue	Ar	458	460～500

利用共聚焦激光显微镜观察样品时，因仪器限制及为避免染剂荧光干扰，各染剂皆分别单独收光，观测物镜为 10×或 63×，扫描分辨率为 512×512 pixels。

2.4　其他分析指标与分析方法

2.4.1　三维荧光光谱测定

污泥絮体各层的三维荧光光谱通过荧光分光光度计(Varian Eclipse)测定。实验设定的激发波长范围为 200～500 nm，发射波长范围为 250～600 nm。狭缝宽度为 5 nm，扫描速度为 1 200 nm/min，运行模式为 Scan 模式，每隔 2 nm 取一个点，得到的样品为 171 Em×31 Ex。

2.4.2　凝胶渗透色谱测定污泥絮体各层的分子量分布

污泥絮体各层的分子量分布采用凝胶渗透色谱(LC - 10A, Shimadzu Co., Japan)测定，检测器和柱子分别为视差检测器(RID - 10A)和 TSKgel 柱(G4000PWXL, TOSOH Co., Japan)；流动相为超声脱气处理后的 Milli - Q 水；相对分子质量分别为 1 169 000，771 000，128 000，12 000，4 000，620，194 的聚乙二醇用于分子量的校正。

2.4.3　脱水性能指标测定

一般衡量污泥脱水性能的指标有两个，CST 和 SRF。CST 指污泥中的毛细水在滤纸上渗透 1 cm 距离所需要的时间，采用 CST 测定仪(型号是 304M,

Triton 公司，英国）测定，装置主要包括泥样容器（不锈钢漏斗）、滤纸和计时器 3 部分。如图 2-6 所示，1、2 两点的距离为 1 cm；当污泥中的水分渗透至 1 点时，计时器开始计时，至 2 点时，计时器停止计时，测得的时间即为 CST 值。

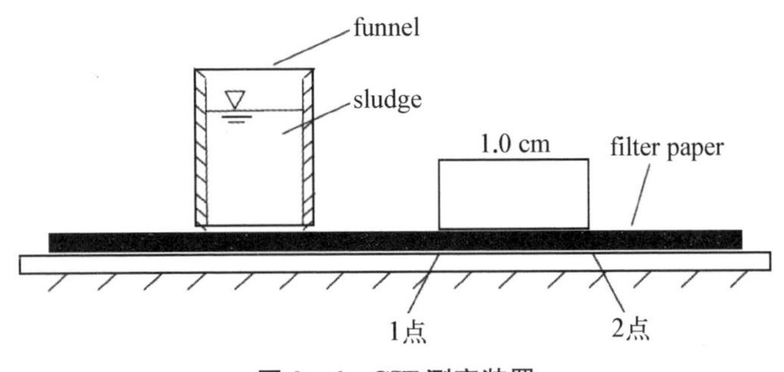

图 2-6　CST 测定装置

实验开始时，将少量污泥样品置于不锈钢漏斗内，开启仪器，至报警声响起时即可读取值。CST 不能直接用来评价污泥中的结合水量，因为它与污泥的含固率相关。CST 表征污泥脱水性能时，要除以污泥的 TSS 量，即用模化 CST（normalized CST）表征污泥的脱水性能，可以消除污泥固体浓度的影响[115]。

比阻（SRF）也是衡量污泥脱水性能的重要指标。它在数值上等于黏度为 1 Pa・s的流体以 1 m/s 的平均流速通过厚度为 1 m 的颗粒床层时所产生的压强降。SRF 越大，说明过滤时污泥的阻力越大，越难脱水。SRF 具体的测量过程[105]：将摇匀的 100 mL 污泥倒入布氏漏斗中，在真空度为 0.05 MPa 的条件下进行抽滤，记录滤液体积随时间的变化情况，以及过滤前后污泥的含水率，将实验所得数据代入式（2-1）计算。

$$r = (2PA^2/\mu C)K \tag{2-1}$$

式中，r 为污泥的过滤比阻，s^2/g；μ 为滤液动力黏滞系数，Pa/s；P 为真空度，即过滤压力差，g/cm^2；A 为过滤面积，cm^2；C 为单位体积滤液在过滤介质上截留的滤饼干固体质量，g/cm^3；K 为 $t/V-V$ 曲线的斜率（V 为滤液的体积，cm^3；t 为过滤时间，s）。

2.4.4　金属离子测定

取 10 mL 样品，加 10 mL 优级纯的浓硝酸在 150℃加热板上消解。消解后的液体经过滤定容至 50 mL，然后用等离子发射光谱仪（ICP）测定金属离子。

2.4.5 常规指标测定

污泥常规测定指标及分析方法见表 2－3。

表 2－3　污泥常规测定指标及分析方法

测定指标	分析方法	测定指标	分析方法
蛋白质	Lowry 法[51]	α－葡糖苷酶	Goel 等[58]
多糖	Anthone 法[106]	碱磷酸酯酶	Goel 等[58]
DNA	二苯胺分光光度法[107]	酸磷酸酯酶	Goel 等[58]
蛋白酶	Lowry 法[51]	TSS 或 VSS	APHA[109]
α－淀粉酶	Bernfeld 法[108]	金属离子	ICP

污泥测定所用实验仪器见表 2－4。

表 2－4　实验仪器

仪器名称	型号	产地
pH 计	PHS－2F	上海精科仪器有限公司
电导率仪	DDSJ－308A	上海精科仪器有限公司
旋转式黏度计	NDJ－7	上海精科仪器有限公司
烘　箱	101－2－BS－Ⅱ	上海跃进医疗器械厂
高速冷冻离心机	GL－20G－Ⅱ	上海安亭科学仪器有限公司
水浴锅	H. H. S－8	上海锦凯科学仪器有限公司
超声波仪	FS－600	上海生析公司
温控仪	XMT	余姚市长江温度仪表厂
pH 自动控制器	pH101	台湾 HOTEC
蠕动泵	BT100－1J	保定兰格恒流泵有限公司
COD 仪	DR/2000	美国 HACH 公司
TOC/TN 分析仪	multi N/C 3000	德国 Jena 公司
CST 仪	304M	英国 Triton 公司
GC	GC112A	上海精科仪器有限公司
LC	LC－20AD	日本 Shimadzu 公司

续 表

仪器名称	型　号	产　地
激光粒度仪	EyeTech	荷兰安米德
Zeta电位仪	Nano Z	英国马尔文仪器有限公司
三维荧光光谱仪(EEM)	F-4500	日本Hitachi公司
红外(FT-IR)光谱仪	Antaris	美国热电尼高力公司
等离子体发射光谱仪(ICP)	OPTIMA 2100DV	美国热电公司
扫描电镜(SEM)	S-800	日本Hitachi公司
超临界点干燥仪	HCP-2	日本Hitachi公司
共聚焦激光显微镜(CLSM)	Leica TCS SP2	德　国
污泥低温冷冻切片机	Cyrotome E	英　国
冷冻干燥仪	CHRIST	德　国
凝胶色谱仪(GPC)	LC-10A	日本Shimadzu公司
紫外可见分光光度计	755B	上海精密科学仪器有限公司

2.5 实验内容

2.5.1 超声预处理

实验所用超声波处理器(FS-600型,上海生析仪器有限公司)频率为20 kHz,它由1个超声波发生器和与之相连的直径13 mm的探头组成,此探头直接作用于被处理的污泥中。待处理污泥盛放在隔音箱里的烧杯中,通过调节底部升降台,使探头伸入污泥液面下约10 mm。已有研究表明,探头伸入溶液不宜过深,否则不利于反应进行[110]。在烧杯外放置适量冰块,以防止超声时的热效应发生。超声功率从120 W至600 W共有5个调节档,每档间隔120 W。超声波处理装置如图2-7所示。

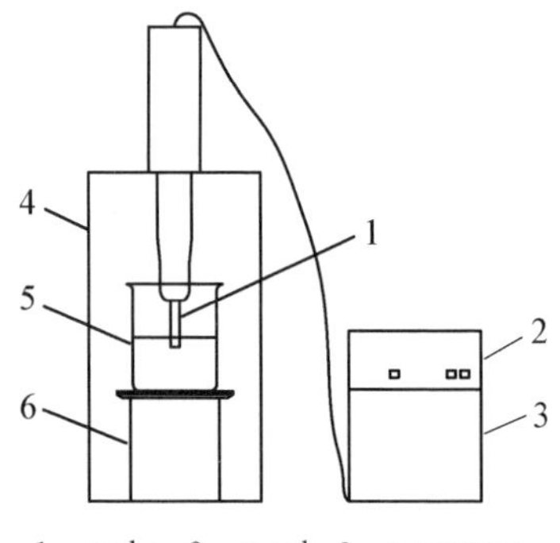

1—probe; 2—panel; 3—generator; 4—isolator; 5—beaker; 6—elevator

图2-7　超声波处理装置示意

超声波预处理分为两个阶段:

第1阶段：确定最佳预处理工况。在不同的超声波能量密度和时间组合下，对于浓缩污泥样品进行超声波预处理，通过对处理后污泥SCOD的测定和能量有效性分析，确定最佳的处理工况。

第2阶段：采用第1阶段得到的最佳工况对污泥进行预处理，然后与未预处理污泥同时进行厌氧/好氧消化。在此过程中，监测污泥基本指标及污泥中胞外酶的变化，并与未经预处理的污泥作对比。

2.5.2　污泥好氧消化

污泥好氧消化反应器有效体积400 mL。首先，在一个反应器中加入经超声波预处理后的污泥，在另一个反应器中加入未经超声波预处理的污泥作为对照；然后，将这两个反应器用浸湿的饱和真空棉封口，防止反应器内水分蒸发；最后，将这两个反应器放置在130 r/min转速的摇床(富华有限公司，型号HV-6，江苏省)上进行好氧消化反应，以确保反应器中溶解氧浓度>4 mg/L。在消化过程中，温度保持在20～25℃之间。

2.5.3　污泥厌氧消化

污泥厌氧消化反应器为有效容积3.5 L的玻璃抽滤瓶(图2-8)。瓶外包裹有一层加热带，通过与加热带相连的控温仪来监测和控制反应时的温度在(37±1)℃。使用pH自动控制仪来控制系统的pH在6.8～7.2范围，6 mol/L的NaOH和6 mol/L的HCl用以调节系统的pH。通过蠕动泵循环消化液的方

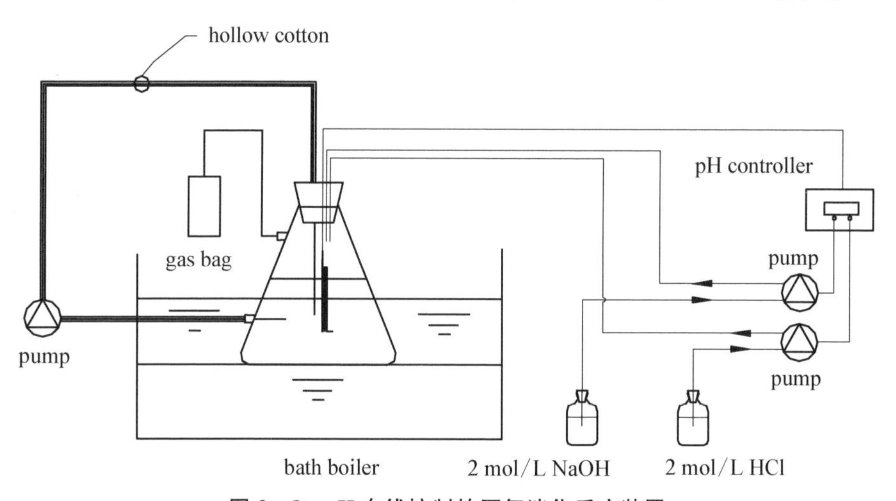

图2-8　pH在线控制的厌氧消化反应装置

法，来实现反应器内发酵液的混合。气体收集采用气袋。实验启动前，采用氮气吹脱的方法驱赶尽容器内的空气，启动后在整个消化过程中不进行加料。

2.5.4 生物絮凝实验

不同污泥絮体层对高岭土悬浮液的絮凝实验参考 Yokoi 等[111]和 Deng 等[112]的方法。本研究中，0.10 mL 絮凝剂（即本实验中的污泥各絮体层）、0.25 mL 浓度为 90 mmol $CaCl_2$溶液和 4.65 mL 浓度为 5 g/L 的高岭土悬浮液加入 10 mL 试管中；然后，试管在旋涡混合器（XW－80A，上海精科实业有限公司）上震荡 30 s；样品震荡后，静止 5 min，并在 550 nm 波长处测定上清液的吸光度。空白（blank）值为上述实验过程中不加入絮凝剂。每个 EPS 样品有 2 个平行样。絮凝速率按公式（2－2）计算：

$$flocculating \cdot rate(\%) = \frac{OD_{550,\ blank} - OD_{550}}{OD_{550,\ blank}} \times 100 \qquad (2-2)$$

2.5.5 不同污泥絮体层的逐步剥除和再投加实验

图 2－9 为污泥絮体中不同絮体层的逐步剥除和再投加实验流程。

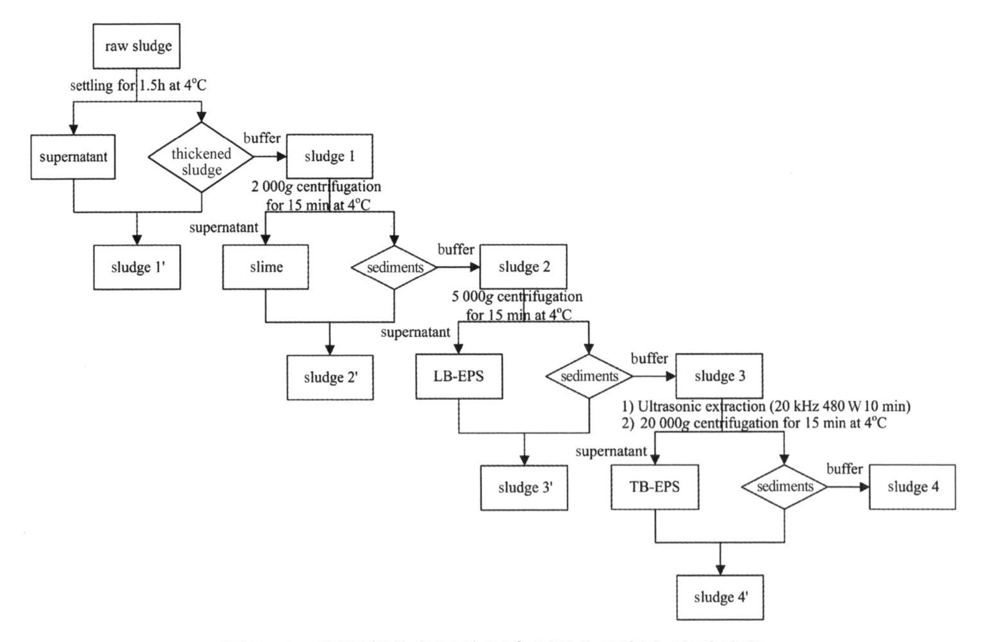

图 2－9 污泥絮体各层的逐步剥除和再投加实验流程

从污水处理厂曝气池取回的污泥样品，首先在 4℃条件下沉降 1.5 h，撇除的上层液体称为 supernatant。其次，部分沉降后的污泥，用 pH 7 的 PBS 缓冲溶液稀释到原体积，该缓冲溶液的电导率用蒸馏水调整与上述沉降污泥相同，所得污泥称为 sludge 1。另一部分沉降后的污泥，用收集的 supernatant 稀释到原体积，所得污泥称为 sludge 1′。sludge 1 在 2 000 *g* 条件下离心 15 min，撇除的上层液体称为 slime。离心后的部分污泥沉降物用上述 PBS 缓冲溶液稀释到原体积，所得污泥称为 sludge 2。另一部分沉降后的污泥，用收集的 slime 稀释到原体积，所得污泥称为 sludge 2′。sludge 2 在 5 000 *g* 条件下离心 15 min，撇除的上层液体称为 LB－EPS。离心后的部分污泥沉降物，用上述 PBS 缓冲溶液稀释到原体积，所得污泥称为 sludge 3。另一部分沉降后的污泥，用收集的 LB－EPS 稀释到原体积，所得污泥称为 sludge 3′。sludge 3 首先用超声波（20 kHz，480 W，10 min）提取，在 20 000 *g* 条件下离心 20 min，撇除的上层液体称为 TB－EPS。离心后的部分污泥沉降物用上述 PBS 缓冲溶液稀释到原体积，所得污泥称为 sludge 4。另一部分沉降后的污泥用收集的 TB－EPS 稀释到原体积，所得污泥称为 sludge 4′。

2.5.6　好氧颗粒污泥和污泥絮体的自由沉降实验

好氧颗粒污泥或污泥絮体的沉降速率和密度，参考 Lee 等[113]描述的自由沉降实验确定。装满自来水的有机玻璃柱（高 120 cm；直径 5 cm）用于自由沉降实验。实验前，用照相机采集好氧颗粒污泥或污泥絮体的照片，然后采用 Image J 软件（1.41 m 版本）确定污泥样品的直径；实验开始时，将污泥样品从有机玻璃柱顶部轻轻放入，记录污泥样品通过有机玻璃柱中间 70 cm 的距离所需的时间。每个污泥样品测定 30 个颗粒或絮体。污泥样品密度按式（2－3）计算：

$$\Delta\rho_f = \rho_f - \rho_w = \frac{34\mu_w V}{g d_f^2} \tag{2-3}$$

式中，$\Delta\rho_f$ 为不同样品与水的密度差（kg/m^3）；ρ_f 为样品密度（kg/m^3）；ρ_w 为水密度（kg/m^3）；μ_w 为水黏度（kg/m/s）；V 为样品沉降速率（m/s）；g 为重力加速度（m/s^2）；d_f 为样品粒径（m）。

2.5.7　荧光染色-共聚焦显微镜方法原位观察有机物对污泥脱水性能的影响

剩余污泥絮体取自台北某城市污水处理厂。该污水处理厂处理规模为

250 m^3/d,工艺为传统活性污泥法,污泥样品 pH 约 6.8,污泥总 COD 约 9 600 mg/L。

污泥样品按 2.1 节方法进行分层处理后,原污泥、超声处理后污泥(20 kHz, 480 W, 10 min)和(或)污泥絮体各层,分别进行过滤实验。过滤时,真空度为 0.05 MPa,滤膜为 0.45 μm 混合纤维素酯微孔滤膜。在过滤过程中,记录滤液体积和相应的时间,用于过滤曲线作图;过滤后,小心取下滤膜及其上的过滤沉积层,用于荧光染色及 CLSM 原位观察(步骤详见 2.3 节)。

2.5.8 好氧颗粒污泥储存实验

好氧颗粒污泥培养成熟后,储存在 4℃的棕色试剂瓶中。试剂瓶中营养液组成(mg/L):苯酚,250;蛋白胨,400;氯化铵,200;硫酸镁,130;磷酸氢二钾,1 650;磷酸二氢钾,1 350;10 mL 微量元素[198]。储存 30 d 后,取样进行污泥分层及其他指标测定。

2.6 数据的统计分析方法

全文所有测试数据均采用 SPSS 16.0(SPSS Inc., Chicago, IL, USA)软件进行处理。泊松相关系数(R)用于表示 2 个参数间的线性关系,+1 表示 2 个参数间有很好的正相关性,−1 表示 2 个参数间有很好的负相关性,0 表示 2 参数间没有相关性;相关性水平 $p<0.5$ 表示 2 个参数相关,$p<0.1$ 表示 2 个参数显著相关。

主成分分析(PCA)是一种通过降维来简化数据结构的方法,即把多个变量化为少数几个综合变量,而这几个综合变量可以反映原来多个变量的大部分信息。PCA 分析的详细步骤,可参见文献[114]。R-型因子分析(R-mode factor analysis)中行为个体(cases),列为样本变量(variables)。

第3章 基于絮体多层结构的污泥脱水性能

3.1 概　　述

EPS是由微生物分泌并包围在微生物周围的高分子聚合物的总称，针对EPS的研究已表明其是污泥可脱水性表征的关键[15]。但是，EPS显然不能完全解释污泥的可脱水性。这主要是由于污泥絮体结构本身较为复杂，不仅是EPS的量或组成，而且其在污泥絮体中的空间分布也必然对污泥脱水性具有显著影响，如分布在絮体外缘的EPS无论是束水还是絮凝作用都可能更强烈。因此，仅仅将EPS量和组成与污泥脱水性关联，其结果必然具有不确定性。

针对这一问题，本文进一步发展了污泥絮体分类方法，提出了包含污泥絮体更多结合物的多层结构模型假设，即：污泥絮体由细胞和由其分泌或吸附的EPS组成[31]；EPS又可划分为，紧密结合的TB-EPS、疏松结合的LB-EPS和可溶性的EPS(又分为supernatant和slime)。各层EPS和细胞相(pellet)按其与絮体结合的强度，以分离操作方法程序定义。

三维荧光光谱-平行因子法(EEM-PARAFAC)能够解析混合溶液中的荧光物质，可以获得各荧光物质的三维荧光光谱图，荧光物质浓度与得分矩阵有很好的相关性[70]。同时，与化学分析方法相比，EEM光谱具有较高的灵敏度。因此，污泥絮体多层结构方法与EEM-PARAFAC方法相结合，用于研究影响污泥脱水性能的因素，可以提供微观水平的信息。此外，利用荧光染色对不同污泥絮体层的过滤实验中所形成的滤饼染色，借助共聚焦激光显微镜(CLSM)原位观察所形成的滤饼中有机质的分布状况，可原位分析污染物对污泥过滤性能的影响。

本研究采用超声波结合离心分离的方法，构建污泥多层结构模型；对不同类型污水处理厂污泥多层结构中的蛋白质和多糖分布模式进行了全面研究，据此探讨影响污泥脱水性能的主要因素；分析了 EEM - PARAFAC 法用于表征污泥絮体多层结构中的蛋白质和腐殖质分布模式的可行性，并研究了蛋白质和腐殖质对污泥脱水性能的影响，并进一步评价了该方法用作一种快速、敏感的检测污泥脱水性能的潜力；利用荧光染色结合 CLSM 原位观察方法，探索影响污泥脱水性能的主要因素。

3.2 材料与方法

3.2.1 实验材料

取自上海市 14 个污水处理厂的不同类型污泥样品，用于絮体多层结构方法发展。选择的污水处理厂有生活污水源的污水处理厂、生活垃圾源（渗滤液）的污水处理厂、工业源的污水处理厂和特殊工业源（啤酒厂、屠宰厂、造纸厂和饮料厂）的污水处理厂（表 3 - 1）。

表 3 - 1 污泥样品沉降后的理化性质

污泥来源	编号	工艺	污泥样品沉降后的理化性质					
			TSS $/(g\cdot L^{-1})$	VSS $/(g\cdot L^{-1})$	COD $/(mg\cdot L^{-1})$	SCOD $/(mg\cdot L^{-1})$	pH	电导率 $/(\mu S\cdot cm^{-1})$
生活污水源的污水处理厂	S1	A^2O	7.1	6.7	(9 100±378)	(94±5)	6.7	331
	S2	SBR	(12.6±0.1)	(8.8±0.2)	(16 000±1 000)	(15±3)	6.6	338
生活垃圾源的污水处理厂	L1	SBR	(29.9±0.2)	(17.5±0.1)	(31 300±1 900)	(531±46)	8.3	1 137
	L2	A^2O	(13.3±0.3)	(8.0±0.1)	(21 300±1 800)	(447±15)	8.7	699
	L3	AO	(17.6±1.7)	(7.6±0.9)	(17 200±1 300)	(545±26)	7.7	1 034
	L4	MBR	(10.9±0.1)	(4.8±0.1)	(8 100±1 700)	(782±11)	7.8	1 614
	L5	SBR	5.6	3.9	(12 000±1 400)	(617±38)	8.1	558
工业源污水处理厂	I1	SBR	(12.0±0.6)	(6.9±0.5)	(22 000±1 000)	(226±7)	7.0	587
	I2	SBR	(11.8±0.8)	(6.7±0.4)	(3 800±686)	(10±7)	6.8	391
	I3	SBR	(13.9±0.4)	(4.8±0.2)	(3 600±42)	(3±1)	6.8	340
特殊工业源污水处理厂 酿酒	SS1	UASB	(38.2±0.7)	(8.3±0.2)	(13 800±400)	(124±21)	7.5	285
饮料	SS2	AO	(6.9±0.3)	(4.7±0.1)	(11 200±300)	(115±45)	7.5	1 223
造纸	SS3	SBR	(11.7±0.3)	(7.6±0.1)	(31 000±2 000)	0	7.4	443
屠宰	SS4	AO	(8.5±0.2)	(3.4±0.1)	(6 100±900)	(59±4)	7.8	860

表 3-2　不同污水处理厂污泥样品的理化性质

来源	编号	工艺	污泥样品的理化性质										
			TSS /(g·L^{-1})	VSS /(g·L^{-1})	COD /(mg·L^{-1})	SCOD /(mg·L^{-1})	DOC /(mg·L^{-1})	pH	电导率 /(μS·cm^{-1})	黏度 (mPa·s)	粒径 D [4, 3] /μm	模化 CST (s L/g-TSS)	SRF (10^{13} m·kg^{-1})
A	S-Ⅰ	A^2O	(1.7±0.1)	(0.7±0.1)	(3 730±70)	(24±11)	20	6.88	12.6	1.2	130	(5.6±0.1)	(5.3±1.2)
	S-Ⅱ	SBR	(1.8±0)	(1.0±0)	(5 600±650)	(57±4)	23	6.85	6.80	2.8	39.4	(4.9±0.3)	(2.9±0.2)
	S-Ⅲ	SBR	(4.1±0.1)	(2.6±0)	(5 000±140)	(220±35)	5.1	6.93	4.47	1.3	85.8	(3.1±0.2)	(16±5)
B	Ⅰ-Ⅰ	SBR	(2.0±0.5)	(0.7±0.4)	(3 930±140)	(120±7)	18	7.82	72.7	4.9	145	(4.2±0.3)	(2.5±0.2)
	Ⅰ-Ⅱ	AO	(1.8±0.2)	(0.6±0.1)	(4 800±370)	(91±0)	12	7.12	11.0	2.6	24.3	(5.2±0.2)	(3.3±0.4)
	Ⅰ-Ⅲ	SBR	(5.9±0.4)	(3.3±0.1)	(10 400±400)	(300±15)	0.10	7.53	38.4	3.3	14.4	(1.6±0.0)	(4.0±2)
C	SS-Ⅰ	SBR	(4.3±0.1)	(2.2±0.1)	(8 000±210)	(290±32)	160	7.65	16.3	2.2	53.8	(3.3±0.1)	(19±5)
D	L-Ⅰ	AO	(42±0.4)	(24±0.1)	(18 900±100)	(250±14)	120	7.44	33.6	2.3	29.6	(1.0±0.0)	(18±7)
	L-Ⅱ	MBR	(7.0±1.2)	(3.6±0.1)	(7 500±200)	(210±15)	340	6.91	6.82	0.8	23.6	(2.4±0.0)	(20±8)
	L-Ⅲ	A^2O	(9.9±0.4)	(3.6±0.2)	(9 700±300)	(360±25)	210	8.11	77.3	4.3	6.65	(42±0.8)	(210±70)
	L-Ⅳ	SBR	(6.3±0.4)	(3.3±0.1)	(8 000±470)	(210±5)	220	8.36	74.1	1.4	157	(1.4±0.1)	(6.5±2)

注：A—生活污水源污水处理厂；B—工业污水源污水处理厂；C—特殊工业源污水处理厂；D—生活垃圾源污水处理厂。

取自上海市11个污水处理厂的不同类型污泥样品，用于3D－EEM测定及PARAFAC分析。选用的污水处理厂有生活污水源的污水处理厂、生活垃圾源的污水处理厂、工业源的污水处理厂和特殊工业源（造纸厂）的污水处理厂（表3－2）。

3.2.2 实验方法

1. 污泥絮体分层方法

污泥絮体分层方法详见2.1节。

2. 三维荧光光谱的平行因子分析方法

污泥絮体各层的3D－EEM－PARAFAC分析方法详见2.2节。

3. 荧光染色-共聚焦显微镜方法原位观察有机物对污泥脱水性能的影响

污泥絮体各层的荧光染色-共聚焦显微镜原位观察方法详见2.5.7节。

3.3 结果与讨论

3.3.1 絮体多层结构研究污水处理厂污泥的脱水性能

1. 蛋白质和多糖在不同污泥絮体层中的分布模式

蛋白质和多糖在14个城市污水处理厂污泥不同絮体层的分布如图3－1所示。可以看出，在不同类型污水处理厂污泥中蛋白质和多糖含量差别较大，分别在66.6～902.1 mg/g－TSS和11.8～42.6 mg/g－TSS范围内；污泥絮体中蛋白质含量比多糖高。同时，蛋白质71.4%～99.5%分布在pellet和TB－EPS层，仅0.5%～28.6%分布在supernatant、slime和LB－EPS层；而对多糖而言，虽然大部分（45.4%～70.6%）也分布在Pellet和TB－EPS层，但分布在supernatant、slime和LB－EPS层的量明显要比蛋白质多（29.4%～54.6% vs 0.5%～28.6%）。

因此，蛋白质和多糖在污泥絮体中有明显不同的分布模式，即：蛋白质主要分布在pellet和TB－EPS层，少量分布在supernatant、slime和LB－EPS层；虽然大部分多糖也分布在Pellet和TB－EPS层，但与蛋白质相比，有更多比例的多糖分布在supernatant、slime和LB－EPS层。更重要的是，这种分布模式不受污泥类型的影响，具有普适性。

2. 不同污水处理厂污泥的脱水性能

模化CST是一种表征污泥脱水性能的简单、快速和便宜的方法[10, 115]。图

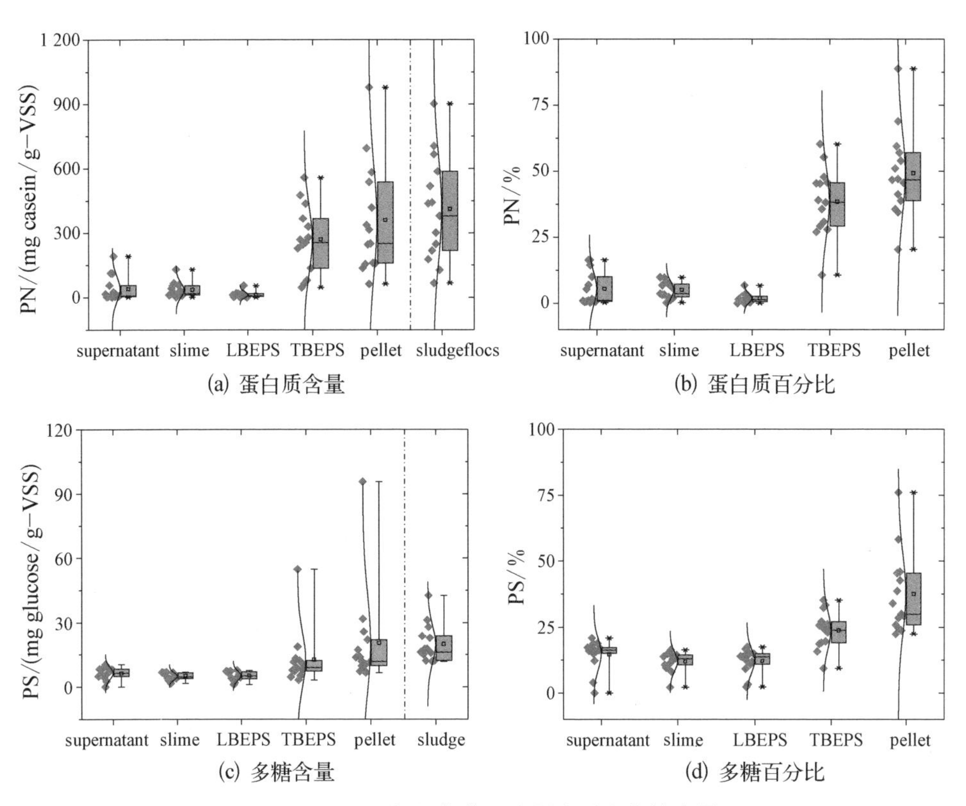

图3-1　不同污泥絮体层中蛋白质和多糖含量

3-2是14个不同类型城市污水处理厂污泥的脱水性能。生活垃圾源除L1外，其污泥的模化CST范围是2.08～10.7 s L/g-TSS，比其他污水源的污泥高(0.33～1.5 s L/g-TSS)。说明处理生活垃圾源的污水处理厂的污泥脱水性能要比其他污水源的污泥脱水性能差。Scholz[116]也研究了生活垃圾源污水处理厂的污泥脱水性能，结果与本研究相似。

3. 蛋白质、多糖和蛋白质与多糖的比值与模化CST的泊松相关性分析

图3-3—图3-5为污泥絮体的不同絮体层中蛋白质、多糖和蛋白质与多糖的比值与污泥脱水性能的泊松相关性分析。从图中可以看出，模化CST与supernatant、slime和LB-EPS层中蛋白质和蛋白质与多糖的比值显著相关($R^2>0.51$, $p<0.01$)，而与TB-EPS和pellet层或整个污泥絮体中的蛋白质和蛋白质与多糖的比值无显著相关性($R^2<0.11$, $p>0.24$)存在；同时，模化CST也与污泥絮体任何层中的多糖无显著相关性($R^2<0.12$, $p>0.22$)存在。该结果表明，污泥脱水性能仅受污泥supernatant、slime和LB-EPS层中蛋白

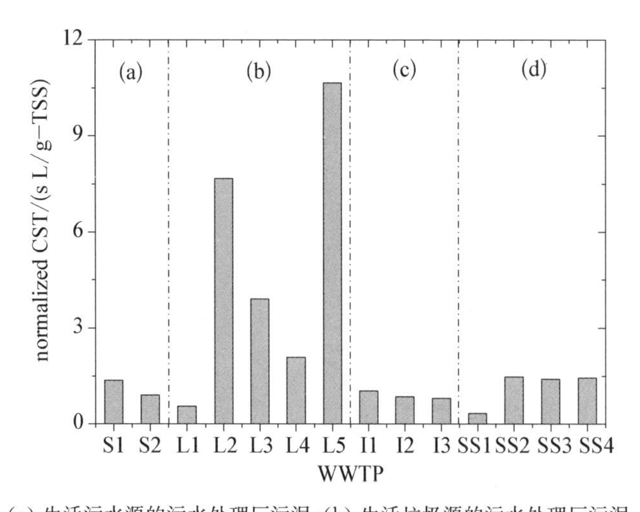

(a) 生活污水源的污水处理厂污泥；(b) 生活垃圾源的污水处理厂污泥；
(c) 工业区的污水处理厂污泥；(d) 特殊工业源的污水处理厂污泥

图 3－2　不同类型污水处理厂污泥的模化 CST

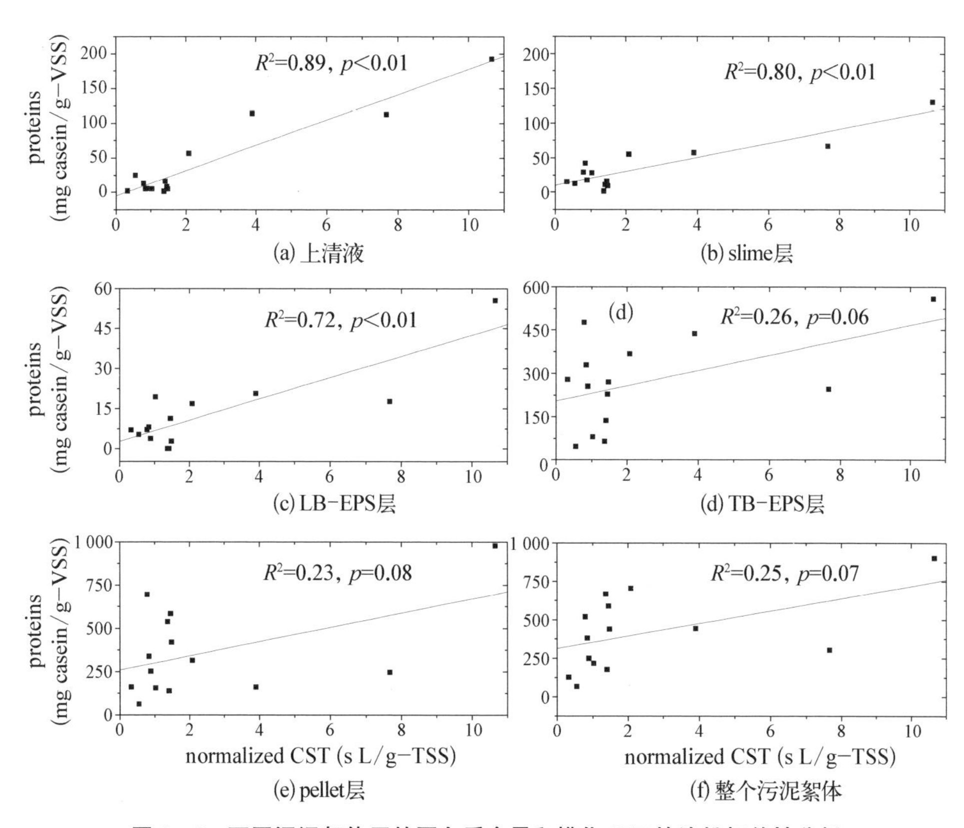

图 3－3　不同污泥絮体层的蛋白质含量和模化 CST 的泊松相关性分析

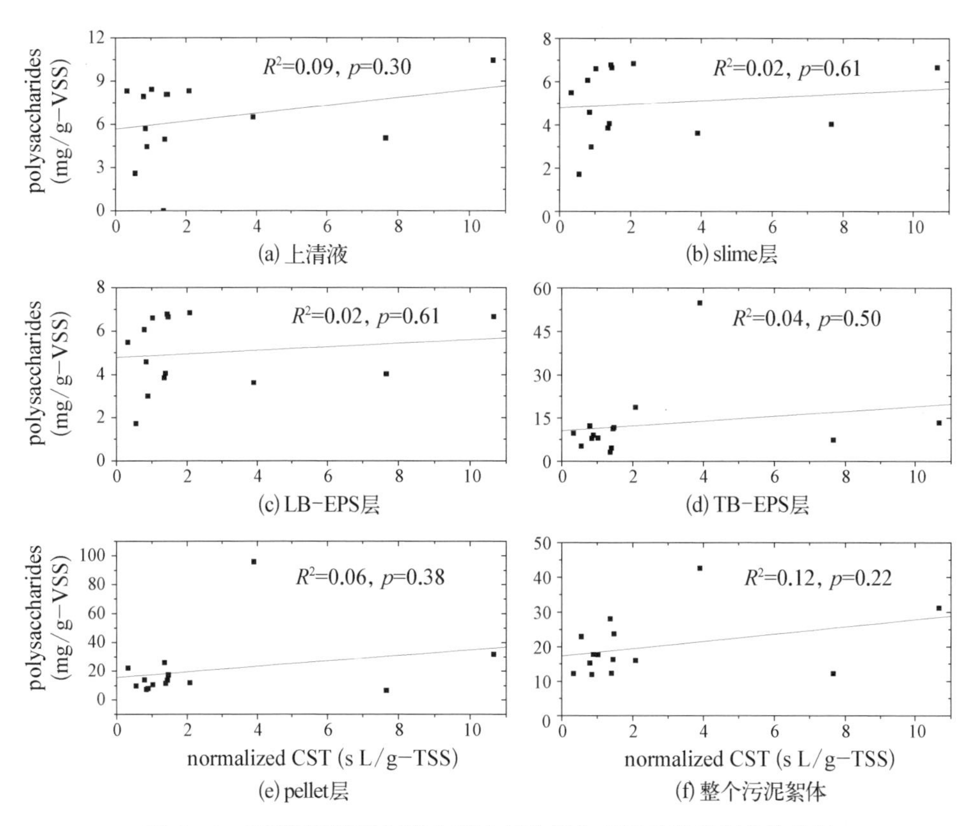

图 3-4　不同污泥絮体层的多糖含量和模化 CST 的泊松相关性分析

质和蛋白质与多糖的比值影响。

已有其他研究者研究了污泥 LB-EPS 和 TB-EPS 层对污泥过滤或脱水性能的影响。Rosenberger 和 Kraume[14]研究了膜生物反应器中的过滤性能，发现是 LB-EPS 而不是 TB-EPS 影响了污泥的过滤性能。Remash 等[117]的研究结果也表明，LB-EPS 贡献了大部分污泥的过滤阻力。Li 和 Yang[34]也提出，是 LB-EPS 而非 TB-EPS 在污泥脱水(以 SRF 表征)方面起更大作用。

目前，很少有研究者关注 supernatant 和 slime 层对污泥脱水性能的影响。在其他的同类研究[31, 51]中，由于较低的有机质含量，supernatant 和 slime 层通常是被研究者弃置的，而未受到足够的关注。虽然 Novak 等[118]也发现污泥脱水性能与“supernatant”直接相关，然而在他们的研究中“supernatant”是在 10 000 g条件下离心 15 min 获得的，即相当于本研究中 supernatant、slime、LB-EPS和部分 TB-EPS 层的总和。因此，本研究第一次发现了 supernatant 和 slime 层对污泥脱水性能有显著的影响。

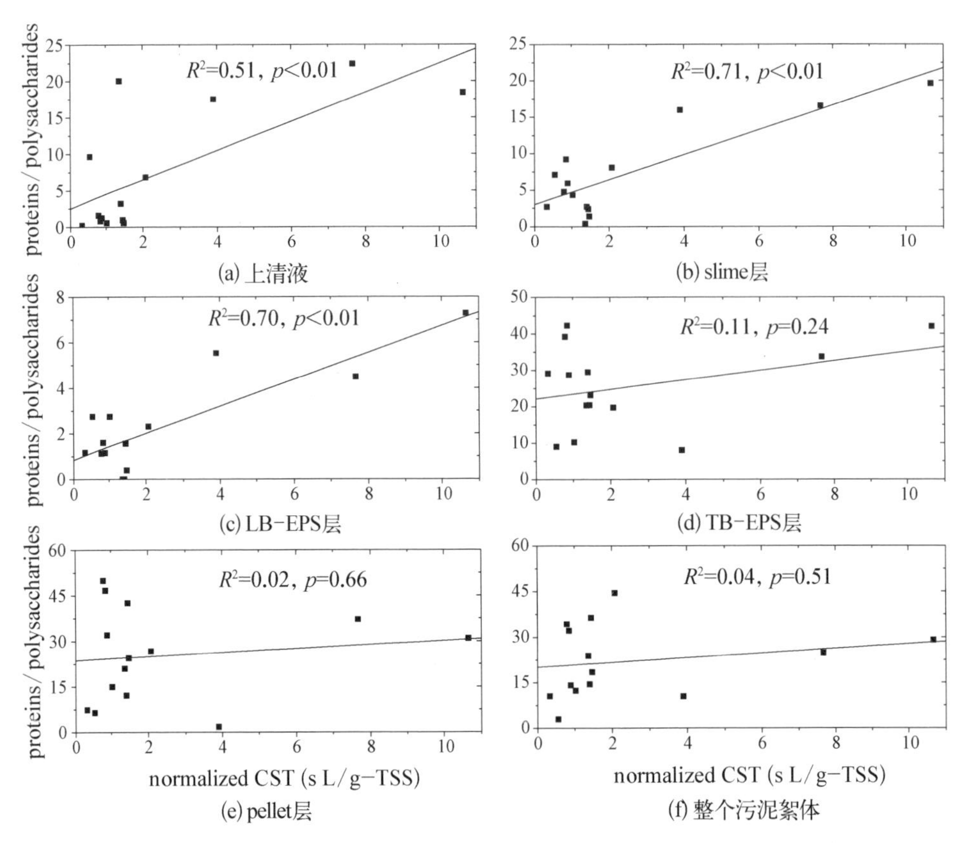

图 3-5　不同污泥絮体层的蛋白质与多糖的比值和模化 CST 的泊松相关性分析

污泥絮体外层(slime 和 LB-EPS 层)蛋白质或蛋白质与多糖的比值的增加可能会抑制细菌的黏附,削弱污泥絮体的结构。因此,提高了胞外有机物释放到 supernatant 层的量[119, 120]。结果,释放的有机物致使污泥的脱水性能变差。值得指出的是,整个污泥絮体中蛋白质或蛋白质与多糖的比值的增加却并不会致使污泥的脱水性能变差(图 3-3 和图 3-5)。此外,污泥絮体中不同层的多糖均不会影响污泥的脱水性能,这可能归因于蛋白质的分子量比多糖的更大[121]。Novak 等[118]的研究结果也表明,蛋白质对污泥脱水性能有重要影响,而多糖对污泥脱水性能影响较小。

4. *污泥絮体结构分层方法对污泥脱水的意义*

本研究中,污泥絮体结构分层是基于不同类型的污泥进行的。因此,该污泥絮体结构分层研究结果具有普适性。虽然很多研究者已经表明,EPS 对污泥脱水性能有重要影响,但他们的研究结果均是针对总 EPS 或 TB-EPS 而言的。

因此，这些研究的结果常相互矛盾，无法取得共识。

本研究提出和采用污泥絮体结构分层的方法，成功地解决了这一问题。尽管 Li 和 Yang[34]、Novak 等[118]的研究结果表明，是 LB - EPS 而非 TB - EPS，或所谓的"supernatant"(即相当于本研究中 supernatant、slime、LB - EPS 和部分 TB - EPS 层的总和)对污泥脱水性能有重要影响；然而，本研究的结果进一步揭示，supernatant 和 slime 层对污泥脱水性能有更加重要的影响。

基于本研究的结果，可以认为只要控制污泥絮体的蛋白质不进入松散结合的 EPS 层，就可望有效地提高污泥的脱水性能。该研究结论也进一步证明，污泥的脱水性能是受污泥絮体结构控制的。根据 Adav 等[122]的研究结果，高的曝气强度提供的水力剪切力可以"压缩"污泥絮体成颗粒污泥，因此提高污泥絮体的曝气强度可以使污泥絮体的结构更加密实；Li 和 Yang[34]、Eriksson 等[18]表明，随着污泥龄的增加，LB - EPS 将减少，因此，长污泥龄可以使污泥具有更加密实的结构，从而具有更好的脱水性能。此外，污泥负荷也能影响污泥絮体的结构，即低污泥负荷可以产生更强的污泥絮体结构，反之亦然；因此，控制低污泥负荷可以使污泥具有较好的脱水性能。总之，通过调控污水处理厂运行的参数(如曝气强度、污泥龄、污泥负荷等)可以获得较好的污泥脱水性能。此外，本研究结果表明，是污泥中的蛋白质而非多糖对污泥脱水性能有重要的影响；另一方面，蛋白质对 Fe^{3+} 有亲和性[123, 124]。因此，在污泥絮体调理时加入铁盐而非其他金属盐可以更好地提高污泥的脱水性能。

综上，本研究提出的絮体结构分层方法提供了一种研究污泥脱水性能的新视角；基于该分层方法得到的污泥中蛋白质和多糖在不同絮体层的分布模式，也可为研究污水处理提供科学研究和工程应用的依据。

3.3.2　三维荧光结合平行因子分析法研究影响污泥脱水性能的因素

1. 污泥絮体各层的荧光和分子量分布特征

本研究测定了取自前述的 11 个污水处理厂的污泥絮体各层的 EEM 谱图。结果表明，来自生活污水源、工业污水源和特殊工业污水源的污水处理厂的污泥絮体各层的 EEM 谱图有相似的特征；而来自生活垃圾源的污水处理厂的污泥絮体各层的 EEM 谱图明显与前者不同。为简便起见，本研究仅列出了典型(有代表性)的生活污水源和生活垃圾源的污水处理厂的污泥絮体各层的 EEM 谱图(图 3 - 6)。

对于来自典型的生活污水源(S - Ⅲ)的污泥絮体各层，在 supernatant 和

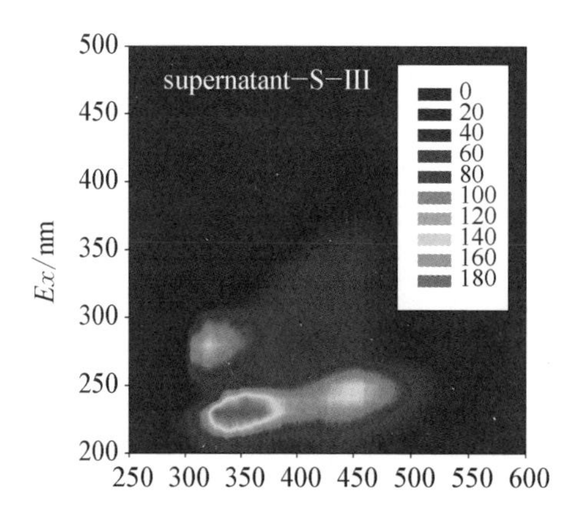
supernatant−S−III
0
20
40
60
80
100
120
140
160
180
Ex/nm
500
450
400
350
300
250
200
250 300 350 400 450 500 550 600

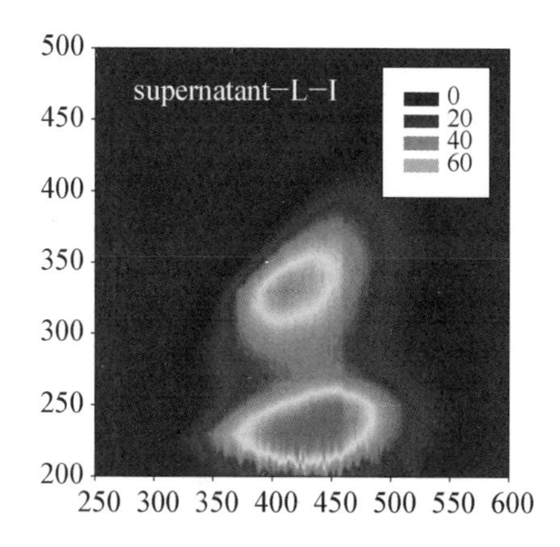
supernatant−L−I
0
20
40
60
500
450
400
350
300
250
200
250 300 350 400 450 500 550 600

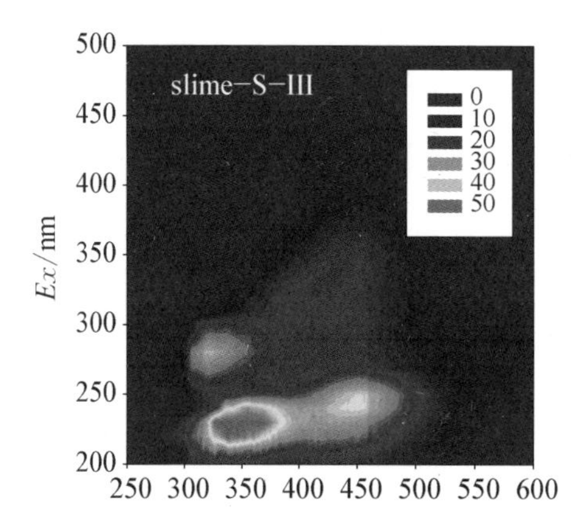
slime−S−III
0
10
20
30
40
50
Ex/nm
500
450
400
350
300
250
200
250 300 350 400 450 500 550 600

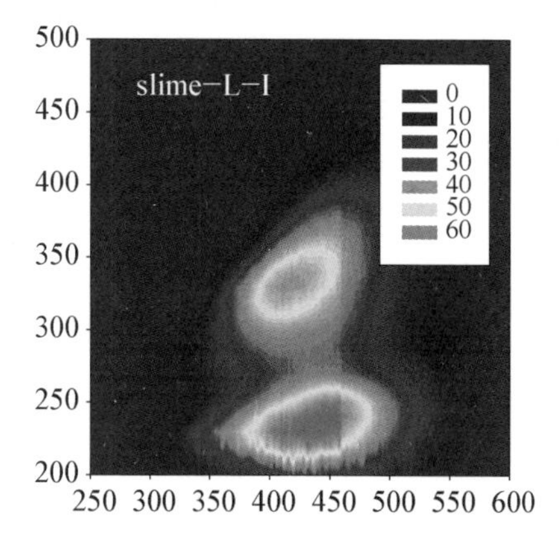
slime−L−I
0
10
20
30
40
50
60
500
450
400
350
300
250
200
250 300 350 400 450 500 550 600

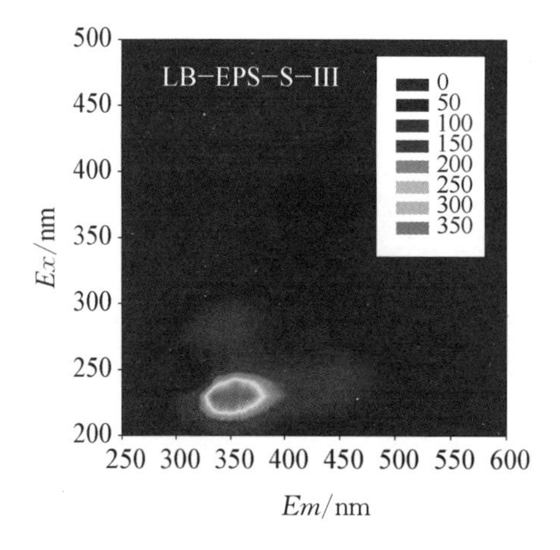
LB−EPS−S−III
0
50
100
150
200
250
300
350
Ex/nm
500
450
400
350
300
250
200
250 300 350 400 450 500 550 600
Em/nm

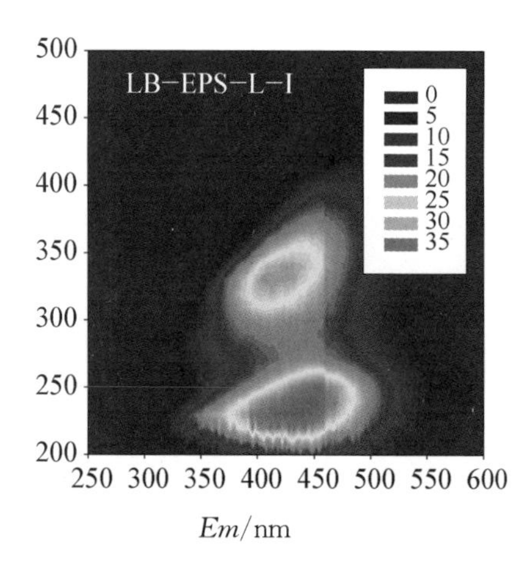
LB−EPS−L−I
0
5
10
15
20
25
30
35
500
450
400
350
300
250
200
250 300 350 400 450 500 550 600
Em/nm

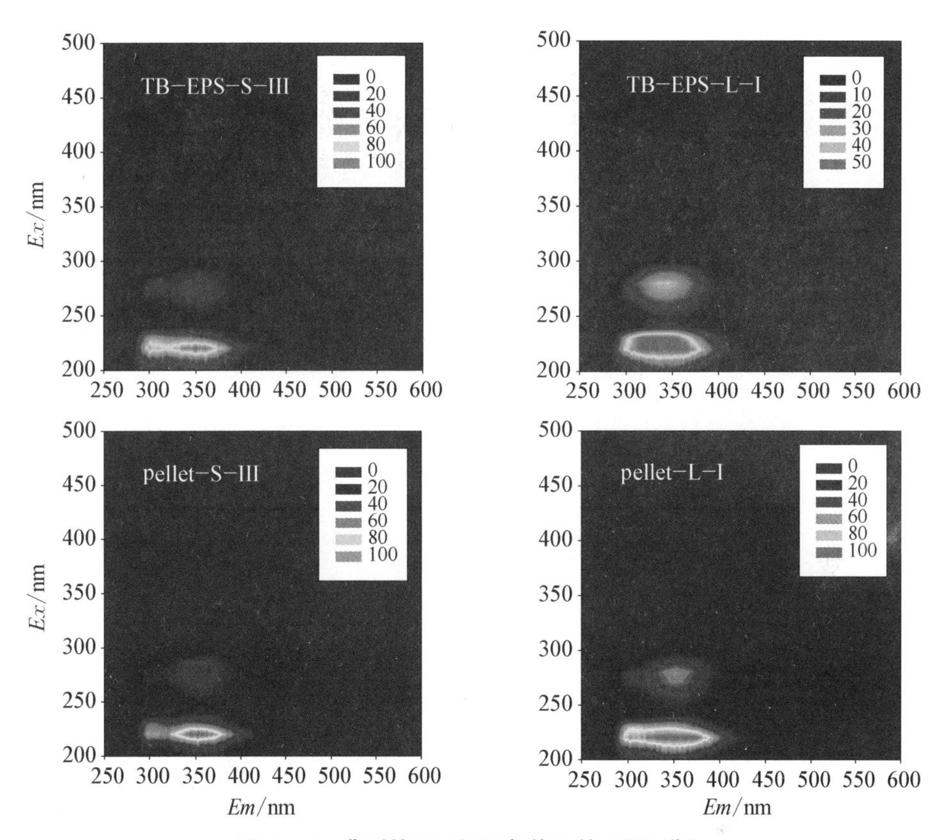

图 3-6　典型的不同污泥絮体层的 EEM 谱图

slime 层检测到 4 个峰，*Ex*/*Em* 分别位于 230/340、280/320、340/430 和 230/440；在 LB-EPS 层检测到 3 个峰，*Ex*/*Em* 分别位于 230/340、280/320 和 230/440；在 TB-EPS 和 pellet 层仅检测到 2 个峰，*Ex*/*Em* 分别位于 220/350 和 280/350。对于典型的生活垃圾源(L-Ⅰ)的污泥絮体各层，在各污泥絮体层中均仅检测到 2 个峰，在 supernatant，slime 和 LB-EPS 层，*Ex*/*Em* 分别位于 240/440 和 330/420；在 TB-EPS 和 pellet 层，*Ex*/*Em* 分别位于 220/350 和 280/350。

同时，从图 3-6 可以看出，尽管污水来源和处理工艺差别很大，但污泥絮体的 TB-EPS 和 pellet 层的 EEM 谱图几乎相同，*Ex*/*Em* 总是位于 220/350 和 280/350。相反，疏松结合的污泥絮体层(也即 supernatant、slime 和 LB-EPS 层)受污泥来源影响较大。因此，疏松结合的污泥絮体层的 EEM 谱图可以用于区分污水的来源。据此，污水处理厂管理者和环保局决策人员可以测定过滤污泥样品上清液的 EEM 光谱，判断污水处理厂是否有渗漏液的非法排入。

图 3-7 为基于 GPC 谱图的污泥絮体各层的分子量分布。从图中可以看

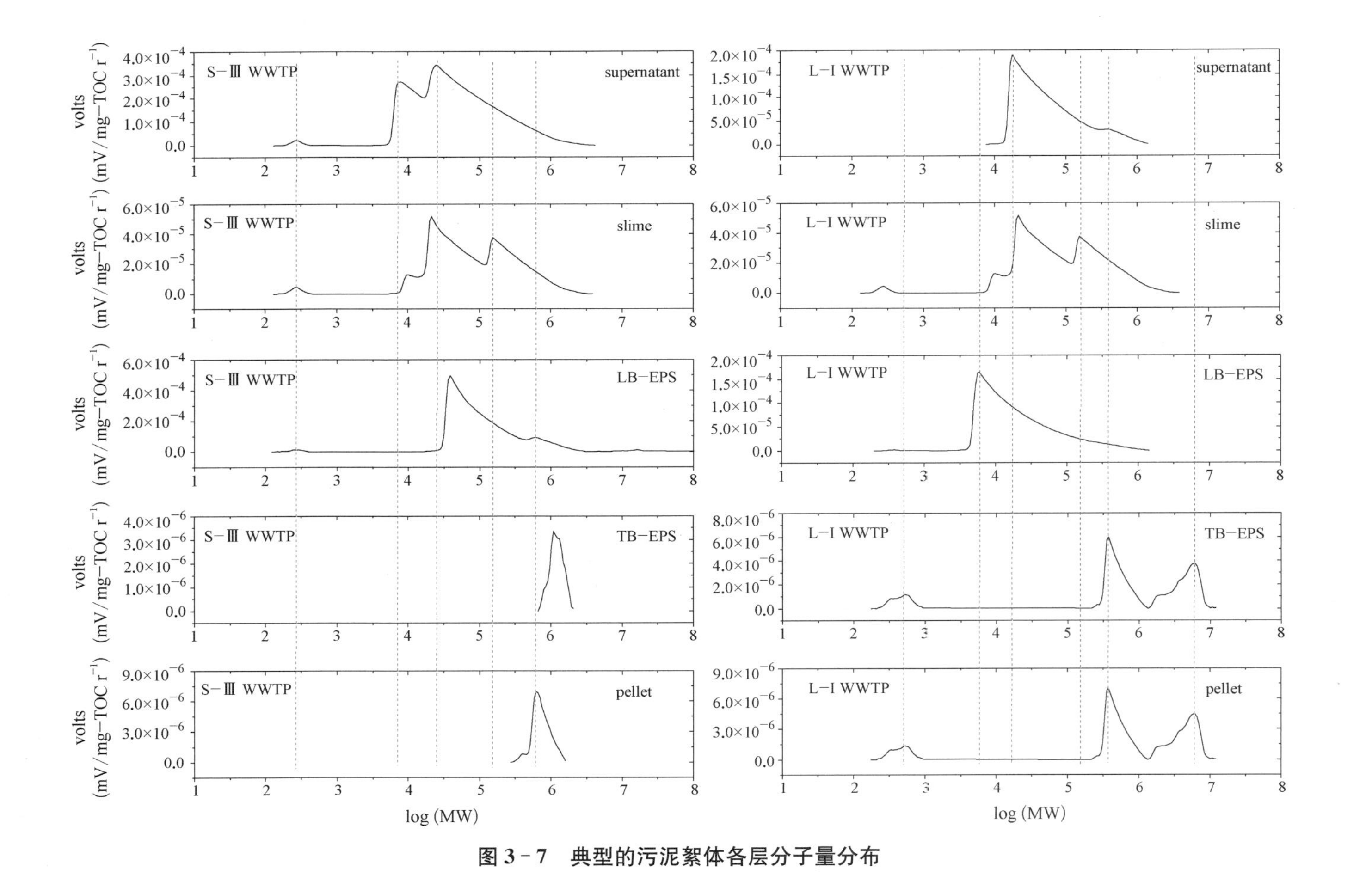

图 3-7 典型的污泥絮体各层分子量分布

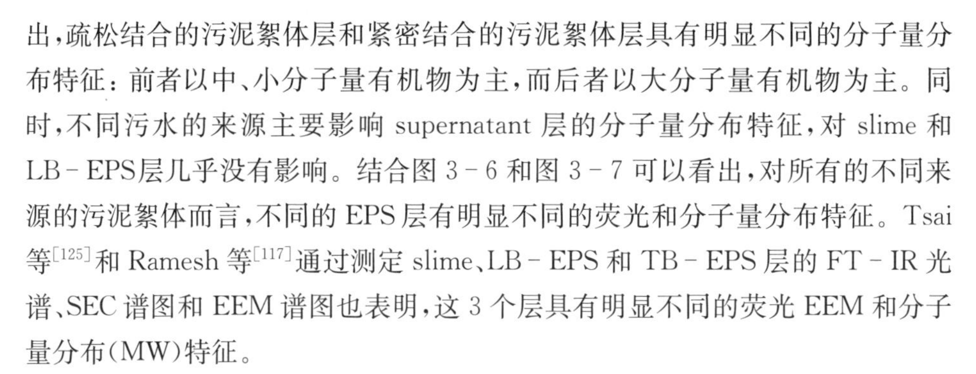

出，疏松结合的污泥絮体层和紧密结合的污泥絮体层具有明显不同的分子量分布特征：前者以中、小分子量有机物为主，而后者以大分子量有机物为主。同时，不同污水的来源主要影响 supernatant 层的分子量分布特征，对 slime 和 LB - EPS层几乎没有影响。结合图 3 - 6 和图 3 - 7 可以看出，对所有的不同来源的污泥絮体而言，不同的 EPS 层有明显不同的荧光和分子量分布特征。Tsai 等[125]和 Ramesh 等[117]通过测定 slime、LB - EPS 和 TB - EPS 层的 FT - IR 光谱、SEC 谱图和 EEM 谱图也表明，这 3 个层具有明显不同的荧光 EEM 和分子量分布(MW)特征。

2. 来自不同污水处理厂污泥的脱水性能

污泥的脱水性能可用模化 CST 和 SRF 同时表征。不同污水处理厂污泥的脱水性能如表 3 - 2 所示。从表中可以看出，对于不同来源的污水处理厂污泥，模化 CST 和 SRF 变化范围较大，分别在 1.0～42 s L/g - TSS 和 2.5×10^{13}～210×10^{13} m/kg 范围内变化。该结果与表 3 - 1 中的测定结果是一致的。同时，模化 CST 和 SRF 经泊松分析，表明具有显著的相关性 ($R^2=0.95$，$p<0.01$) 数据见表 3 - 2，该结果与文献中的结果相一致[10]。

3. 污泥絮体各层的 EEM - PARAFAC 分析

DOMFluor - PARAFAC 模型用于 EEM 谱图分析。在分析前，所有 EEM 谱图先进行样品预处理，去除瑞利和拉曼散射。图 2 - 2 表明，去除瑞利和拉曼散射后的 EEM 谱图中荧光峰的特征更加明显。Leverage 分析结果表明，以下 4 个 EEM 样品与其他样品不一致(称之为离群样品)，即 Ⅰ - Ⅲ 污水处理厂的 supernatant 层、S - Ⅲ、Ⅰ - Ⅱ 和 SS - Ⅰ 污水处理厂的 LB - EPS 层。将去除这 4 个样品后的所有 EEM 数据($11\times5+9-4=60$ 个)，用于 PARAFAC 分析。图 3 - 8 和图 3 - 9 表明，最合适的荧光组分是 6 个。

图 3 - 10 为 DOMFluor - PARAFAC 模型鉴定的 6 组分 EEM 谱图与相应的 Ex 和 Em 负荷。从图中可以看出，这 6 个荧光组分的 Ex/Em 分别为：组分 1，$Ex/Em=(220, 280)/350$；组分 2，$Ex/Em=(250, 340)/430$；组分 3，$Ex/Em=(240, 300)/350$；组分 4，$Ex/Em=280/320$；组分 5，$Ex/Em=(230, 280)/430$；组分 6，$Ex/Em=(250, 360)/460$。

Chen 等[67]将荧光物质所在的 EEM 图谱分成 5 个区域(图 1 - 6)，即区域 1 ($Ex<250$ nm；$Em<330$ nm)：类酪氨酸物质；区域 2($Ex<250$ nm；330 nm $<Em<380$ nm)：类色氨酸物质；区域 3($Ex<250$ nm；$Em>380$ nm)：类富里酸物质；区域 4($Ex>250$ nm；$Em<380$ nm)：可溶性的微生物副产物；区域 5

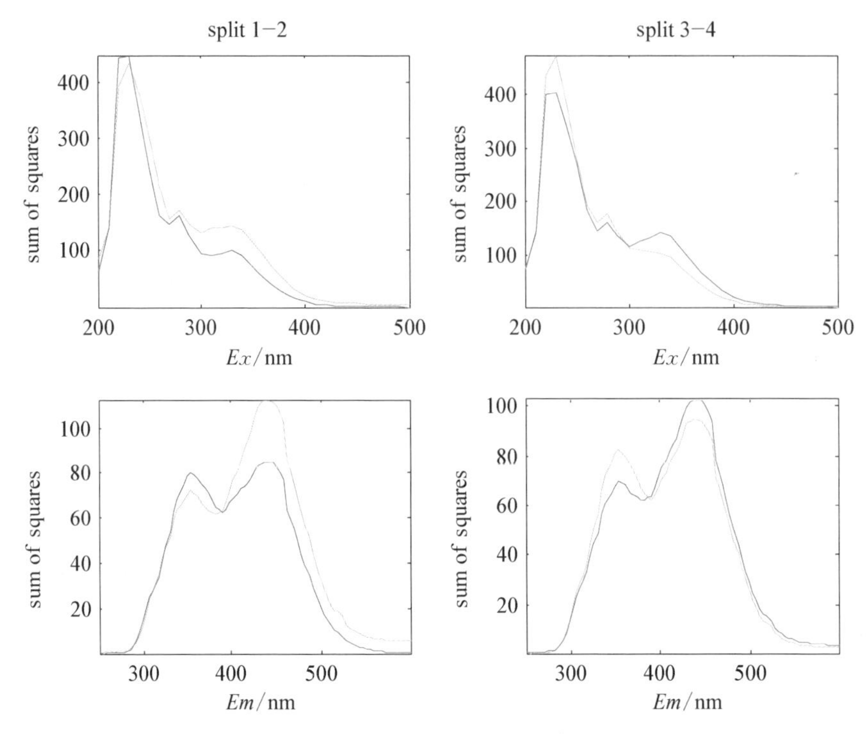

图 3-8　DOMFluor-PARAFAC 模型的半分裂法分析结果

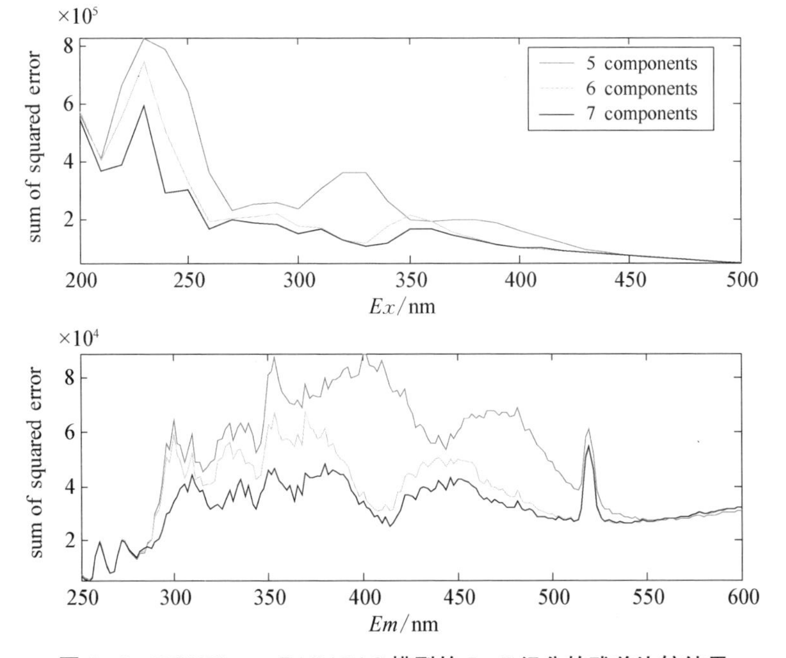

图 3-9　DOMFluor-PARAFAC 模型的 5—7 组分的残差比较结果

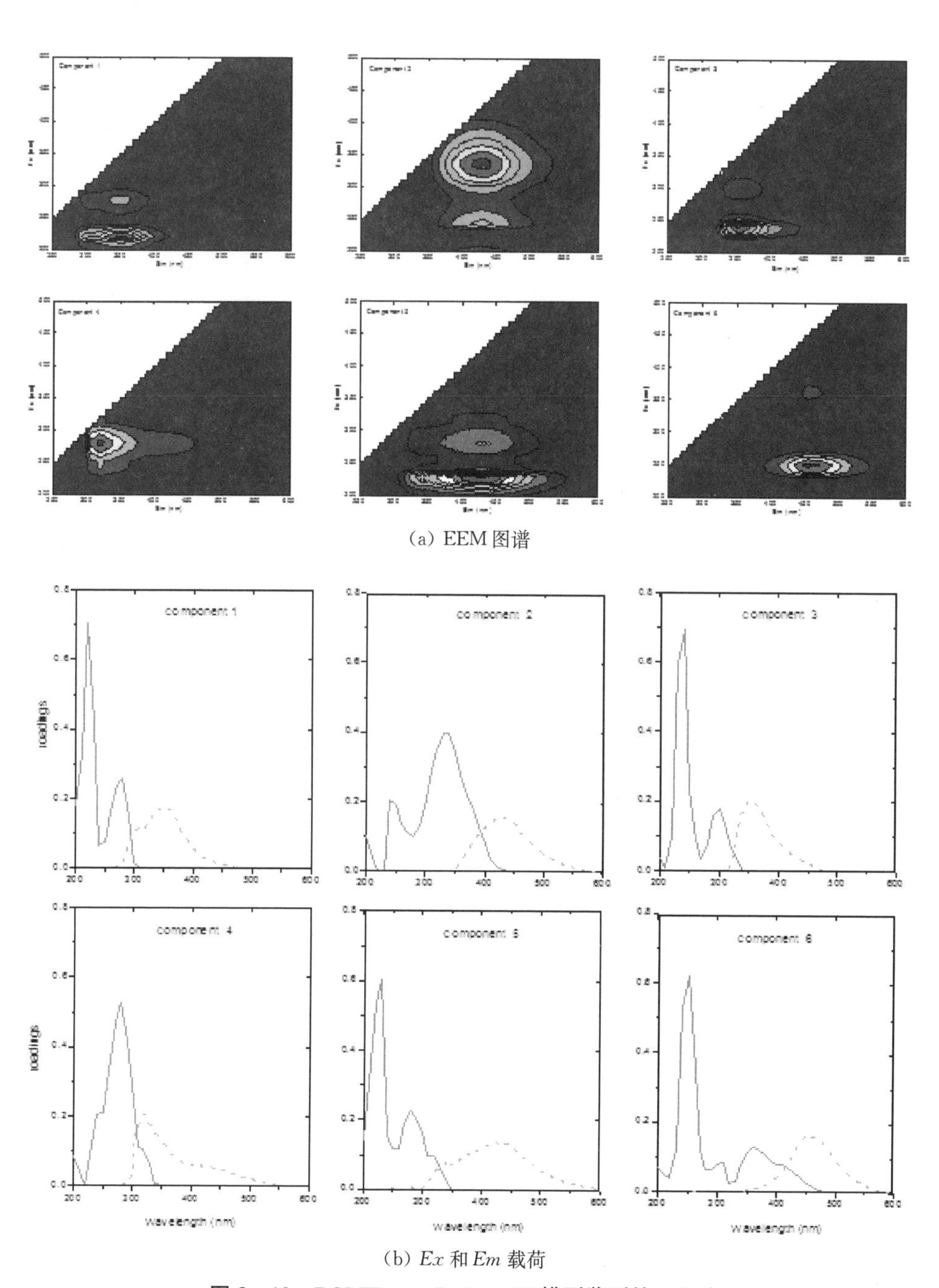

(a) EEM 图谱

(b) Ex 和 Em 载荷

图 3 - 10　DOMFluor - PARAFAC 模型鉴别的 6 组分

($Ex > 250$ nm; $Em > 380$ nm)：类腐殖酸物质。据此，组分 1 属于类色氨酸物质和可溶性的微生物副产物，组分 2 属于类腐殖酸物质，组分 3 属于类色氨酸物质和可溶性的微生物副产物，组分 4 属于可溶性的微生物副产物，组分 5 属于类富里酸物质和类腐殖酸物质。

综上，尽管污泥来源、处理工艺和污泥性质差别很大，但是，所有的污泥样品 EEM 图谱均可以用 6 组分模型来表示。

4. 组分分数与污泥脱水性能的泊松相关性分析

基于 PARAFAC 分析结果，每个荧光基团对应于 1 个组分，即每个组分的得分数(样品得分)可以代表对应的荧光基团的相对浓度[68]。污泥 EPS 样品的 6 组分的得分值见表 3-3。表 3-4 为污泥脱水性能(模化 CST 和 SRF)和不同污泥絮体层的 6 组分分数的泊松相关性分析。在 supernatant 层，模化 CST 和 SRF 仅与组分 1 显著相关，表明污泥脱水性能主要受类色氨酸或可溶性生物代谢物(SMP)[$Ex/Em = (220, 280)/350$]的影响。另一方面，化学组分分析结果也表明，污泥脱水性能主要受 supernantant 层的蛋白质影响(表 3-5 和表 3-6)。

在 slime 层，模化 CST 和 SRF 与组分 5—6 显著相关 ($R^2 > 0.67$, $p < 0.01$)；在 LB-EPS 和 TB-EPS 层，模化 CST 和 SRF 与组分 2 和 5—6 显著相关 ($R^2 > 0.94$, $p < 0.01$)。根据 Chen 等[67]的研究结果可知，组分 2 和 5—6 属于类腐殖酸和类富里酸物质。因此，EEM-PARAFAC 和蛋白质的化学测定结果表明，在 slime、LB-EPS 和 TB-EPS 层，类腐殖酸、类富里酸物质和蛋白质同时影响污泥的脱水性能(表 3-4)。

从图 3-6 也可以看出，与生活污水源的污泥相比，生活垃圾源污泥的 supernatant、slime 和 LB-EPS 层有较少的类蛋白质与较多的类腐殖酸和类富里酸物质；相应地，后者的污泥脱水性能指标(尤其是 SRF)比前者更高(表3-2)。这表明类腐殖酸、类富里酸物质和蛋白质同时影响污泥的脱水性能。此外，一般认为，在污泥厌氧消化过程中，污泥脱水性能是恶化的；与之相对应的是，消化过程中蛋白质的减少和腐殖化程度的增加[126]。该现象也表明，蛋白质并不是唯一影响污泥脱水性能的指标。同时，研究膜污染影响因素的文献也已经表明，LB-EPS 层中的腐殖酸类物质贡献了大多数的膜阻力[117]。Lyko 等[127]则进一步表明，可溶性腐殖酸类物质通过与金属阳离子的络合作用影响膜的过滤性能。

然而，研究污泥脱水性能的同类文献却忽略了类腐殖酸和类富里酸物质对污泥脱水性能的影响，研究者仅关注污泥中蛋白质、多糖或蛋白质与多糖的比值对污泥脱水性能的影响[11, 118]。这可能部分归因于化学法测定类腐殖酸和类富里酸物质比较困难的缘故[16]；同时，也很少有研究者利用荧光 EEM 测定类腐殖酸和类富里酸物质。

表 3 - 3　DOMFluor - PARAFAC 模型鉴定的 6 组分的得分

EPS 层	荧光组分	生活污水源污水处理厂			工业污水源污水处理厂			特殊工业源污水处理厂	生活垃圾源污水处理厂			
		S1	S2	S3	I1	I2	I3	SS1	L1	L2	L3	L4
supernatant	C1	94.3	582	20 300	638	7 570	ND[b]	0	36 000	18 600	115 000	3 620
	C2	210	285	181	20.4	714 000	ND	8 860	936	580	11 800	202
	C3	528	645	452	3.73	82 500	ND	2 040	0	0	0	0
	C4	475	339	862	28.1	116 000	ND	0	2 540	628	6 060	168
	C5	63.3	511	62.2	17.0	230 000	ND	11 400	1 190	832	23 300	226
	C6	224	621	453	23.7	243 000	ND	7 040	2 470	1 020	11 000	368
slime	C1	646	1 870	0.360	1 170	2 070	3 120	0	50.7	0	0	2 720
	C2	244	1 880	251	838	53 200	1 240	767	106	9 470	39 900	357
	C3	590	4 750	531	2 060	10 800	796	100	83.8	85.6	0	1 030
	C4	272	1 940	373	1 900	5 710	793	3.57	0	4 190	1 240	659
	C5	352	2 870	117	757	46 200	2 460	928	202	1 330	76 000	1 000
	C6	269	4 040	308	1 630	47 400	940	598	165	11 800	100 000	448
LB - EPS	C1	11 100	ND	4 020	195	ND	4 920	ND	87.3	0	0	2 880
	C2	1 330	ND	4 690	102	ND	1 970	ND	190	79.0	118 000	224
	C3	11 300	ND	12 400	238	ND	2 000	ND	60.9	1.00	0	1 080

续 表

EPS层	荧光组分	生活污水源污水处理厂			工业污水源污水处理厂			特殊工业源污水处理厂	生活垃圾源污水处理厂			
		S1	S2	S3	I1	I2	I3	SS1	L1	L2	L3	L4
LB-EPS	C4	478	ND	5 360	206	ND	1 030	ND	0	36.6	0	527
	C5	2 740	ND	5 510	130	ND	5 090	ND	341	11.5	244 000	914
	C6	2 080	ND	6 210	206	ND	1 560	ND	258	113	311 000	332
TB-EPS	C1	9 790	86.3	1 590	4 240	220 000	7 270	0	6 170	38.0	0	2 550
	C2	0	22.0	771	657	8 490	8 930	360	7 260	225	74 800	294
	C3	0	140	3 020	6 160	0	5 930	69.7	4 140	171	0	1 030
	C4	0	4.59	458	914	21 700	5 230	6.17	0	127	0	601
	C5	0	51.6	1 170	1 590	7 270	12 100	466	14 100	247	109 000	934
	C6	0	49.2	848	1 530	13 200	4 280	305	10 900	738	128 000	390
pellet	C1	10 200	14 500	13 400	1 110	75 100	1 130	9 540	1 030	258 000	100 000	204
	C2	0	745	0	66.9	4 090	73.3	0	0	15 300	4 380	298
	C3	0	1 220	0	0	0	125	271	0	18 000	3 220	766
	C4	0	1 930	0	48.6	1 890	256	41.9	0	25 600	11 400	648
	C5	0	692	0	158	3 200	71.5	0	0	20 000	3 780	148
	C6	0	659	0	54.6	5 210	101	0	0	22 100	7 610	370

注：ND——表示该样品为离群样品

表 3-4　污泥脱水性能指标和组分分数的泊松相关性分析结果

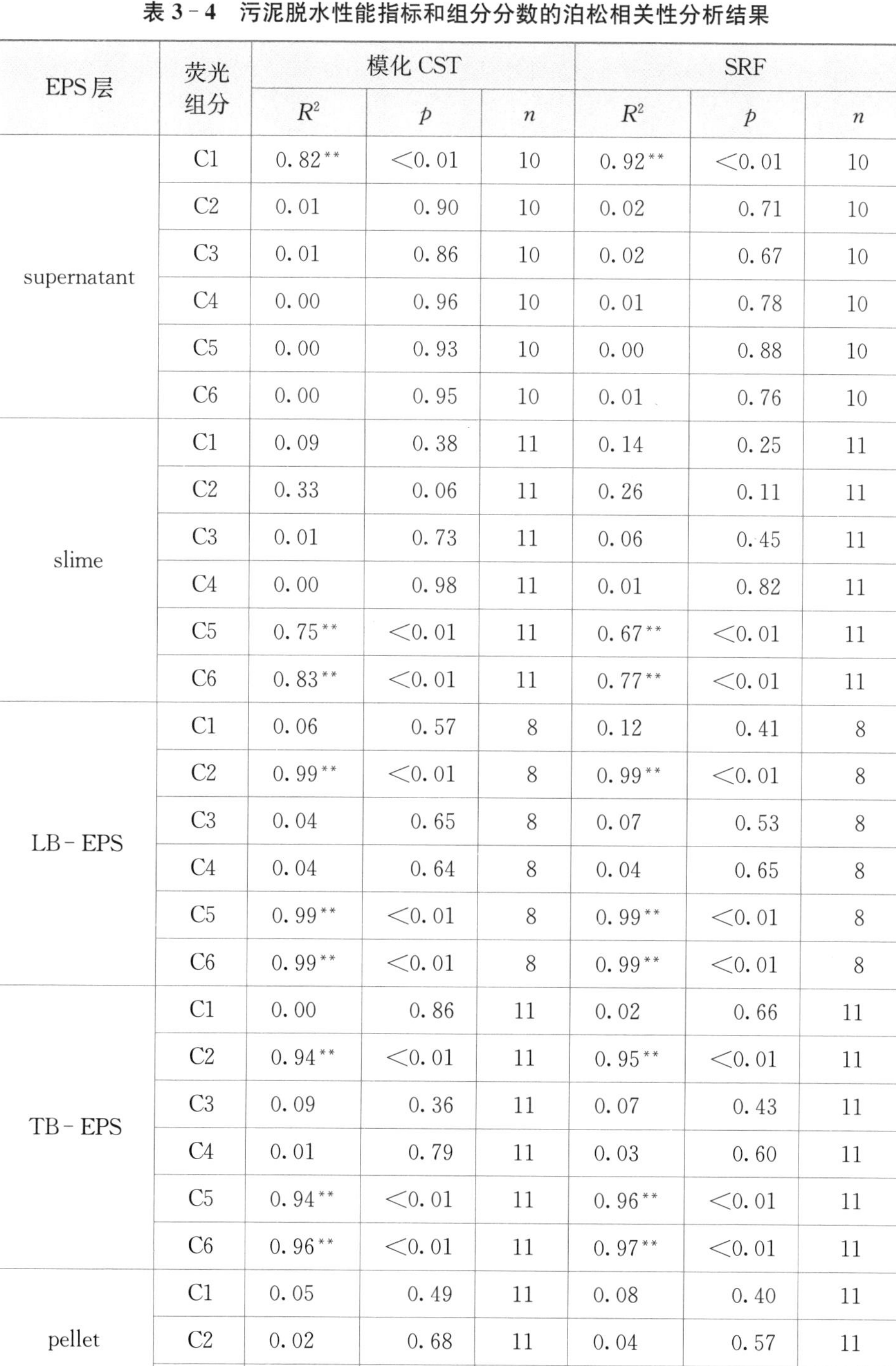

EPS 层	荧光组分	模化 CST			SRF		
		R^2	p	n	R^2	p	n
supernatant	C1	0.82**	<0.01	10	0.92**	<0.01	10
	C2	0.01	0.90	10	0.02	0.71	10
	C3	0.01	0.86	10	0.02	0.67	10
	C4	0.00	0.96	10	0.01	0.78	10
	C5	0.00	0.93	10	0.00	0.88	10
	C6	0.00	0.95	10	0.01	0.76	10
slime	C1	0.09	0.38	11	0.14	0.25	11
	C2	0.33	0.06	11	0.26	0.11	11
	C3	0.01	0.73	11	0.06	0.45	11
	C4	0.00	0.98	11	0.01	0.82	11
	C5	0.75**	<0.01	11	0.67**	<0.01	11
	C6	0.83**	<0.01	11	0.77**	<0.01	11
LB-EPS	C1	0.06	0.57	8	0.12	0.41	8
	C2	0.99**	<0.01	8	0.99**	<0.01	8
	C3	0.04	0.65	8	0.07	0.53	8
	C4	0.04	0.64	8	0.04	0.65	8
	C5	0.99**	<0.01	8	0.99**	<0.01	8
	C6	0.99**	<0.01	8	0.99**	<0.01	8
TB-EPS	C1	0.00	0.86	11	0.02	0.66	11
	C2	0.94**	<0.01	11	0.95**	<0.01	11
	C3	0.09	0.36	11	0.07	0.43	11
	C4	0.01	0.79	11	0.03	0.60	11
	C5	0.94**	<0.01	11	0.96**	<0.01	11
	C6	0.96**	<0.01	11	0.97**	<0.01	11
pellet	C1	0.05	0.49	11	0.08	0.40	11
	C2	0.02	0.68	11	0.04	0.57	11
	C3	0.00	0.90	11	0.01	0.73	11

续 表

EPS层	荧光组分	模化CST			SRF		
		R^2	p	n	R^2	p	n
pellet	C4	0.09	0.38	11	0.13	0.27	11
	C5	0.00	0.88	11	0.01	0.73	11
	C6	0.04	0.56	11	0.07	0.45	11

** 显著性水平 0.01(2-尾)

表 3-5　蛋白质在不同污泥絮体层和整个污泥絮体中的分布

污泥来源	编号	蛋白质					
		supernatant	slime	LB-EPS	TB-EPS	pellet	sludge flocs
生活污水源	S1	(0.6±0.7)	(0.5±0.5)	(0.9±0)	(337±10)	(430±2.9)	(162±5.3)
	S2	(0.5±0.4)	(0.2±0.4)	(1.2±2.7)	(254±0)	(327±15)	(182±0.7)
	S3	(0.4±0.5)	(0.1±0.3)	(0.2±0.1)	(165±1.9)	(189±7.9)	(87.7±2.4)
工业污水源	I1	(0.9±0.3)	(0.8±0.1)	(0.9±0)	(408±19)	(607±6.6)	(139±5.7)
	I2	(0.3±0.6)	(8.5±5.7)	(0.1±0.2)	(267±10)	(602±40)	(248±14)
	I3	(1.7±0.2)	(1.6±0.2)	(0.9±0.2)	(54±1.2)	(74±5.0)	(115±6.0)
特殊工业源	(SS1)	(8.4±0.1)	(6.2±0)	(0.1±0.1)	(140±6.9)	(41±1.1)	(92±0.8)
生活垃圾源	L1	(1.0±0)	(0.9±0)	(0.2±0)	(12.6±0.44)	(18±0.14)	(11±0.3)
	L2	(5.4±0.2)	(4.6±0.1)	(0±0)	(106±1.6)	(74±0.3)	(1.1±0)
	L3	(16±0.5)	(13±0.3)	(3.4±0.1)	(58±0.4)	(57.4±2.2)	(108.6±4.1)
	L4	(9.6±0.3)	(7.3±0.1)	(4.3±0.1)	(127±5.2)	(234±9.2)	(43.9±0.3)

表 3-6　污泥脱水性能指标和不同污泥絮体层蛋白质含量的 Pearson 相关性分析 ($n=11$)

脱水性能指标		蛋白质					
		supernatant	slime	LB-EPS	TB-EPS	pellet	sludge flocs
模化CST	R^2	0.51*	0.47*	0.25	0.04	0.03	0.01
	p	0.01	0.02	0.12	0.56	0.61	0.74
SRF	R^2	0.61**	0.49*	0.24	0.14	0.13	0.01
	p	<0.01	0.02	0.13	0.26	0.28	0.81

注：* 表示显著性水平 0.05(2-尾)；** 表示显著性水平 0.01(2-尾)。

5. EEM－PARAFAC 方法快速监测污泥脱水性能的潜力

目前，最常用的表征污泥脱水性能的指标是 SRF 和模化 CST[105]。前者测定程序繁琐，且耗时长，而后者测定费用较高(一般 5—6 元/样)。因此，迫切需要发展一种快速、简单且便宜的表征污泥脱水性能的方法。本研究中，荧光 EEM 结合 PARAFAC 研究结果第一次表明，除蛋白质之外，类腐殖酸和类富里酸也对污泥脱水性能有重要影响。由于同时测定影响污泥脱水性能的化学物质程序繁琐且耗时；同时，Novak 等[128]已表明，污泥脱水性能与表观的物理参数无关。例如，SRF 表示的 10^{13} m/kg 没有任何意义。因此，在大多数情况下，不需要知道污泥脱水性能指标的绝对值。故而，EEM－PARAFAC 鉴定的组分分数可以用于表征污泥脱水性能。同时，Henderson 等[66]也表明，内滤波效应、温度、pH 和金属阳离子对荧光 EEM 光谱的影响很小，或至少是可以控制的。因此，基于高敏感性、高选择性及可同时测定蛋白质、类腐殖酸和类富里酸等优点，EEM－PARAFAC 方法是一种有应用前景的污泥脱水性能监测工具；该方法的另一个优点是，分析污泥脱水指标时不需要化学试剂，仅需过滤或稀释等简单的预处理程序。

为了验证 EEM－PARAFAC 方法用于监测污泥脱水性能的可行性，S1 污水处理厂不同污水处理段污水被收集用于测定 supernatant 的荧光 EEMs(图 3－11)和污泥的脱水性能。图 3－12 为不同污水处理单元的污泥脱水性能和组分 1 的泊松相关性分析结果。

从图 3－12 可以看出，对于进水池、沉砂池和初沉池的污水，组分 1 的分数都高于 2 500；而污水经过厌氧段处理后，组分 1 的分数迅速降低到 200；污水进一步经过缺氧池和好氧池处理后，组分 1 的分数几乎降低到 0。上述结果表明，非生物段的前处理过程对组分 1 几乎没有去除效果；然后，A^2O 段的生物处理对组分 1 的分数有很好的去除效果。总的来说，组分 1 的荧光强度随污水处理流程而逐渐降低，这个变化趋势与文献报道是完全一致的[66, 129]。从图还可以看出，模化 CST 随组分 1 而改变。泊松相关性分析结果表明，supernatant 层中组分 1 的分数与模化 CST 显著相关 ($R^2=0.81$, $p<0.01$)。这表明，尽管 supernatant 层中有机质仅占总 EPS 的 5%(表 3－5)，但它却是影响污泥脱水性能最重要的污泥絮体层之一。因此，过滤后污泥 supernatant 的荧光 EEM 图谱结合 PARAFAC 分析方法，可望作为一种新的快速、价廉、灵敏度高的方法，用于评估污泥脱水性能。

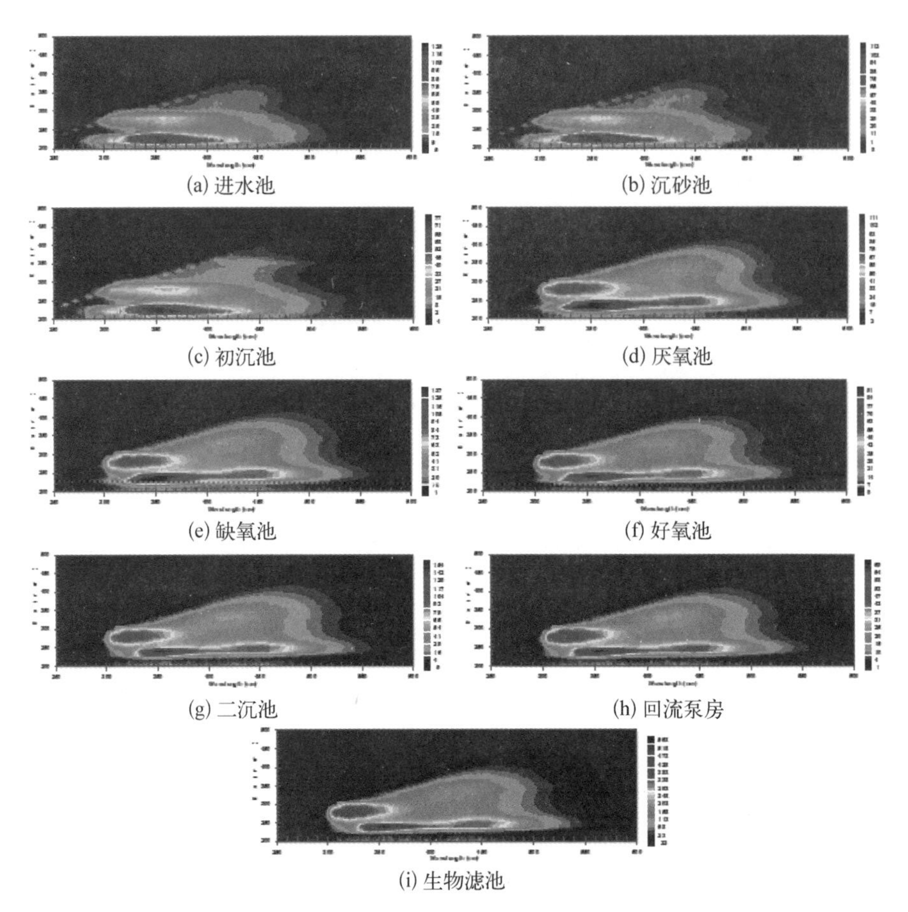

(a) 进水池　(b) 沉砂池　(c) 初沉池　(d) 厌氧池　(e) 缺氧池　(f) 好氧池　(g) 二沉池　(h) 回流泵房　(i) 生物滤池

图 3-11　不同污水处理单元的荧光 EEM 光谱

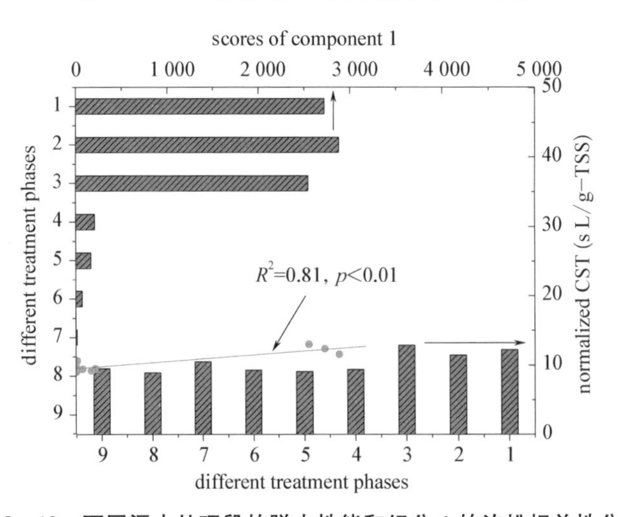

图 3-12　不同污水处理段的脱水性能和组分 1 的泊松相关性分析

3.3.3　荧光染色原位观察不同污泥絮体层中有机物对过滤性能的影响

利用荧光染剂对不同污泥絮体层的过滤实验中所形成的滤饼染色，凭借共聚焦激光显微镜原位观察滤饼中有机质和细胞在滤饼中的分布状况，并进一步分析污染物对过滤性能的影响。本部分研究工作，对过滤实验中污泥絮体各层、原污泥和超声预处理污泥的滤饼中，有机物的空间分布特征进行了对比研究。

1. 污泥絮体各层在过滤实验中对污泥过滤性能的影响

图 3-13、图 3-14、图 3-15 和图 3-16 为不同污泥絮体层的过滤实验及相应的荧光强度分析。从图中可以看出，supernatant 和 slime 在滤膜(0.45 μm 聚四氟乙烯)上形成的滤饼厚度约为 18 μm，LB-EPS 在滤膜上形成的滤饼厚度仅约为 13 μm，而 TB-EPS 在滤膜上形成的滤饼厚度约为 85 μm。

荧光强度分析结果表明，在 supernatant 过滤形成的滤饼中，从滤膜表面($X=0$)向外至 11 μm 处，蛋白质逐渐增多，而 α-多糖先缓慢增加，然后迅速增加；在滤层厚度为 11 μm 处，蛋白质、α-多糖和脂肪荧光强度分别增加了约 4.6、11 和 2.3 倍；从 11 μm 至滤饼外边沿(约 18 μm)，蛋白质、α-多糖和脂肪荧光强度均逐渐减少。同时，在形成的滤饼中，从滤膜表面向外，β-多糖脂肪和死细胞基本不变，而总细胞略有增加。该结果表明，在 supernatant 过滤过程中，蛋白质、α-多糖和脂肪在过滤初始阶段几乎可以完全通过滤膜；但随着过滤的继续进行，蛋白质、α-多糖和脂肪开始堵塞滤膜，并出现累积现象。对于 β-多糖，在整个过滤过程中，均未出现堵塞现象。据此，认为影响 supernatant 过滤性能的主要因素是蛋白质、α-多糖和脂肪；而 β-多糖对滤膜过滤几乎没有影响。

slime 过滤形成的滤饼中，从滤膜表面($X=0$)向外至 6 μm 处，蛋白质和脂肪逐渐增多，分别增加了约 3.3 和 1.8 倍，而后逐渐减少；在过滤过程中，α-多糖和死细胞并无明显变化，而 β-多糖则逐渐减少；从滤膜表面向外至 6 μm 处，总细胞先增加，而后逐渐减少。该结果表明，在 slime 过滤过程中，蛋白质和脂肪在过滤初始阶段可以完全通过滤膜，随着过滤的继续进行，逐渐开始堵塞滤膜，并出现累积；而 α-多糖和 β-多糖，在整个过滤过程中，均未出现堵塞现象。因此，认为影响 slime 过滤性能的主要因素是蛋白质和脂肪，而不是 α-多糖和 β-多糖。

LB-EPS 过滤所形成的滤饼中，从滤膜表面($X=0$)向外至 5 μm 处，蛋白质、α-多糖和脂肪先逐渐增多，分别增加了约 8.2、3.4 和 3.9 倍；尔后逐渐减

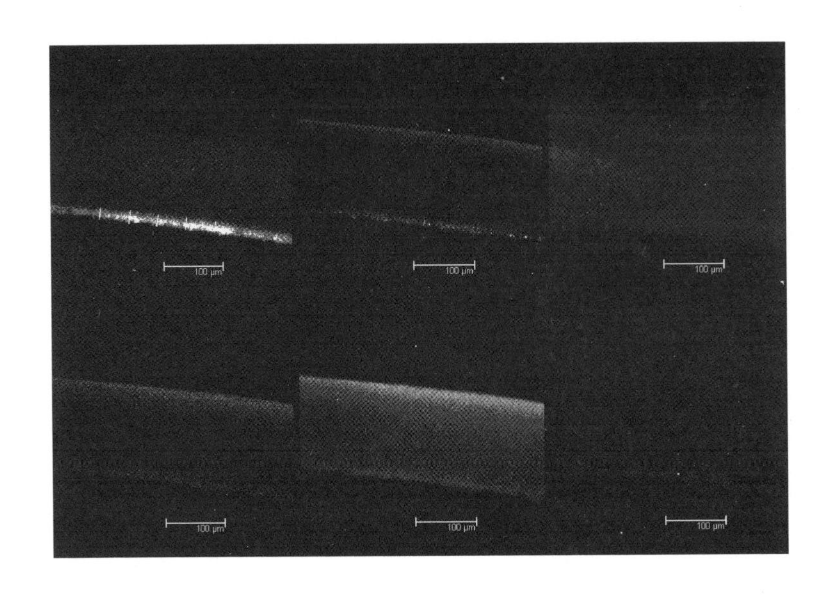

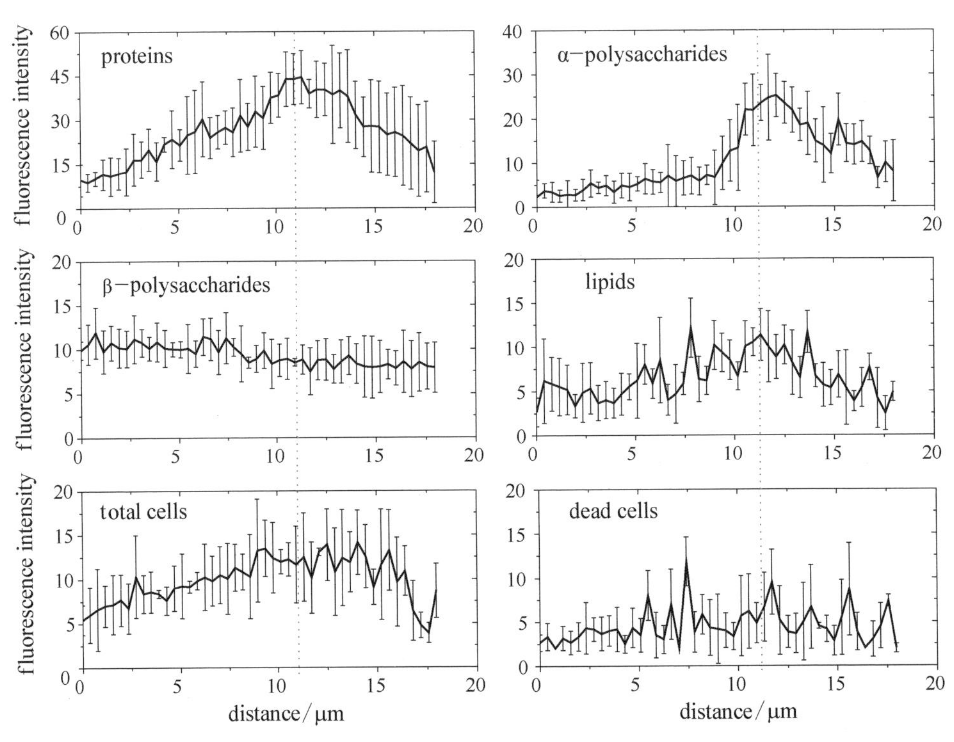

图 3-13 supernatant 滤饼侧面染色切片和荧光强度分析结果

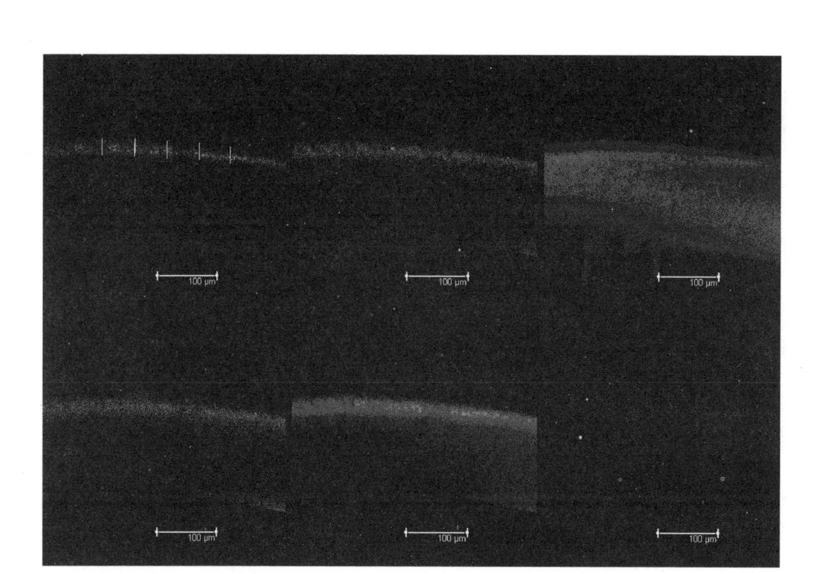

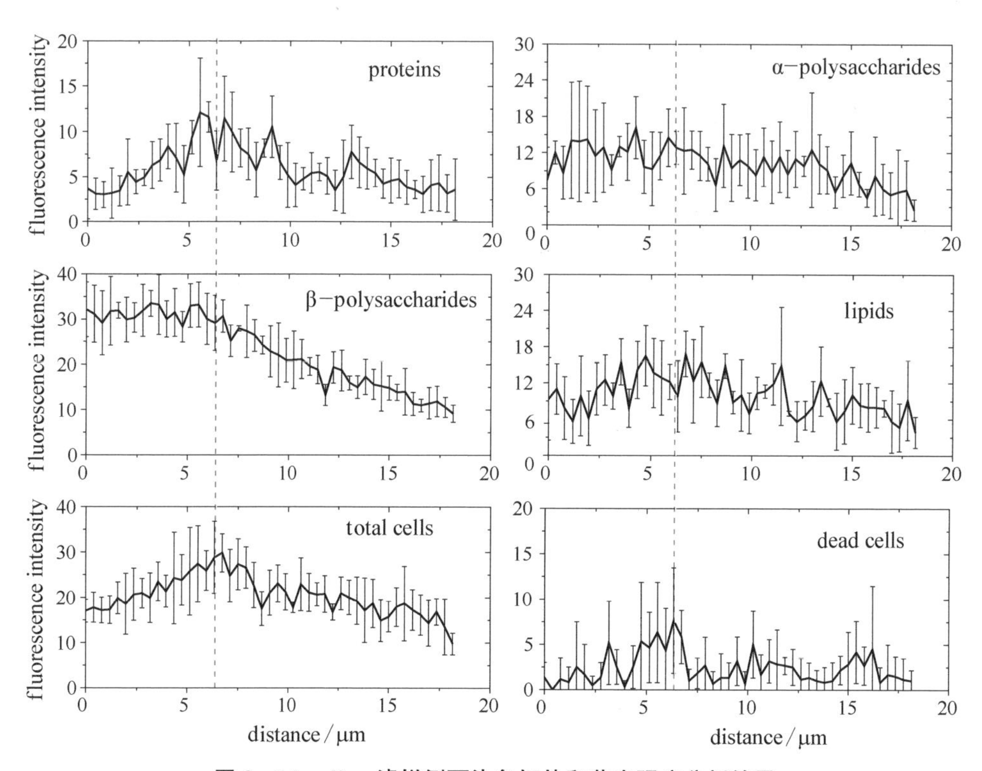

图 3-14　slime 滤饼侧面染色切片和荧光强度分析结果

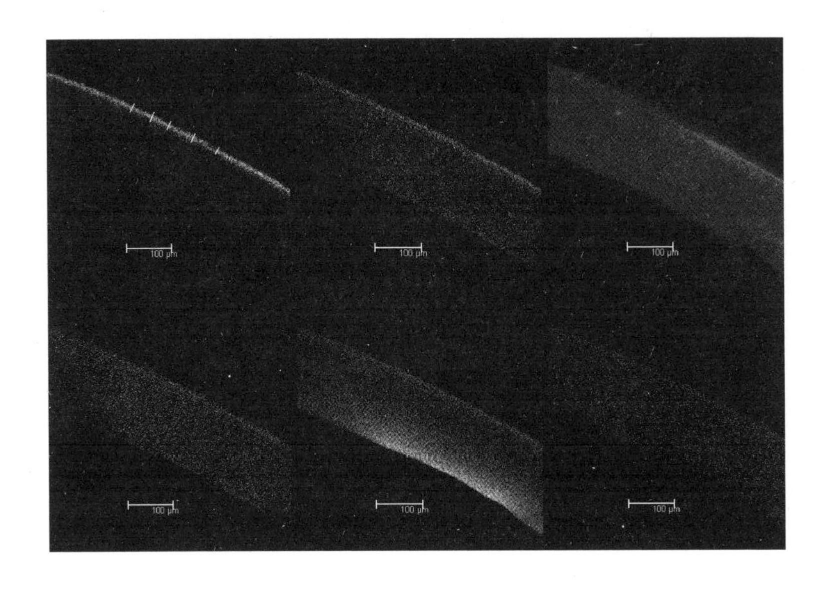

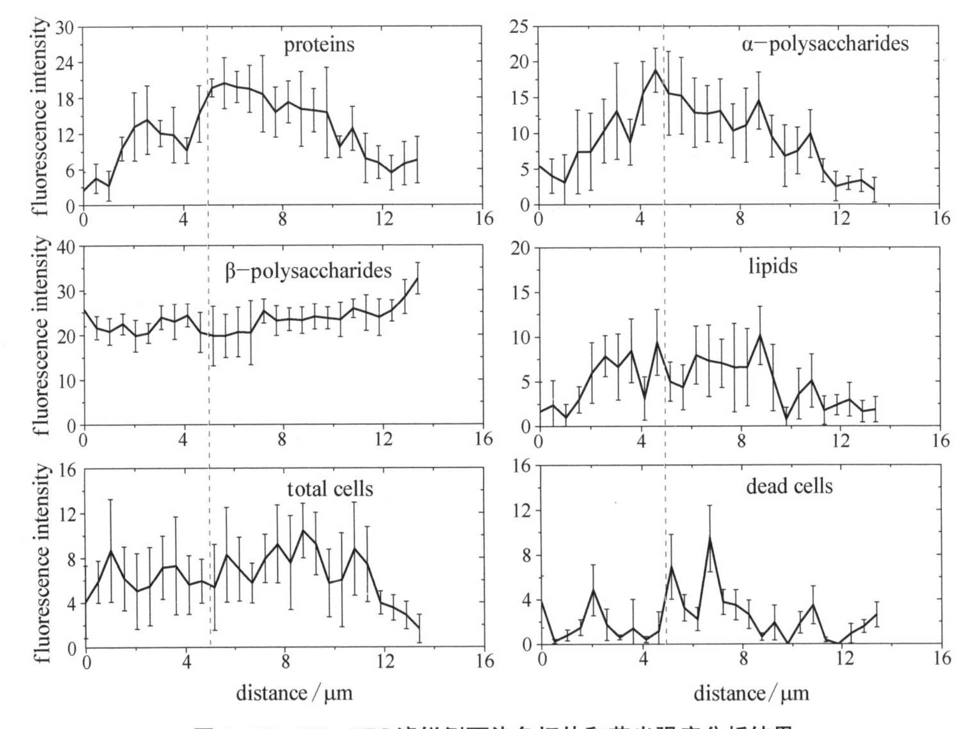

图 3-15　LB-EPS 滤饼侧面染色切片和荧光强度分析结果

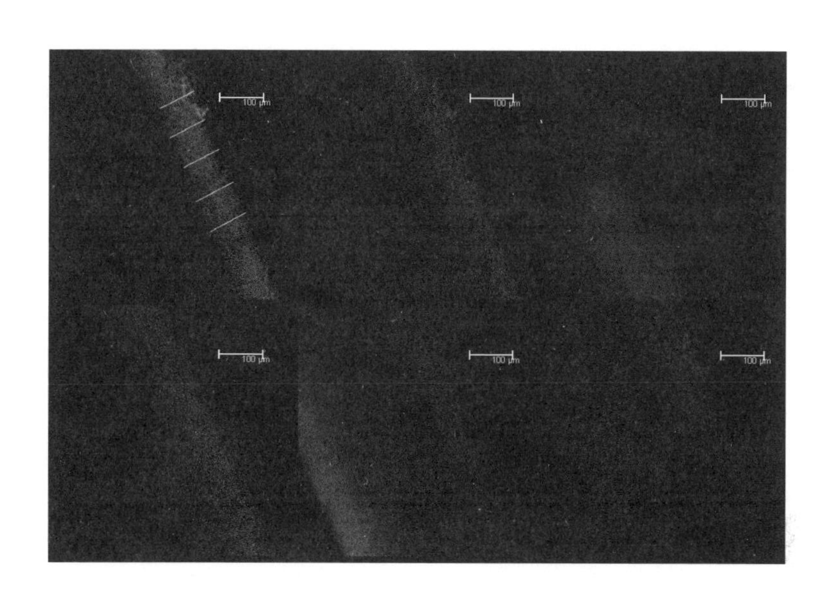

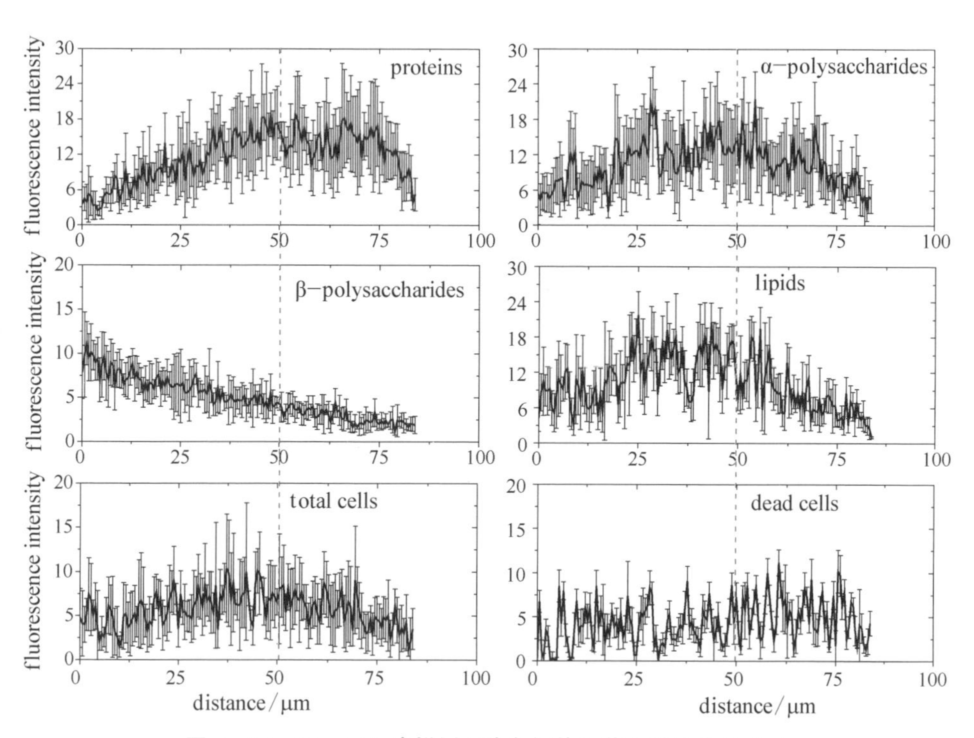

图 3-16　TB-EPS 滤饼侧面染色切片和荧光强度分析结果

少。β-多糖、总细胞和死细胞则基本不变。该结果表明，在 LB-EPS 过滤过程中，蛋白质、α-多糖和脂肪在过滤初始阶段可以完全通过滤膜，随着过滤的继续进行，逐渐开始堵塞滤膜，并出现累积。对于β-多糖，在整个过滤过程中，均未出现堵塞现象。因此，认为影响 LB-EPS 过滤性能的主要因素是蛋白质、α-多糖和脂肪。

TB-EPS 过滤形成的滤饼中，从滤膜表面（$X=0$）向外至 50 μm 处，蛋白质、α-多糖和脂肪总细胞均逐渐增多，分别增加约 5.3、3.3 和 4.5 倍；尔后减少。而β-多糖逐渐减少，死细胞则基本不变。该结果表明，在 TB-EPS 过滤实验中，蛋白质、α-多糖和脂肪在过滤初始阶段可以完全通过滤膜，随着过滤的继续进行，逐渐开始堵塞滤膜，并出现累积。对于β-多糖，在整个过滤过程中，均未出现堵塞现象。因此，认为影响 TB-EPS 过滤性能的主要因素是蛋白质、α-多糖和脂肪。

TB-EPS 滤饼正面切片染色结果（图 3-17）表明，在滤膜表面形成了结构致密的胶体层，蛋白质呈毯状分布；α-多糖和脂肪虽也呈毯状分布，但结构不如蛋白质形成的胶体层致密；而β-多糖则呈点状分布。该结果可以用于解释蛋白

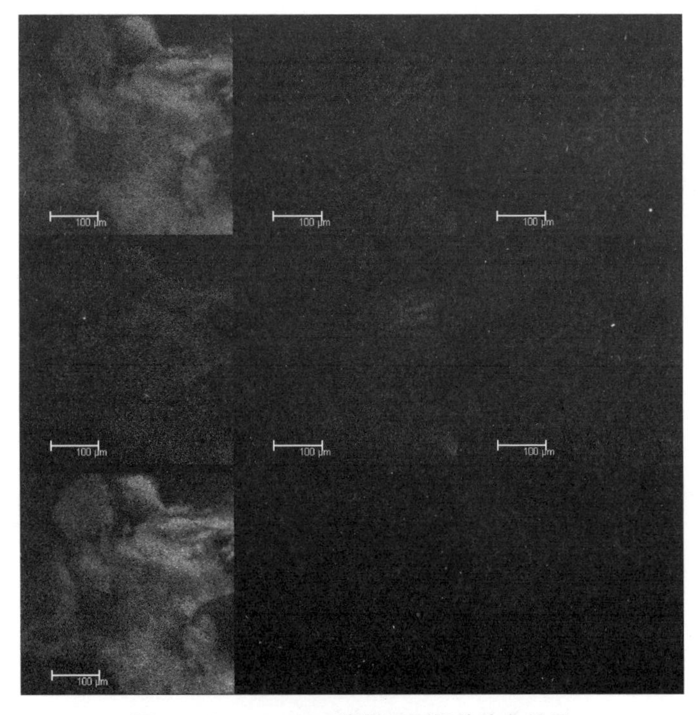

图 3-17　TB-EPS 滤饼正面切片染色结果

质是影响 TB-EPS 过滤性能的主要因素，α-多糖和脂肪也有部分影响，而 β-多糖则几乎没有影响。

此外，从图 3-13、图 3-14、图 3-15 和图 3-16 还可看出，总细胞和 β-多糖可以通过膜孔，而蛋白质、α-多糖和脂肪则被截留在滤膜表面。表明 β-多糖的分子量可能要小于蛋白质、α-多糖和脂肪，同时，0.45 μm 滤膜并不能截留所有细菌。

不同污泥絮体层过滤后沉积层的垂直分布具有明显的两段特征：① 初始压缩层，和② 沉降层。污泥絮体过滤后，沉积层的最密实部分为两段的交界处，向两侧（滤膜表面和沉积层顶部）密度逐渐减小。该现象表明，污泥絮体各层在流场控制下首先沉积在滤膜表面，然后形成一个压缩层；随后，剩下的污泥絮体层不受流场控制而自由地沉积在初始沉积层之上。

不同污泥絮体层形成的沉积层结构均匀。这与 Chen 等[64]观察的现象不一致，说明絮体中的细胞对膜表面的沉积层有重要影响。具体地，包含细胞的溶液形成的沉积层结构不均匀，而不包含细胞的溶液形成的沉积层结构均匀。从不同污泥絮体层形成的沉积层的有机物垂直分布可以看出，在 supernatant、LB-EPS 和 TB-EPS 层，蛋白质、α-多糖和脂肪均影响污泥过滤性能；而在 slime 层，蛋白质和脂肪对污泥过滤性能有重要影响。同时，蛋白质比脂肪对污泥过滤性能有更重要影响。

在不同污泥絮体层过滤过程中，β-多糖首先沉积在膜表面，但并没有出现累积现象。该结果说明，β-多糖可以完全通过滤膜，而不影响污泥过滤性能。该结果与 Chen 等[64]结果一致。然而，Chen 等[64]没有考虑脂肪对污泥过滤性能的影响，本文的研究结果表明，脂肪对污泥过滤性能也有影响。与化学分析结果（蛋白质和多糖）相比，荧光染色方法敏感度更高。同时，荧光染色方法还能进一步地区分 α-多糖和 β-多糖。

3.3.1 节的结果已表明，supernatant、slime 和 LB-EPS 中蛋白质和蛋白质与多糖的比值对污泥过滤性能有重要影响，而 TB-EPS 层中蛋白质及所有污泥絮体层中的多糖则几乎没有影响。值得指出的是，该结论是基于不同类型污泥的泊松相关性分析得出的，即不改变污泥絮体层在污泥絮体中的原存在状态。而本节基于荧光染色得出的结论，是基于改变污泥絮体层在污泥絮体中的原存在状态的。因此，两者的结论并不矛盾。结合这两节的研究结果可以看出，是可溶性的蛋白质而不是细胞结合的蛋白质对污泥过滤性能有重要影响。该结论将在 3.3.3 的(2)节做详细地阐述。

该结果具有重要的工程应用价值，即操作者可以通过转变可溶性蛋白质为不溶性(即与细胞或生物聚集体结合)蛋白质来提高污泥过滤性能。例如，操作者可以通过添加混凝剂/絮凝剂使可溶性蛋白质为不溶性蛋白质，从而提高污泥过滤性能。此外，操作者也可以通过一些预处理手段将污泥中有机物释放出来，然后，在污泥好氧/厌氧消化过程中加速降解可溶性有机物，从而达到提高污泥过滤性能的目的。除此之外，操作者还可以通过控制污水处理工艺中高的 C/N (17.5～40)，产生较少的蛋白质和较多的多糖[130]，也能提高污泥的过滤性能。

综上所述，利用六倍荧光染色-共聚焦激光显微镜观察方法可以原位观察过滤过程中，有机质在所形成的滤饼中的分布状况及影响过滤性能的主要因素。研究结果表明，在 supernatant、LB - EPS 和 TB - EPS 层，蛋白质、α -多糖和脂肪均会影响污泥过滤性能；而在 slime 层，蛋白质和脂肪对污泥过滤性能有重要影响。同时，蛋白质比脂肪对污泥过滤性能有更重要的影响。

2. 过滤实验中超声预处理对污泥过滤性能的影响

基于 3.3.3 的(1)节结论，β -多糖对污泥过滤性能没有影响；而脂肪的影响较蛋白质和 α -多糖小。因此，在本节的实验中，仅考虑蛋白质和 α -多糖对污泥过滤性能的影响。图 3 - 18 和图 3 - 19 为不同污泥絮体层的过滤实验及相应的荧光强度分析结果。原污泥与超声污泥在滤膜上形成的滤饼厚度分别约为 220 μm和 1 050 μm，其中胶体层厚度分别约为 12 μm 和 10 μm。因此，原污泥和超声污泥在滤膜上形成的滤饼厚度要远比不同污泥絮体层形成的滤饼厚度厚，但前者形成的胶体层却比后者形成的胶体层稍薄。

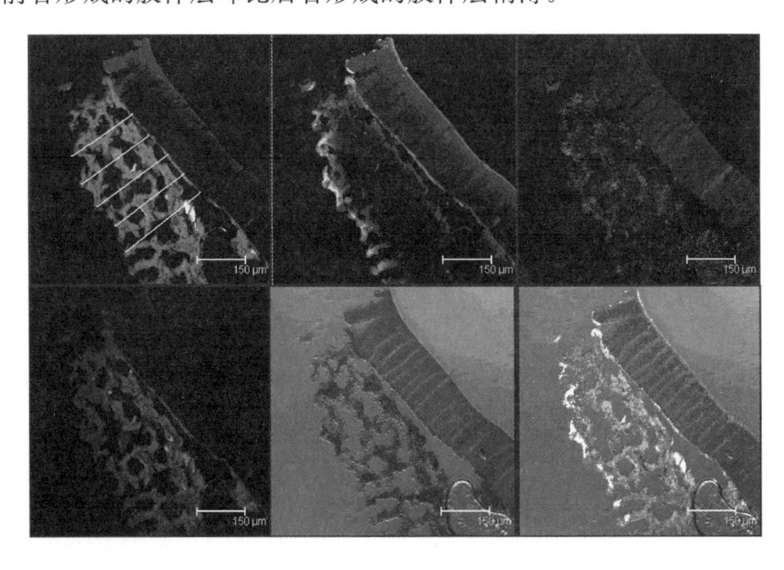

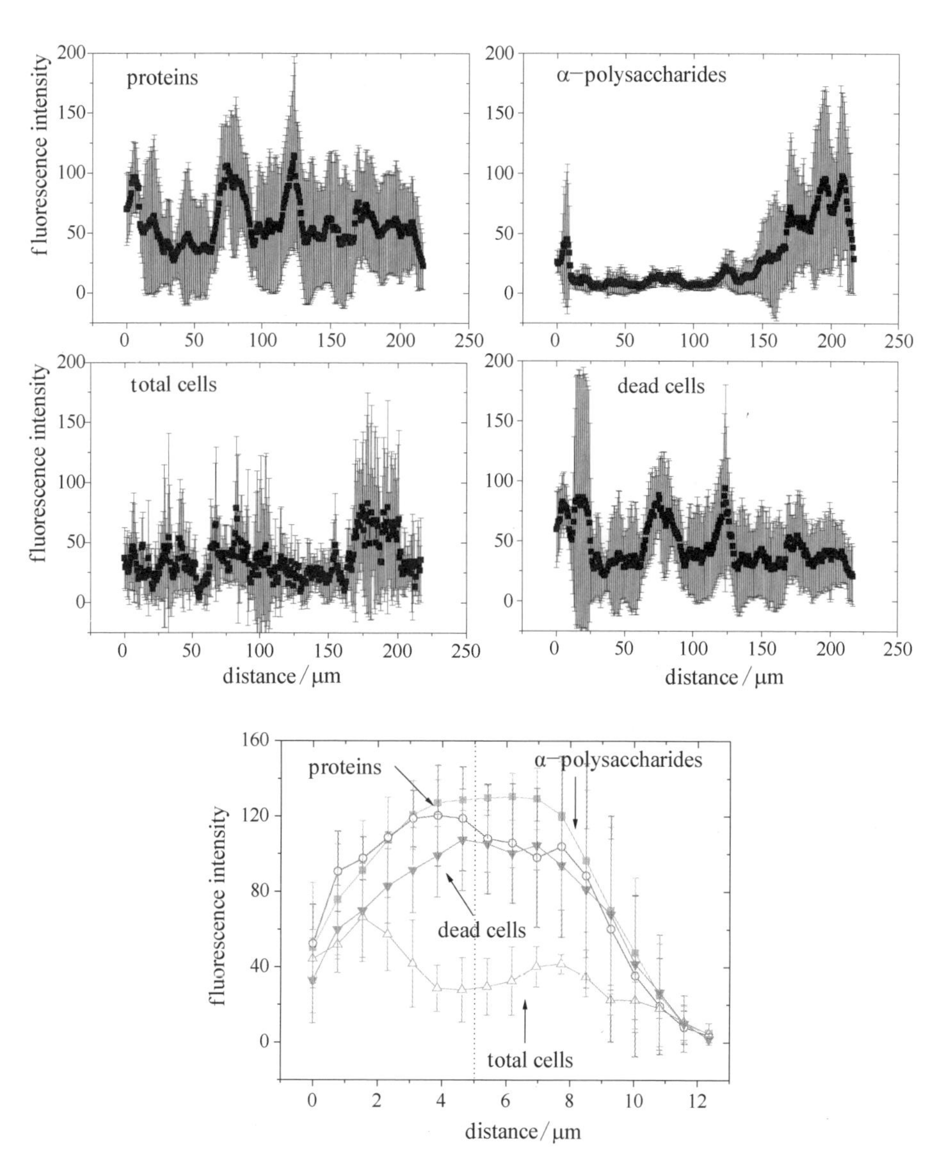

图 3-18　原污泥滤饼侧面染色切片和荧光强度分析结果

荧光强度分析结果表明，原污泥絮体过滤形成的滤饼中，形成了明显的多孔结构，且结构相对均一。蛋白质呈波动变化，而 α-多糖则逐渐增加。在滤膜表面形成的胶体层中，从滤膜表面（$X=0$）向外至约 4 μm 处，蛋白质和 α-多糖均逐渐增多，分别增加约 2.5 倍和 2.3 倍；然后逐渐减少。而总细胞逐渐减少，死细胞则先增加后减少。该结果表明，影响原污泥絮体过滤性能的主要因素是蛋白质和 α-多糖。

超声污泥絮体过滤形成的滤饼中，也形成了明显的多孔结构，但结构不均匀。具体表现在滤膜表面空隙度小，而远离滤膜表面则空隙度大；相应地，蛋白质和α-多糖则逐渐减少。在滤膜表面形成的胶体层中，从滤膜表面（$X=0$）向外至约 3 μm 处，蛋白质逐渐增多，增加约 1.3 倍，而α-多糖几乎不变。总细胞

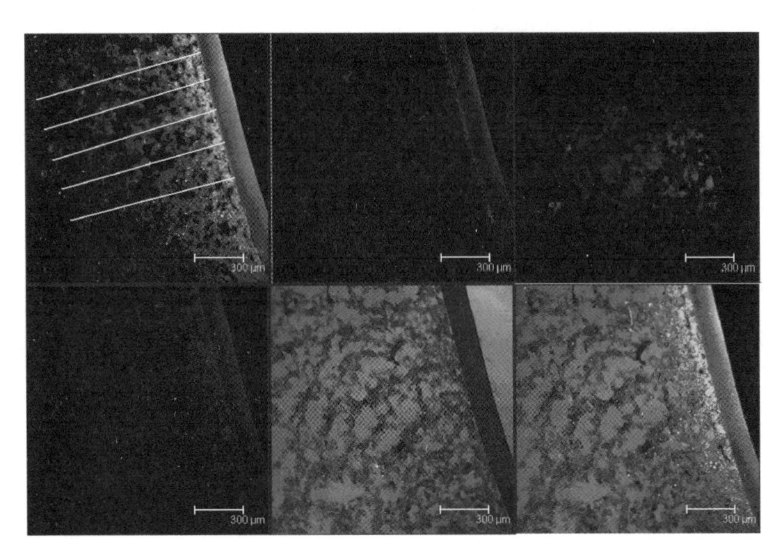

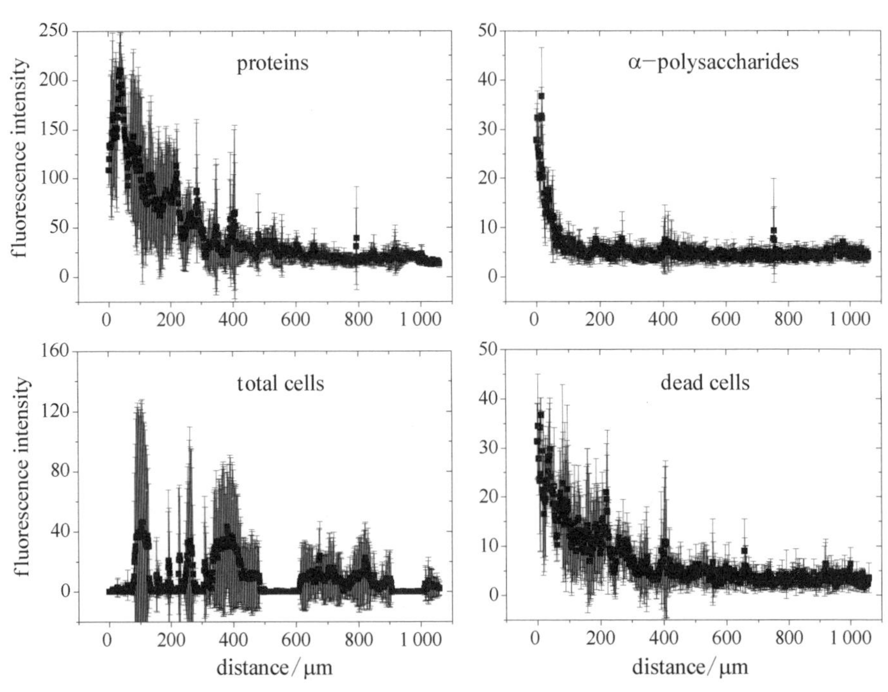

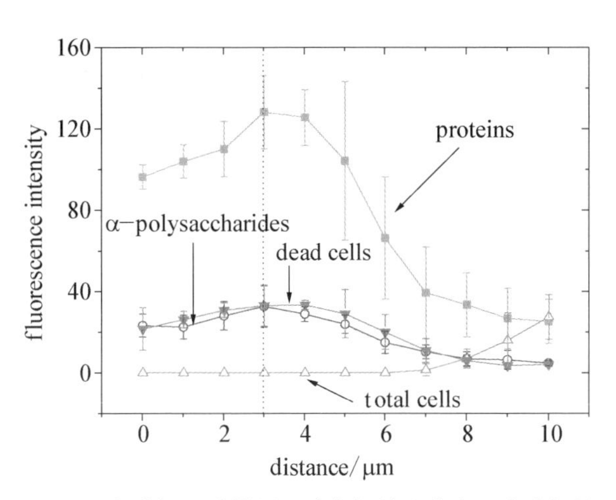

图 3－19　超声污泥滤饼侧面染色切片和荧光强度分析结果

开始几乎不变，然后略有增加；死细胞变化幅度也较小。该结果表明，影响超声污泥过滤性能的主要因素是蛋白质。

超声波处理释放了大量的 TB－EPS 层中的蛋白质，使蛋白质成为控制污泥脱水性能的决定因素，结果致使污泥脱水性能大幅度恶化。结合 3.3.1 和 3.3.2 节结论可推知，TB－EPS 在污泥絮体中不影响污泥脱水性能，但其具有影响污泥脱水性能的潜势，即当其被超声波或其他污泥预处理手段释放后，会起决定污泥脱水性能的作用，可能大幅度地恶化污泥脱水性能。

不同污泥絮体层过滤后沉积层的垂直分布具有明显的两段特征：① 初始压缩层，和② 沉降层。污泥絮体过滤后沉积层的最密实部分为两段的交界处，向两侧（滤膜表面和沉积层顶部）密度逐渐减小。该现象表明，污泥絮体各层在流场控制下首先沉积在滤膜表面，然后形成一个压缩层；随后，剩下的污泥絮体层不受流场控制而自由地沉积在初始沉积层之上。不同污泥絮体层的垂直分布可以解释上述过程。该现象与 3.3.3.1 节描述的相同。

总之，原污泥过滤性能的主要决定因素为蛋白质和 α－多糖，而决定超声污泥过滤性能的主要因素为蛋白质。

为了解释该结论，下节将对污泥的有机特征进行深入研究。

3. 污泥絮体各层的荧光区域指数（FRI）分析和 TOC 浓度

不同污泥絮体层的 EEM 谱图显示，在 supernatant 和 slime 层出现了 4 个峰，而在 LB－EPS 与 TB－EPS 层分别检测到 3 个和 2 个峰[图 3－20(a)]。同时，在 supernatant、slime 和 LB－EPS 层出现腐殖质峰，而在 TB－EPS 层则以蛋白质峰为主。超声处理（20 kHz，480 W，10 min）可使污泥中 slime、LB－EPS

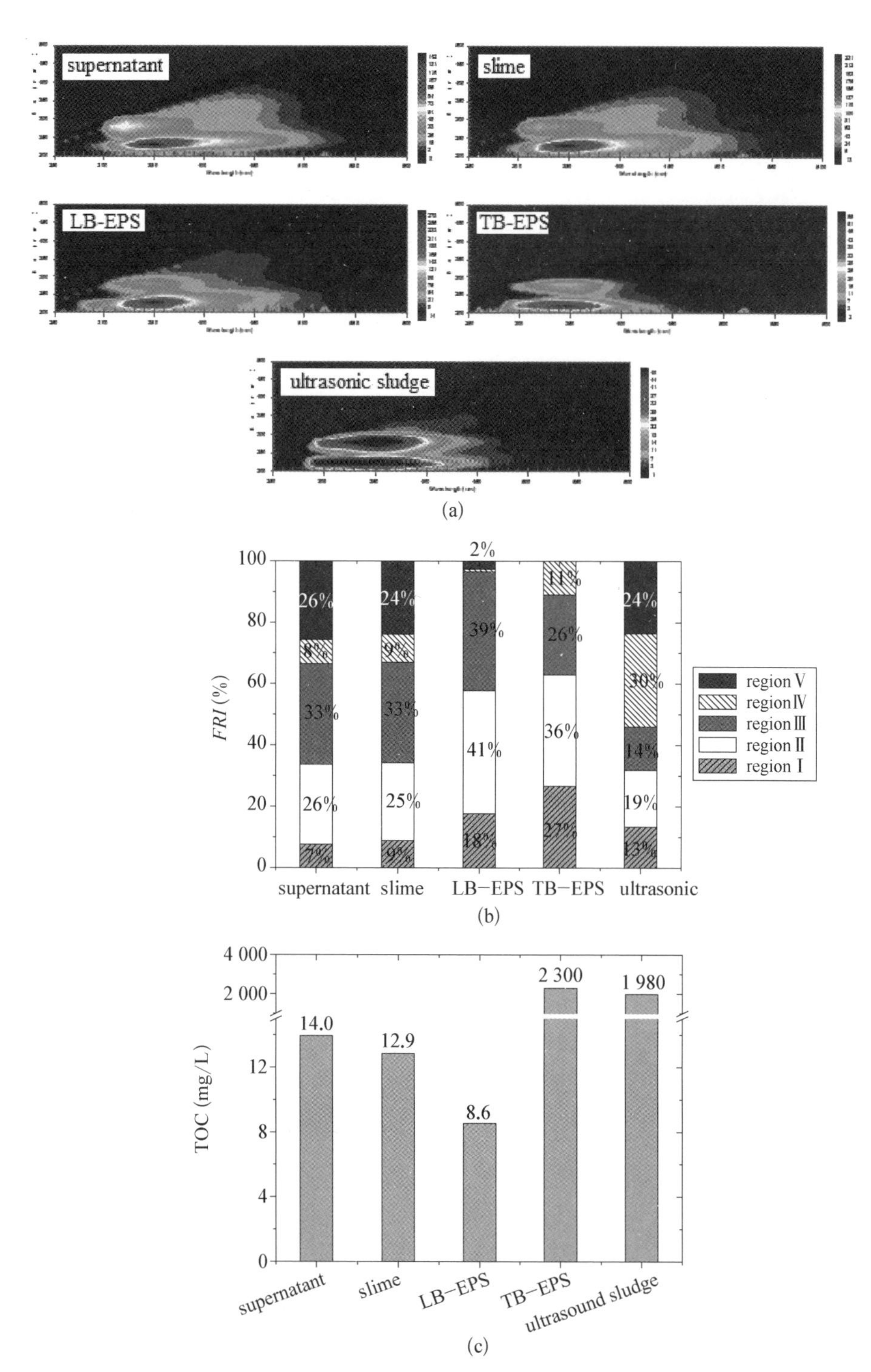

图 3-20 污泥各层和超声处理污泥的 EEM 图(a)、*FRI* 分析(b)和 TOC(c)

和 TB-EPS 层中的蛋白质释放出来，导致 supernatant 中蛋白质物质大大增加。

FRI 分析结果表明，supernatant 和 slime 层有相似但不相同的 *FRI* 分布模式[图 3-20(b)]。在这 2 层中，类富里酸物质(区域Ⅲ)所占比例最高(33%)，依次为类腐殖酸物质(24%～26%，区域Ⅴ)和色氨酸物质(25%～26%，区域Ⅱ)、SMP 物质(8%～9%，区域Ⅳ)和酪氨酸物质(7%～9%，区域Ⅰ)。因此，这 2 层均具有较高的腐殖化程度。在污泥絮体各层中，LB-EPS 层具有最高的色氨酸物质(41%，区域Ⅱ)和类富里酸物质(39%，区域Ⅲ)，该层中类蛋白质物质(区域Ⅰ，Ⅱ和Ⅳ)与类腐殖酸物质(区域Ⅲ和Ⅴ)分别占 59%和 41%。而 TB-EPS 层的 FRI 分布模式与 supernatant 和 slime 层及 LB-EPS 层均不同，与其他层相比，该层类蛋白质物质(区域Ⅰ，Ⅱ和Ⅳ)占 74%，而类富里酸物质仅占 26%。因此，上海的污泥的 FRI 分布模式与台北的污泥相似但有差异，可能归因于样品来源的不同。超声处理(20 kHz，480 W，10 min)使污泥 supernatant 中的蛋白质物质(区域Ⅰ，Ⅱ和Ⅳ)从 41%增加到 62%。

污泥絮体各层的 TOC 分析结果表明，supernatant、slime 和 LB-EPS 层的 TOC 逐渐递减，而 TB-EPS 层的 TOC 则明显更多。说明更多的有机物是与细胞紧密结合的。超声处理(20 kHz，480 W，10 min)使污泥 supernatant 中 TOC 从 14 mg/L 增加到 1 980 mg/L，主要归因于超声释放了较高比例(约 85%)的 TB-EPS 层中的 TOC。

基于 *FRI* 分析结果可知，随着剪切力的提高，污泥层具有更多的类蛋白质物质和更少的类腐殖质物质，该变化趋势与化学分析结果是一致的(图 3-14)。据此，可推知类蛋白质物质是与细胞紧密结合的，而类腐殖质物质是与细胞疏松结合或不直接接触的。更重要的是，FRI 分析清楚地表明了污泥絮体各层的相似性和差异。此外，FRI 也提供了不同污泥絮体层的定性和定量分析方法，而该信息并不能通过化学分析获得。因此，FRI 分析可以用作区分不同污泥絮体层的有价值的工具。

Ramesh 等[117, 131]研究了污泥絮体的 SMP、LB-EPS 和 TB-EPS 层的 FT-IR 特征，发现它们是明显不同的。Tsai 等[125]采用 SEC 和 EEM 研究表明，LB-EPS 具有与 SMP 相似但不同的特征，而与 TB-EPS 则明显不同。这些研究结果与本研究相似，都表明污泥絮体具有明显的多层结构特征。但本文所采用的 *FRI* 分析方法还未见诸报道。

4. 污泥絮体各层、原污泥和超声污泥的过滤曲线

过滤曲线的斜率可以用来表征污泥过滤性能[105]。一般地，过滤曲线的斜率越大，表示污泥过滤性能越差。污泥絮体各层、原污泥和超声污泥的过滤曲线斜率(图 3-21)大小依次为：supernatant ($k=0.61$) <slime ($k=6.2$) <原污泥 ($k=19.2$) <LB-EPS ($k=21.3$) <TB-EPS ($k=143$) <超声污泥 ($k=219$)。因此，它们的过滤性能也按该顺序递减。

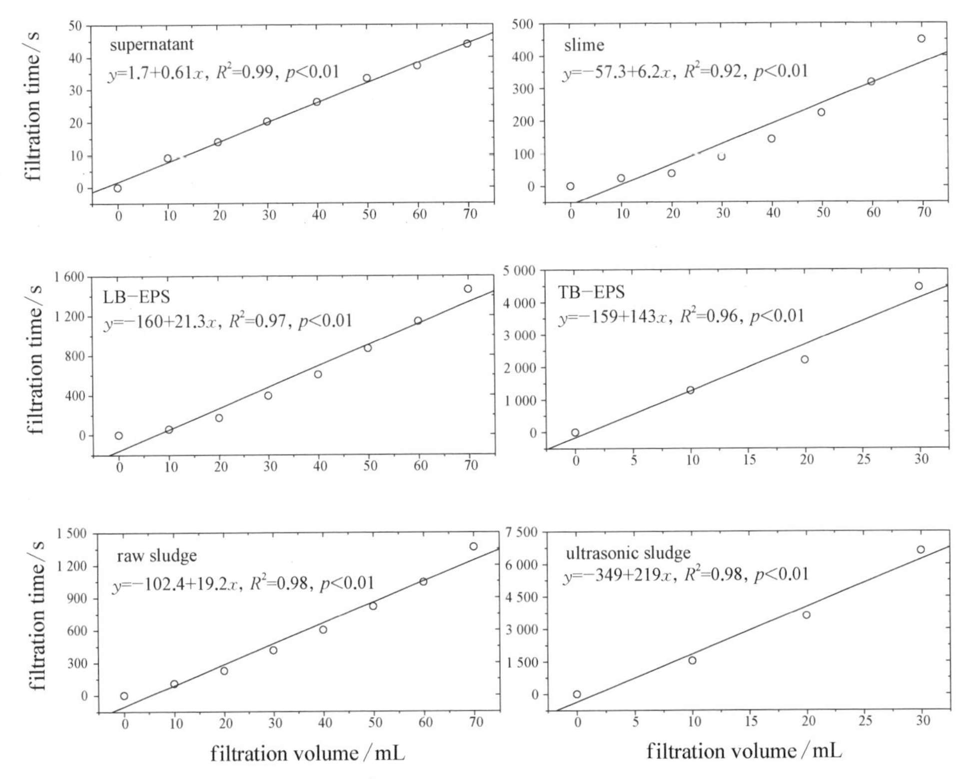

图 3-21　不同污泥絮体层、原污泥和超声处理污泥的过滤曲线

因此，与其他污泥絮体层相比，TB-EPS 层具有较高的过滤阻力。原污泥的过滤阻力是 supernatant + slime+部分 LB-EPS 层的阻力，而超声污泥的过滤阻力不仅比原污泥大很多(约 10 倍)，也比 TB-EPS 层大。该研究结果表明：① 原污泥中过滤阻力是由可溶性 EPS(supernatant + slime+部分 LB-EPS)控制的，而超声污泥中过滤阻力是由 TB-EPS 控制的；② 除了有机物对污泥过滤阻力有影响外，污泥颗粒还可能与有机物有协同作用；③ 超声处理释放出的大量有机物，导致污泥过滤性能大幅度恶化。

3.4 本章小结

(1) 污泥絮体具有剪切力敏感性，采用具有不同剪切力的离心力和超声波方法，可以将污泥絮体结构从外向内分成 supernatant 层、slime 层、LB-EPS 层、TB-EPS 层和 pellet 层。基于该污泥絮体结构分层方法，发现污泥脱水性能主要受 supernatant、slime 和 LB-EPS 层的蛋白质和蛋白质与多糖比值的影响，而不受其他层或整个污泥絮体的蛋白质和蛋白质与多糖比值的影响；同时，污泥脱水性能也不受任何污泥絮体层或整个污泥絮体中多糖的影响。而在以前的同类研究中，supernatant 和 slime 层因含较少的有机质，通常是被忽视的。

(2) 在污泥絮体中，蛋白质含量比多糖高，且两者有明显不同的分布模式。蛋白质主要分布在 pellet 层和 TB-EPS 层，少量分布在 supernatant 层、slime 层和 LB-EPS 层；虽然多糖也主要分布在 pellet 层和 TB-EPS 层，但更多比例的多糖却分布在 supernatant 层、slime 层和 LB-EPS 层。该分布模式具有普适性，不受污水来源和污水处理工艺的影响。蛋白质和多糖分布模式的不同，说明两者有不同的降解模式/机制。

(3) 污泥的不同絮体层有明显不同的荧光和分子量分布特征。尽管污水来源和处理工艺差别很大，但污泥絮体的 TB-EPS 层和 pellet 层的 EEM 谱图几乎相同，Ex/Em 总是定位于 220/350 和 280/350。相反，疏松结合的污泥絮体层(也即 supernatant、slime 和 LB-EPS 层)受污水来源影响较大。因此，疏松结合的污泥絮体层的 EEM 谱图，可以用于区分污水的来源。

(4) 不同类型污水处理厂污泥的荧光 EEM 光谱，都可被 PARAFAC 方法分成 6 个组分。污泥脱水性能在 supernatant 层主要受组分 1[$Ex/Em=(220, 280)/350$]影响；而在 slime 层主要受组分 5—6[$Ex/Em=(230, 280)/430$, $(250, 360)/460$]影响；在 LB-EPS 层与 TB-EPS 层主要受组分 2[$Ex/Em=(250, 340)/430$]和 5—6 影响。表明污泥脱水性能在 supernatant 层主要受类蛋白质影响，而在 slime 层、LB-EPS 层和 TB-EPS 层则不仅受蛋白质影响，同时也受类腐殖酸和类富里酸影响。而在以前的所有同类文献中，类腐殖酸和类富里酸对污泥脱水性能的影响均未被关注。该结果还表明，虽然 TB-EPS 层在污泥絮体中不影响污泥脱水性能，但具有影响污泥脱水性能的潜力，即当其被转化为可溶态时会影响污泥脱水性能。

(5) 荧光 EEM 光谱结合平行因子(PARAFAC)分析方法，首次被应用于研究污泥脱水性能。由于具有高敏感性、高选择性及可同时测定蛋白质、类腐殖酸和类富里酸等优点，EEM - PARAFAC 方法可以作为一种有应用前景的污泥脱水性能监测工具。应用该方法表征污泥脱水性能时，不需要任何化学试剂，仅需过滤或稀释等简单的样品预处理程序。

(6) 荧光染色-共聚焦激光显微镜原位观察方法灵敏度高，可以原位观察过滤过程中有机质在所形成的滤饼中的分布状况，及影响过滤性能的主要因素。研究结果表明，在 supernatant、LB - EPS 和 TB - EPS 层，蛋白质、α -多糖和脂肪均会影响污泥过滤性能；而在 slime 层，蛋白质和脂肪对污泥过滤性能有重要影响。同时，蛋白质比脂肪对污泥过滤性能有更重要的影响。在原污泥中，过滤阻力是由可溶性 EPS(supernatant + slime+部分 LB - EPS)中的蛋白质、α -多糖和脂肪控制的；而在超声污泥中，过滤阻力是由 TB - EPS 中的蛋白质控制的。该结果也表明，TB - EPS 层转化为可溶态时会影响污泥脱水性能。

(7) 污泥絮体各层、原污泥和超声污泥的过滤曲线斜率大小依次为：supernatant ($k = 0.61$) ＜slime ($k = 6.2$) ＜原污泥 ($k = 19.2$) ＜LB - EPS ($k = 21.3$) ＜TB - EPS ($k = 143$) ＜超声污泥 ($k = 219$)。因此，它们的过滤性能也按该顺序递减。与其他污泥絮体层相比，TB - EPS 层具有较高的过滤阻力。原污泥的过滤阻力比 supernatant + slime 稍大，而超声污泥的过滤阻力不仅比原污泥大很多，也比 TB - EPS 层大。超声波处理释放了大量的 TB - EPS 层中的蛋白质，使蛋白质成为控制污泥脱水性能的决定因素，结果致使污泥脱水性能大幅度地恶化。因此，TB - EPS 虽然在污泥絮体中不影响污泥脱水性能，但其具有影响污泥脱水性能的潜力，即当其被超声波或其他污泥预处理手段释放后，会起决定污泥脱水性能的作用，可大幅度地劣化污泥的脱水性能。

第4章 污泥絮体中胞外酶提取方法及分布模式

4.1 概　　述

污泥中大部分有机物是大分子物质，而微生物只能直接利用一些小分子物质(相对分子质量<1 000)，大部分有机质必须经过胞外酶的水解之后才能被利用。因此，了解胞外酶在污泥絮体中的空间分布和产生不同胞外酶的微生物种类，对探明污泥中有机质的降解模式和优化污水处理厂有机物的去除效率有重要意义。尽管污泥中的胞外酶在其生物处理中发挥着至关重要的作用，但目前还没有一种效果好的提取污泥中胞外酶的方法。

在污泥絮体中，胞外酶主要分布在 EPS 和细胞组成的网络中，较少部分游离于上清液。因此，提取 EPS 的方法也可以用于提取污泥絮体中的胞外酶。目前，提取污泥絮体中 EPS 的方法有很多，如阳离子交换树脂(CER)、EDTA、甲醛、NaOH、热、超声波及这些方法的组合等。但能有效地提取 EPS 的方法却不一定可以有效提取胞外酶。如 Gessesse 等[56]已经表明 CER 是一种能有效提取 EPS 的方法，然而 CER 只能选择性地提取与 Ca^{2+} 和 Mg^{2+} 结合的 EPS，故而只能提取 Ca^{2+} 和 Mg^{2+} 结合的胞外酶。因此，需要发展一种能同时高效提取 EPS 和胞外酶的方法。

目前，对污泥絮体中胞外酶分布的研究还较少，且主要集中于研究总酶活性或污泥絮体多层结构的一部分(即 LB-EPS 或 TB-EPS，详见表 1-2)。因此，有必要针对污泥絮体多层结构中的胞外酶分布进行研究。由于污水厂水质的不同会引起污水处理中优势菌种的不同，进而会影响污泥中的胞外酶分布模式。因此，有必要对不同类型的污水厂污泥中的酶分布模式进行研究。此外，不管是如何完善的污泥处理技术，污泥处理产物进入自然环境后，仍会产生一定的不利影响。只有当污泥被最终作为资源利用时，才可能期望整个污泥的处理过程具有对环境有利的影响[3]。因此，探明污泥中的胞外酶分布模式，对回收污泥中酶资源并进一步资源化利用，及对污泥管理都有重要的意义。

本研究通过对比 7 种常用的 EPS 提取方法，以不破坏絮体中细胞为前提，选择一种能同时高效提取 EPS 和胞外酶的方法；然后，再一步优化该提取方法；最后，应用该胞外酶最优提取条件，研究污水处理厂不同类型的污泥絮体的胞外酶分布模式，并探讨该分布模式对污水处理工艺的影响及意义。

4.2 材料与方法

4.2.1 实验材料

取自上海市某城市污水处理厂曝气池的污泥样品，用于胞外酶提取方法的选择。该污水处理厂处理工艺为 A^2O，污水处理量 75 000 m^3/d，其中生活污水占 93%，工业污水占 7%。收集的污泥样品在 30 min 内运送到实验室，其理化性质见表 4－1。

表 4－1 不同胞外酶提取方法对比所用污泥样品的理化性质

TS/(g • L^{-1})	VSS/(g • L^{-1})	SRF/(10^{11} cm • g^{-1})	viscosity /(m Pa • s)	SVI/[mL • (g－TSS)$^{-1}$]
(5.46±0.94)	(2.56±0.36)	(1.86±0.51)	(1.22±0.02)	93.5

胞外酶提取方法的条件优化所用污泥样品，分别取自上述污水处理厂的曝气池和回流泵房，其沉降后的理化性质见表 4－2。

表 4－2 胞外酶提取方法的条件优化所用污泥样品沉降后的理化性质

污泥类型	TSS /(g • L^{-1})	VSS /(g • L^{-1})	COD /(mg • L^{-1})	SCOD /(mg • L^{-1})	Conductivity /(μS • cm^{-1})
曝气池污泥	(17.4±0.6)	(15.6±0.1)	(19 200±100)	(138±3)	(574±5)
回流污泥	(6.30±0.3)	(6.00±0.0)	(11 500±100)	(129±2)	(439±7)

取自上海市 14 个污水处理厂的不同类型污泥样品，用于污泥絮体中胞外酶

分布模式研究。选用的污水处理厂有生活污水源的污水处理厂、生活垃圾源的污水(渗滤液)处理厂、工业源的污水处理厂和特殊工业源(啤酒厂、屠宰厂、造纸厂和饮料厂)的污水处理厂,其处理工艺和理化性质见表 3-1。

4.2.2　实验方法

1. 胞外酶提取方法的对比研究

采用 7 种常用的 EPS 提取方法[11, 31]评价其对胞外酶的提取效果。具体提取流程如图 4-1 所示。

从污水处理厂取回的污泥样品,首先在 4℃条件下沉降 1.5 h,撇除上清液;沉淀样品在 2 000g 条件下离心 15 min,撇除上清液;沉淀样品用缓冲液[0.05 (w/v) NaCl]稀释到原体积,然后再以 5 000g 转速离心 15 min,收集的上清液为 LB-EPS 层;所剩沉淀物再用缓冲液稀释到原体积,用于进一步提取 TB-EPS。

采用 7 种常用的 EPS 方法提取 TB-EPS。对照(离心)方法为 4℃和 4 000g 条件下离心 20 min;超声波方法为在 40 kHz 和 120 W 条件下离心 10 min;阳离子交换树脂(CER, Dowex 50×8, Fluka 44 504)方法为 4℃和 600×10^{-6} 条件下反应 1 h,CER 用量为 70 g/g-VSS;其他 4 种化学方法,条件分别为: EDTA 方法,2%(w/v) EDTA 4℃条件下反应 3 h;甲醛方法,36.5%(w/v)甲醛 4℃条件下反应 1 h;甲醛+NaOH 方法,先 36.5%(w/v)甲醛 4℃条件下反应 1 h ,再在 1 mol/L NaOH 4℃条件下反应 3 h;甲醛+超声波方法,先 36.5%(w/v)甲醛 4℃条件下反应 1 h,再 120 W 超声 2 min。

各方法提取的 TB-EPS 在 4℃和 20 000 g 条件下离心 20 min,收集的上清液中的有机质为 TB-EPS;沉淀物再用缓冲液稀释到原体积混匀,即为细胞相(pellet)。pellet 采用文献[56]中的方法,破坏细胞并释放胞内和胞外酶。

收集到的 LB-EPS 和 TB-EPS 及溶胞后的 pellet,经 0.45 μm 滤膜过滤后,用于测定其中的酶和其他化学指标(蛋白质、多糖、腐殖酸)。

2. 超声波方法提取污泥絮体中胞外酶的条件优化

超声波方法用于进一步提取污泥絮体中的胞外酶,图 4-2 为超声条件(时间和功率)优化的流程图。EDTA 方法由于具有较高的 EPS 提取效率,故而选为超声波的对比方法。

从污水处理厂取回的污泥样品,首先在 4℃条件下沉降 1.5 h,撇除上清液;沉淀样品在 2 000g 条件下离心 15 min,撇除上清液;收集的沉淀样品用 PBS 缓

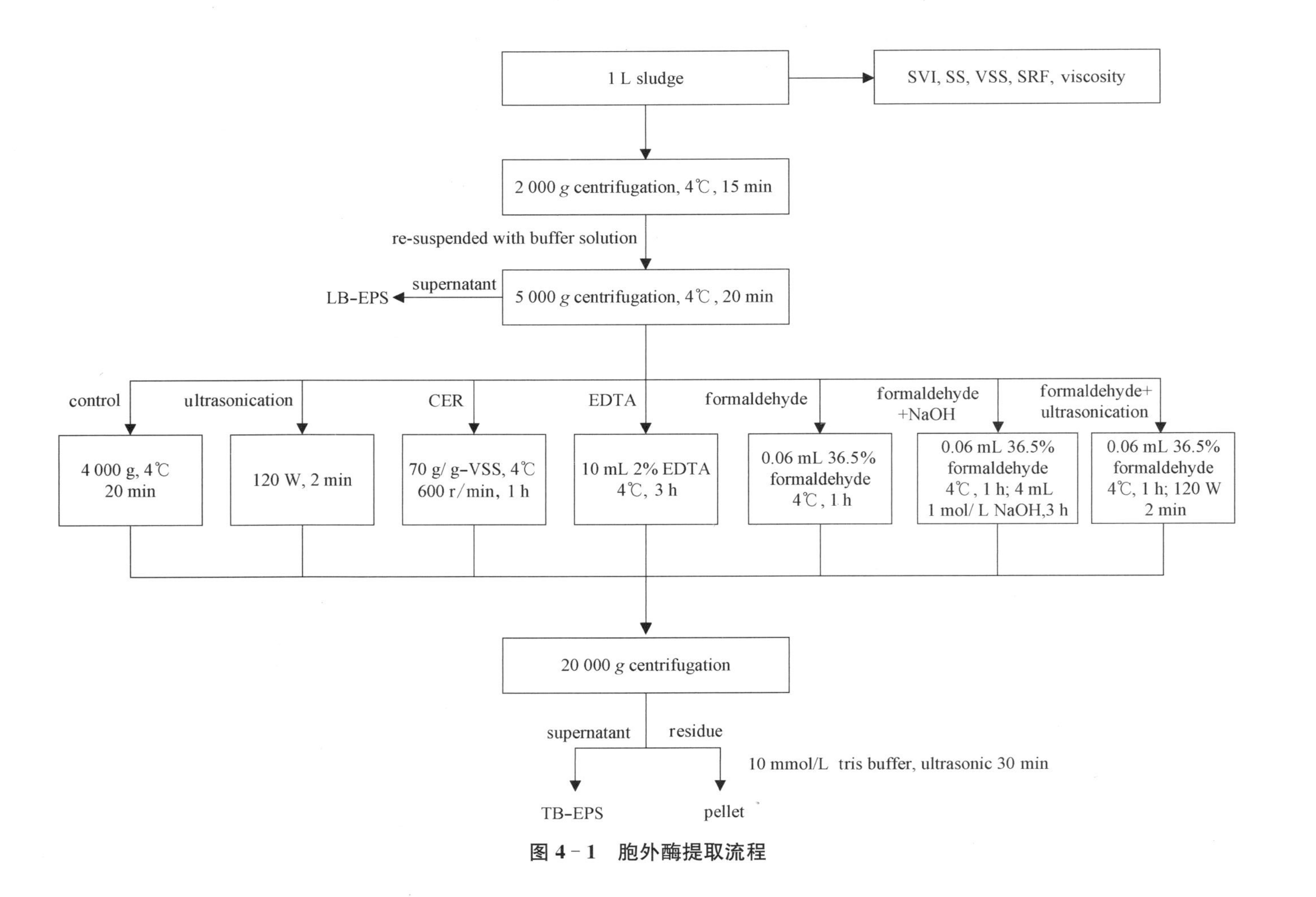
1 L sludge
SVI, SS, VSS, SRF, viscosity
2 000 g centrifugation, 4℃, 15 min
re-suspended with buffer solution
5 000 g centrifugation, 4℃, 20 min
supernatant
LB-EPS
control
ultrasonication
CER
EDTA
formaldehyde
formaldehyde
+NaOH
formaldehyde+
ultrasonication
4 000 g, 4℃
20 min
120 W, 2 min
70 g/ g-VSS, 4℃
600 r/min, 1 h
10 mL 2% EDTA
4℃, 3 h
0.06 mL 36.5%
formaldehyde
4℃, 1 h
0.06 mL 36.5%
formaldehyde
4℃, 1 h; 4 mL
1 mol/ L NaOH,3 h
0.06 mL 36.5%
formaldehyde
4℃, 1 h; 120 W
2 min
20 000 g centrifugation
supernatant
residue
10 mmol/L tris buffer, ultrasonic 30 min
TB-EPS
pellet

图 4-1 胞外酶提取流程

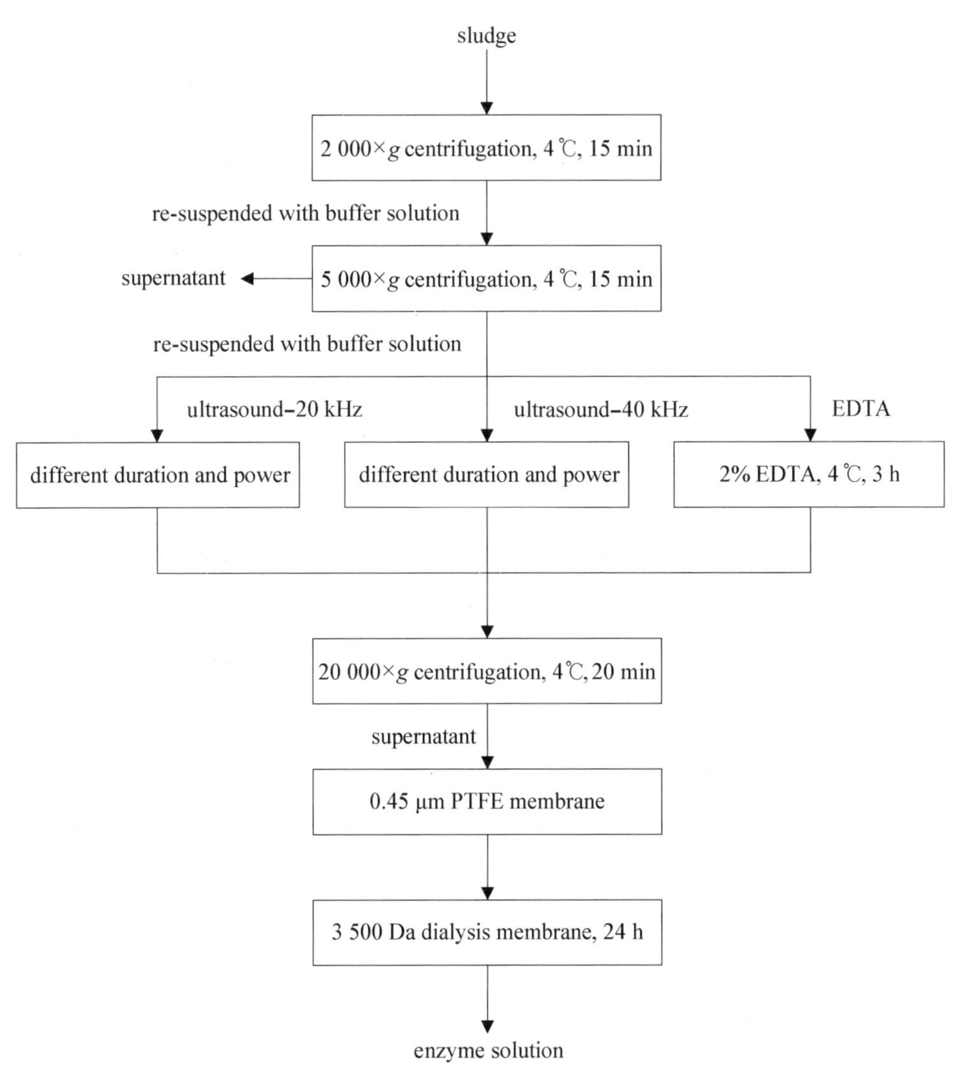

图 4 - 2　超声波方法提取污泥絮体中胞外酶的条件优化

冲液稀释到原体积，然后再以 5 000g 转速离心 15 min，收集的上清液为 LB - EPS 层；所剩沉淀物再用缓冲液稀释到原体积，每次 50 mL 放入聚乙烯试管(5×5×4)中，用不同频率的超声装置(参数见表 4 - 3)在不同超声频率、功率和时间条件下进行提取条件优化。对于超声频率的选择，污泥样品分别在 20 kHz 和 40 kHz 频率下超声 120 W、2 min；对于超声时间的选择，污泥样品在 120 W 条件下，超声时间范围为 2～20 min；对于超声功率的选择，污泥样品在 120～600 W 范围内超声 10 min。作为对照的 EDTA 方法，污泥样品在 4℃ 和 2%

(w/v) EDTA条件下反应3 h。3种方法提取的TB-EPS在20 000g转速离心20 min，收集的上清液中的有机质为TB-EPS；沉淀物再用缓冲液稀释到原体积混匀，即为pellet。

表4-3　两个超声设备的参数

装　置	Ⅰ	Ⅱ
生产厂家	上海生析仪器有限公司	昆山超声设备有限公司
型号	FS-600	KQ-300 DE
类型	探头式	槽式
频率/kHz	20	40
输入电压和频率/(V，kHz)	220，50	220，50
最大能量输出/W	600	300
处理量/mL	10 000	0.5—500

3. 污泥絮体多层结构中胞外酶提取方法

污泥絮体多层结构中胞外酶的提取方法，与污泥絮体分层方法相同，详见2.1节。

4.3　结果与讨论

4.3.1　污泥絮体中不同酶提取方法的对比研究

1. 污泥絮体中酶的提取效果

表4-4、表4-5和表4-6列出了7种方法提取污泥絮体各层的蛋白酶、α-淀粉酶和α-葡糖苷酶活性。从表中可以看出，不同方法提取蛋白酶的效果如下：甲醛＞超声波＝甲醛＋超声波＝EDTA＞对照(离心)＞阳离子交换树脂＝甲醛＋NaOH；而α-淀粉酶的提取效果顺序为：超声波＞EDTA＞甲醛＋NaOH＞阳离子交换树脂＞对照(离心)＞甲醛＋超声波＞甲醛；对于α-葡糖苷酶，其提取效果顺序为：超声波＞EDTA＞对照(离心)＞甲醛＋NaOH＞甲醛＞甲醛＋超声波＞阳离子交换树脂。因此，甲醛＋NaOH法对蛋白酶有最低的提取效率，表明甲醛＋NaOH法的碱性条件可能使蛋白酶失活。

表 4 - 4　污泥絮体中蛋白酶活性

提取方法	蛋白酶活性(μmol/min/g - VSS)			
	LB - EPS	TB - EPS	pellet	total
对照(离心)	0	(0.24±0.03)	(17.9±0.68)	(18.1±0.48)
超声波		(0.38±0.05)	(22.8±3.50)	(23.2±2.48)
EDTA		(0.35±0.18)	(12.9±2.25)	(13.3±1.60)
甲醛		(2.29±0.83)	(25.9±3.12)	(28.2±2.28)
甲醛+超声波		(0.08±0.08)	(21.4±0.91)	(21.5±0.65)
甲醛+NaOH		(0.38±0.03)	(0.68±0.21)	(1.06±0.15)
阳离子交换树脂		(0.06±0.06)	(3.01±0.20)	(3.07±0.15)

表 4 - 5　污泥絮体中 α -淀粉酶活性

提取方法	α -淀粉酶活性 (μmol/min/g - VSS)			
	LB - EPS	TB - EPS	pellet	total
对照(离心)	(6.61±3.03)	(2.44±0.22)	(2.35±0.13)	(11.4±1.76)
超声波		(2.82±0.01)	(5.49±0.79)	(14.9±1.81)
EDTA		(3.29±0.20)	(4.50±0.54)	(14.4±1.78)
甲醛		(1.79±0.03)	(1.77±0.0)	(10.2±1.75)
甲醛+超声波		(2.11±0.17)	(1.94±0.09)	(10.7±1.75)
甲醛+NaOH		(3.67±0.47)	(2.01±0.0)	(12.3±1.77)
阳离子交换树脂		(2.95±0.61)	(1.96±0.0)	(11.5±1.78)

表 4 - 6　污泥絮体中 α -葡糖苷酶活性

提取方法	α -葡糖苷酶活性 (μmol/min/g - VSS)			
	LB - EPS	TB - EPS	pellet	total
对照(离心)	188	40.9	42.1	271
超声波		64.4	66.2	319
EDTA		56.4	60.2	305
甲醛		17.1	17.0	222
甲醛+超声波		0	0	188
甲醛+NaOH		20.1	18.6	227
阳离子交换树脂		0	0	188

图 4 - 3 为 7 种方法提取的 TB - EPS 中 DNA 含量。从图中可以看出，甲醛、甲醛＋NaOH、甲醛＋超声波法提取的 DNA 含量较高(>9 mg/g - VSS)，而其他 4 种方法提取的 DNA 含量较低(<1.5 mg/g - VSS)。该结果表明，甲醛相关的 3 种方法提取过程中，可能导致了细胞壁的破坏[11, 132]。据此，可以判断这 3 种甲醛相关的化学方法不是合适的 EPS 提取方法。

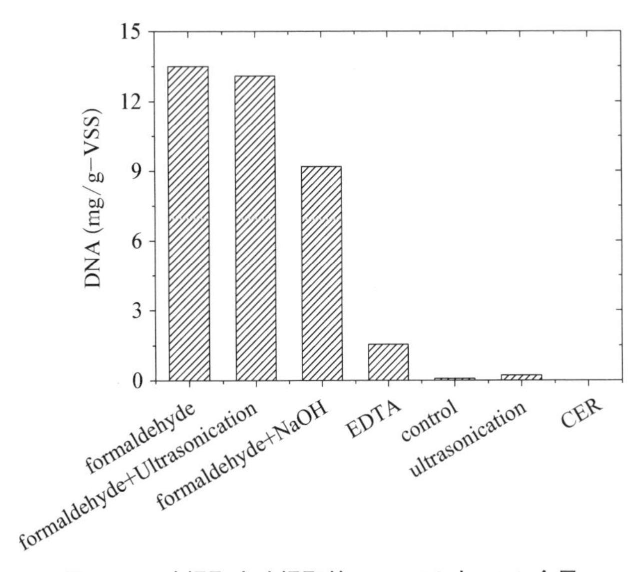

图 4 - 3　酶提取方法提取的 TB - EPS 中 DNA 含量

红外光谱(FT - IR)可以表征有机物的官能团特征。图 4 - 4 为 7 种方法提取的有机物的 FT - IR 光谱图。从图中可以看出，各 FT - IR 谱图均在波数 3 400 cm^{-1}(OH)、1 640 cm^{-1}(CO, CN)、1 544 cm^{-1}(CN, NH)、1 110 cm^{-1}(OH)和 1 047 cm^{-1}(OH)出现特征峰，表明在提取的 TB - EPS 层中均出现了蛋白质和多糖[133, 134]。这与表 4 - 7 列出的化学组分分析结果是相对应的。从 FT - IR 谱图还可以看出，物理方法提取的 TB - EPS 有相似的特征峰，而化学方法提取的TB - EPS则明显地出现了特征峰的位置迁移[图 4 - 4(b)]。这可能归因于甲醛或 EDTA 与提取的 EPS 的络合作用[134]，或提取的腐殖酸与提取的 EPS 的络合作用[135-137]。

综上，超声波方法兼有较高的胞外酶提取效率和较低的细胞破坏能力，是一种从污泥絮体中提取胞外酶的温和、有效的方法。

2. *污泥絮体中的胞外酶分布*

从表 4 - 4、表 4 - 5 和表 4 - 6 可以看出，大部分蛋白酶与 pellet 结合在一

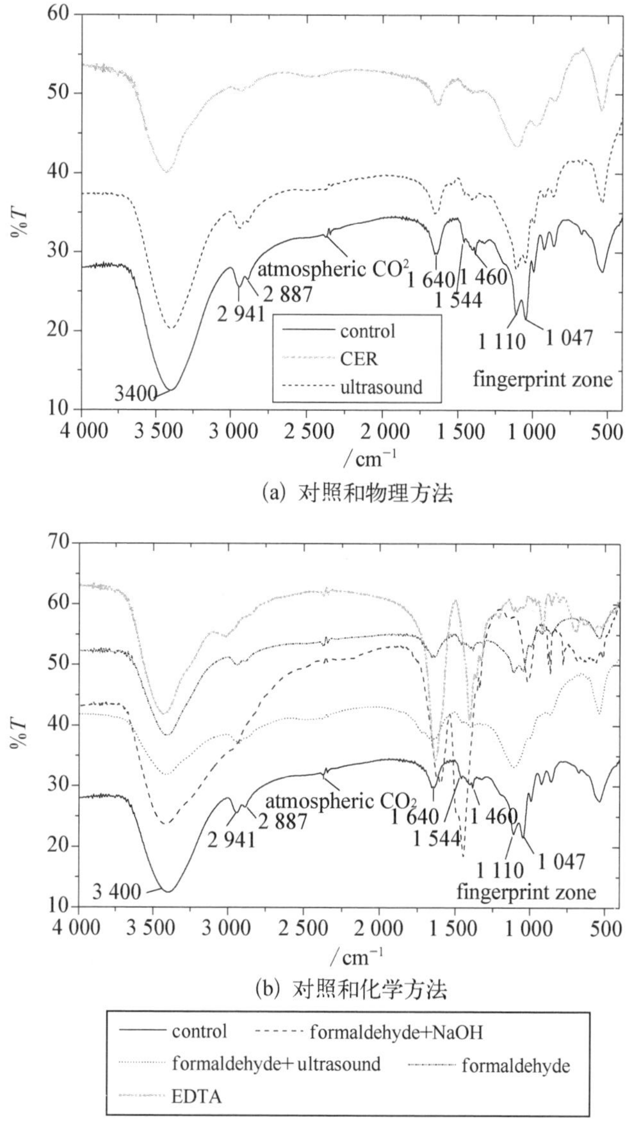

(a) 对照和物理方法

(b) 对照和化学方法

control　formaldehyde+NaOH
formaldehyde+ ultrasound　formaldehyde
EDTA

图 4-4 不同提取方法的 TB-EPS 的红外光谱图

起，少量与 TB-EPS 和 LB-EPS 结合在一起；而 α-淀粉酶和 α-葡糖苷酶有较大比例出现在 LB-EPS 层，较少地出现在 TB-EPS 和 pellet 层。这些结果表明，蛋白酶是结合在细胞表面的胞上酶，而 α-淀粉酶和 α-葡糖苷酶则是固定在 EPS 网络中的胞外酶。

3. 胞外酶分布和化学组分的泊松相关性分析

表 4-7 列出了不同方法提取的 EPS 中的化学组分。蛋白质与多糖的比值

在2.0—7.5范围,表明实验所用污泥絮体为典型的城市污水处理厂活性污泥[11]。基于不同方法提取的EPS中胞外酶分布和化学组分分布的泊松相关性分析(表4-8),表明蛋白质和多糖有显著的相关性($R^2=0.78$),说明蛋白质与多糖的比值不受EPS提取方法的影响,而是由污泥絮体本身决定的。此外,在各化学组分(蛋白质、多糖和腐殖酸)和胞外酶(蛋白酶、α-淀粉酶和α-葡糖苷酶)之间没有显著相关性;总胞外酶与胞外酶在pellet层的分布呈显著相关($R^2>0.88$),表明pellet层中胞外酶活性可能受胞外酶提取方法的影响。pellet层中α-淀粉酶和污泥絮体中α-淀粉酶及各层中α-葡糖苷酶有相关性,表明在污泥絮体中,多糖降解菌可能成簇出现。同时,TB-EPS层中α-淀粉酶与TB-EPS和pellet层中蛋白酶活性显著相关,表明多糖利用菌与蛋白质利用菌在TB-EPS和pellet层可能是共生关系。

表4-7 污泥絮体各层中化学组分分布

EPS层	提取方法	蛋白质	腐殖酸	多糖
LB-EPS	离心	47.0	0.110	5.30
TB-EPS	对照(离心)	50.2	0.110	9.41
	超声波	42.7	0.870	16.2
	EDTA	63.0	18.1	12.2
	甲醛	11.3	0.720	5.65
	甲醛+超声波	52.7	1.62	8.43
	甲醛+NaOH	114	13.0	29.8
	阳离子交换树脂	34.6	0.240	4.61

4.3.2 超声波方法提取污泥絮体中胞外酶的条件优化

1. 超声波频率对胞外酶提取效果的影响

图4-5为超声波和EDTA方法提取的胞外酶活性。

对于曝气池污泥和回流污泥而言,均是α-淀粉酶活性最高,而后依次是碱磷酸酯酶、酸磷酸酯酶、蛋白酶和α-葡糖苷酶。3种方法均可提取较高的α-淀粉酶,尤以EDTA方法提取最多;然而,40 kHz的超声波和EDTA方法对其他4种胞外酶则有较低的提取效率。EPS中的DNA含量可用于评价提取过程中

表 4-8　化学组分和酶活性的 Pearson 相关性分析 ($n = 7$)

	蛋白质	腐殖酸	多糖	蛋白酶(TB-EPS)	蛋白酶(pellet)	蛋白酶(总)	α-淀粉酶(TB-EPS)	α-淀粉酶(pellet)	α-淀粉酶(总)	α-葡糖苷酶(TB-EPS)	α-葡糖苷酶(pellet)	α-葡糖苷酶(总)
蛋白质	1	0.45	0.78**	0.24	0.43	0.46	0.62*	0.00	0.08	0.00	0.01	0.00
腐殖酸		1	0.31	0.02	0.21	0.23	0.51	0.08	0.24	0.09	0.12	0.10
多糖			1	0.05	0.21	0.21	0.52	0.04	0.17	0.06	0.08	0.06
蛋白酶(TB-EPS)				1	0.24	0.34	0.28	0.05	0.14	0.00	0.01	0.00
蛋白酶(pellet)					1	0.99**	0.66*	0.06	0.01	0.08	0.06	0.07
蛋白酶(总)						1	0.70*	0.03	0.03	0.06	0.04	0.05
α-淀粉酶(TB-EPS)							1	0.10	0.39	0.07	0.10	0.08
α-淀粉酶(pellet)								1	0.88**	0.76*	0.80**	0.78**
α-淀粉酶(总)									1	0.66*	0.72*	0.69*
α-葡糖苷酶(TB-EPS)										1	0.99**	0.99**
α-葡糖苷酶(pellet)											1	0.99**
α-葡糖苷酶(总)												1

*,显著性水平为 0.05(2-尾)；**,显著性水平为 0.01(2-尾)

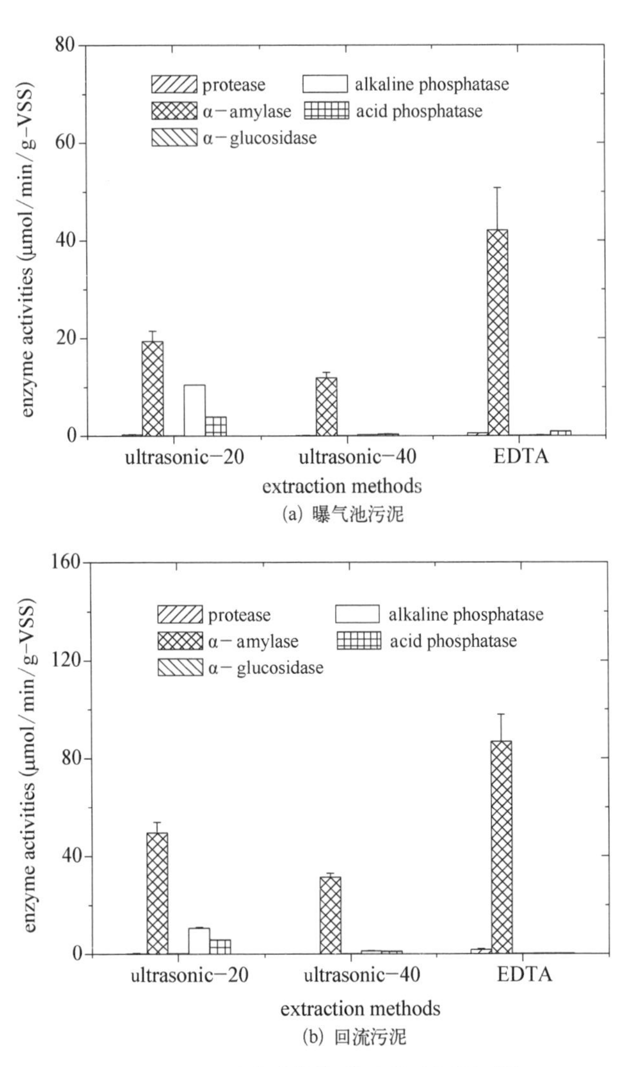

(a) 曝气池污泥

(b) 回流污泥

图 4-5 不同方法提取的胞外酶活性对比

是否导致细胞破坏。由图 4-6 可知，3 中提取方法均有较低的 DNA 含量(<5 mg/g-VSS)，表明这 3 种提取方法在提取过程中均未破坏细胞[11, 132]。因此，20 kHz 的超声波可用于进一步优化超声强度和时间。

2. 超声时间和强度对胞外酶提取效果的影响

以曝气池好氧污泥为研究对象，在 20 kHz 条件下进一步优化超声时间和强度对酶的提取效果。由图 4-7 可知，在超声时间为 10 min 和超声强度为 552 W/g-TSS的条件下，提取的胞外酶类型更多，且提取的胞外酶活性更高；同时，再进一步提高超声时间或强度，胞外酶提取效果均无明显提高。

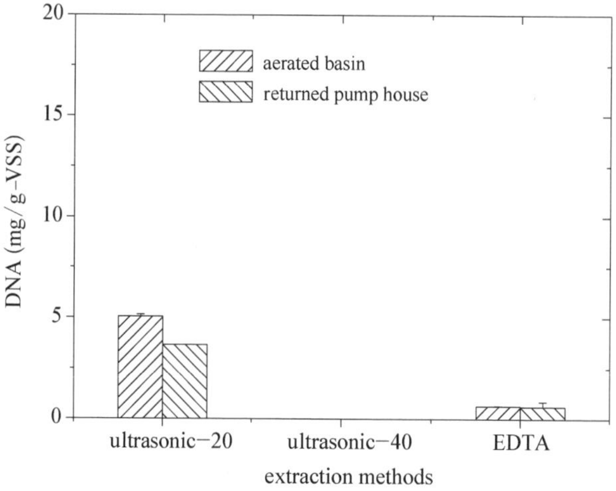

图 4－6　不同方法提取的 DNA 含量对比

图 4－8 为不同超声时间和强度提取条件下 DNA 的释放量。从图中可以看出，在超声强度为 138 W/g－TSS 条件下，所有提取出的 DNA 含量均小于 7 mg/g－VSS；而在超声时间为 10 min 条件下，提取的 DNA 含量普遍高于 10 mg/g－VSS。根据以前的文献报道[11, 132]，这 2 种情况下均会导致细胞破坏，同时释放胞内和胞外酶。超声强度释放酶的效果比超声时间更加明显，表明在超声提取过程中，控制超声强度比控制时间更加重要。

综上所述，超声波提取胞外酶的最优条件为 10 min 和 552 W/g－TSS。该条件可以提取胞外酶及小部分胞内酶。在该条件下超声提取后，蛋白酶、α－淀粉酶、碱磷酸酯酶和酸磷酸酯酶均可从污泥絮体中释放出来；而 α－葡糖苷酶并没有释放出来。这可能与污泥絮体中 α－葡糖苷酶活性较低有关。

Gessesse 等[56]研究了 CER、triton X－100 和 EDTA 方法从污泥絮体中提取蛋白酶，发现 5% triton X－100 对蛋白酶有最高的提取效率(约 4 000 μmol/min/g－VSS)。由于 EDTA 可以破坏细胞，释放大量胞内物[134]，因此可以认为 5% triton X－100 也会释放部分胞内酶。与 triton X－100 提取方法相比，本研究中所用的超声波方法的提取效率稍低。triton X－100 提取胞外酶效率高的原因，可能是与释放较多的胞内酶有关。在污水处理中，胞外酶比胞内酶的作用更大[58, 60]。因此，超声波作为一种主要提取胞外酶的方法，比提取胞内酶的方法有更重要的意义。

3. 金属阳离子对胞外酶提取效果的影响

污泥絮体主要是由 EPS 中的有机质与金属阳离子通过吸附架桥作用形成

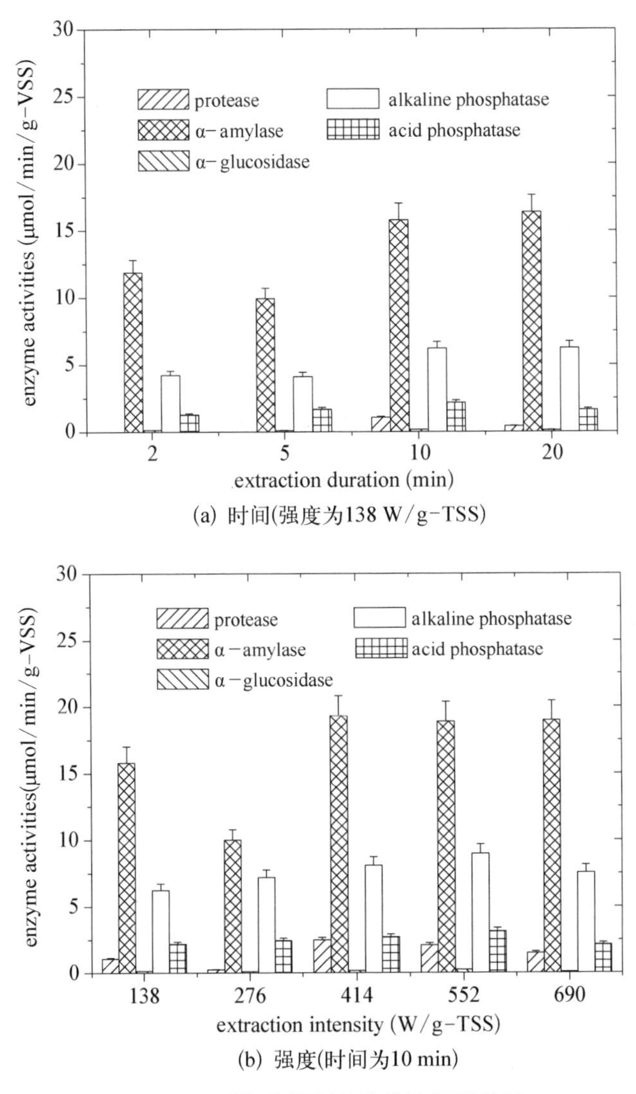

(a) 时间(强度为138 W/g-TSS)

(b) 强度(时间为10 min)

图 4-7 曝气池污泥的胞外酶提取效果

的[118, 138]。因此,超声波提取 EPS 中胞外酶的同时,也会释放出与之结合的金属阳离子。图 4-9 为不同条件下的超声波提取过程中金属离子的释放情况。由图可以看出,在超声波提取 EPS 中胞外酶的过程中,Ca^{2+} 和 Mg^{2+} 释放量较其他金属阳离子多。随超声时间和强度的增加,提取 EPS 过程中释放的金属阳离子量也增加,且在 10 min 和 552 W/g-TSS 条件下达到释放最大值。金属阳离子的这种释放趋势与胞外酶的提取是相同的。该结果表明,伴随着胞外酶的提取和金属阳离子的释放,污泥絮体的破坏程度随超声时间和强度增加而增加。

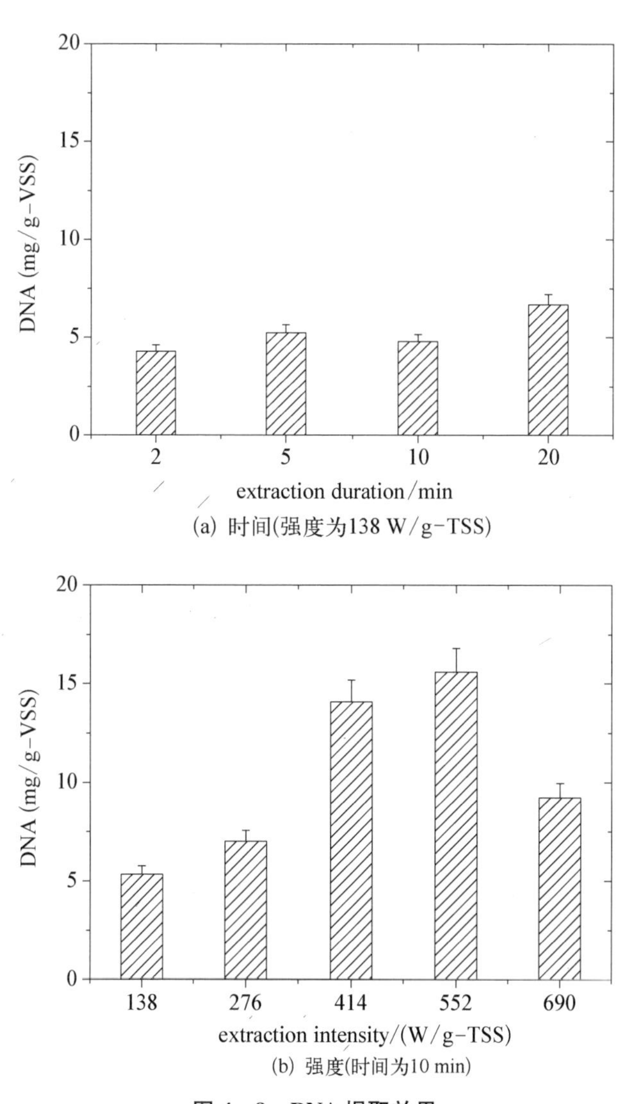

(a) 时间(强度为138 W/g-TSS)

(b) 强度(时间为10 min)

图4-8　DNA提取效果

在超声强度为138 W/g-TSS、超声时间小于20 min时，随着超声时间的增加，仅金属阳离子释放量增加；而在超声时间达到20 min时，金属阳离子的释放量和类型(包括Zn^{2+}和Cu^{2+})同时增加。此外，随着超声强度的增加，金属阳离子的释放量和类型(Zn^{2+}、Cu^{2+}、Fe^{3+}和Al^{3+})均增加。上述结果均表明，高的超声强度可以提取更多类型的胞外酶，而低的超声强度仅能提取部分高含量的胞外酶。Gronroos等[8]也表明，高的超声功率和低的超声时间比低的超声功率和高的超声时间更有效。

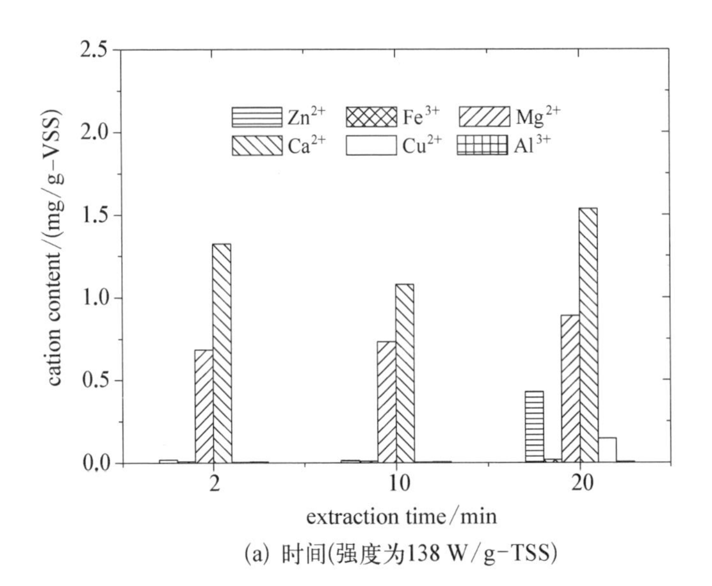

(a) 时间(强度为138 W/g-TSS)

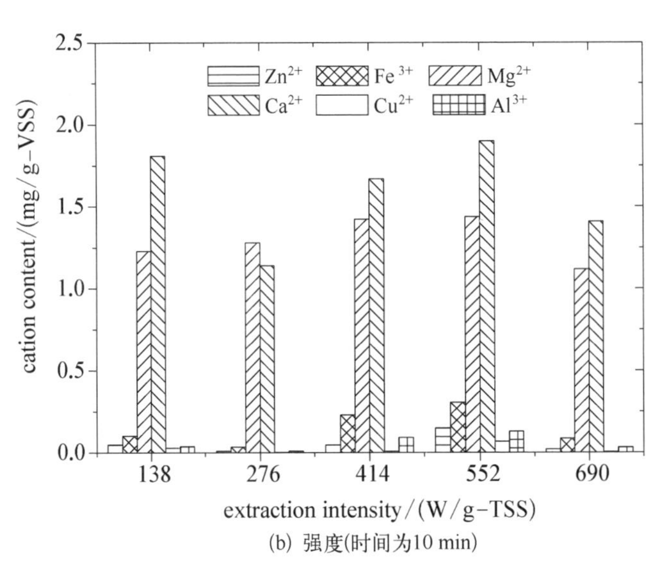

(b) 强度(时间为10 min)

图 4-9　金属阳离子提取效果

表 4-9 列出了超声波提取 EPS 过程中释放的胞外酶和金属阳离子的泊松相关性分析结果。在测定的 6 种金属阳离子中，Fe^{3+} 和 Al^{3+} 与蛋白酶显著相关；Fe^{3+}、Al^{3+} 和 Ca^{2+} 与 α-葡糖苷酶显著相关；Fe^{3+}、Al^{3+}、Ca^{2+} 和 Mg^{2+} 与酸磷酸酯酶显著相关；而 α-淀粉酶与碱磷酸酯酶与 Ca^{2+} 和 Mg^{2+} 显著相关。相反，Zn^{2+}、Cu^{2+} 则不与测定的任何胞外酶显著相关。

表 4-9　胞外酶活性和金属阳离子的泊松相关性分析结果($n=10$)

金属离子	蛋白酶	α-淀粉酶	α-葡糖苷酶	碱磷酸酯酶	酸磷酸酯酶
Zn^{2+}	0.002	0.031	0.045	0.029	0.007
Fe^{3+}	0.859**	0.410*	0.691**	0.464*	0.593**
Mg^{2+}	0.482*	0.518*	0.482*	0.806**	0.885**
Ca^{2+}	0.408*	0.542**	0.640**	0.518*	0.557**
Cu^{2+}	0.000	0.037	0.076	0.037	0.015
Al^{3+}	0.830**	0.399*	0.711**	0.437*	0.564**

*,显著性水平为 0.05(2-尾);**,显著性水平为 0.01(2-尾)

基于泊松相关性分析结果,蛋白酶可能是与 Fe^{3+} 和 Al^{3+} 结合在一起的,α-葡糖苷酶可能是与 Fe^{3+}、Al^{3+} 是与 Ca^{2+} 结合在一起的,α-淀粉酶和碱磷酸酯酶可能分别是与 Ca^{2+} 和 Mg^{2+} 结合在一起的,而酸磷酸酯酶可能是与 Fe^{3+}、Al^{3+}、Ca^{2+} 和 Mg^{2+} 结合在一起的。同时,胞外酶和金属阳离子的相关关系还可用于预测不同方法提取胞外酶的效果。例如,硫化物方法只能提取 Fe^{3+},因此,该方法对蛋白酶、α-葡糖苷酶和酸磷酸酯酶可能会有较好的提取效果;CER 方法可以提取 Ca^{2+} 和 Mg^{2+},因此,该方法对 α-葡糖苷酶、α-淀粉酶、碱磷酸酯酶和酸磷酸酯酶有较好的提取效果,但对蛋白酶提取效果会较差。Gessesse 等[56]也已经证实,CER 方法提取蛋白酶效果较差。

4.3.3　不同类型污水处理厂胞外酶分布模式

1. 污泥絮体中胞外酶分布模式

图 4-10 为 14 个不同类型污水处理厂污泥絮体的 5 种胞外酶(蛋白酶、α-淀粉酶、α-葡糖苷酶、碱磷酸酯酶和酸磷酸酯酶)分布模式。由图可以看出,5 种胞外酶的总活性(supernatant+slime+LB-EPS+TB-EPS+Pellet)变化幅度较大,在 0.6～378 μmol/min/g-VSS。其中,α-淀粉酶含量最高,并按以下次序递减:碱磷酸酯酶、酸磷酸酯酶、蛋白酶和 α-葡糖苷酶。对 α-淀粉酶而言,16.8%～57.7%分布在 pellet 层,余下的几乎均匀分布在 EPS 网络中,即:supernatant(8.7%～32.0%),slime(6.1%～25.8%),LB-EPS(5.0%～28.8%)和 TB-EPS(7.1%～34.6%)。在 pellet、TB-EPS、LB-EPS、slime 和 supernatant 层,α-淀粉酶平均所占比例分别为 33.3%、19.8%、15.1%、13.3%和 18.5%。

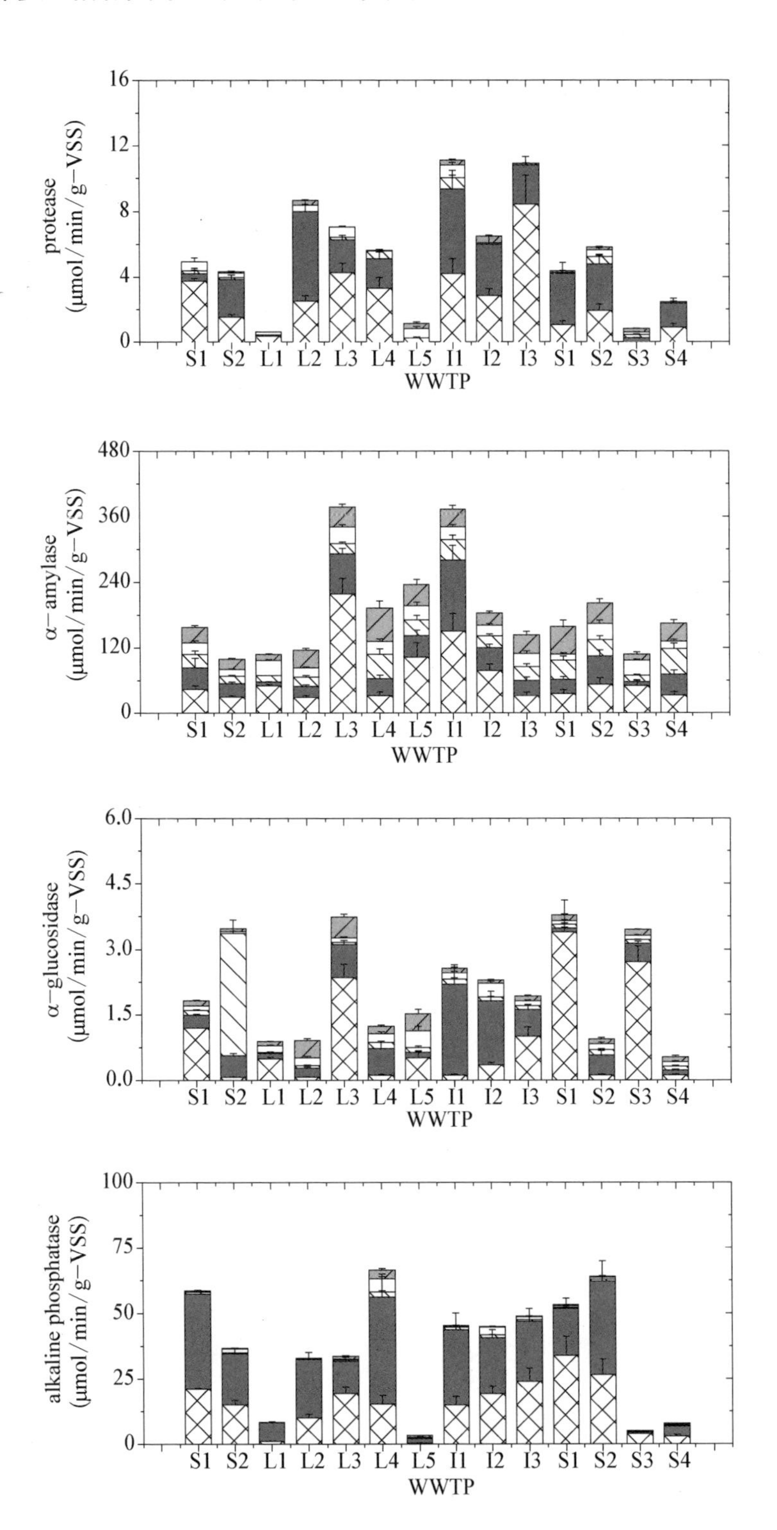
protease
(μmol/min/g-VSS)
α-amylase
(μmol/min/g-VSS)
α-glucosidase
(μmol/min/g-VSS)
alkaline phosphatase
(μmol/min/g-VSS)
S1 S2 L1 L2 L3 L4 L5 I1 I2 I3 S1 S2 S3 S4
WWTP

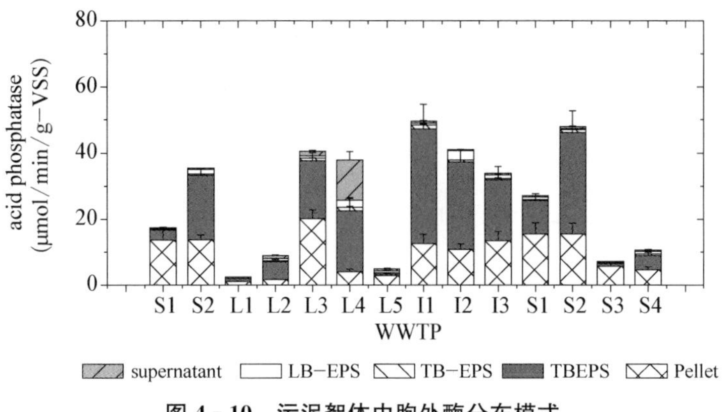

图 4-10　污泥絮体中胞外酶分布模式

蛋白酶、α-葡糖苷酶、碱磷酸酯酶和酸磷酸酯酶则主要(＞78%)分布在 pellet 和 TB-EPS 层,仅少量(＜22%)分布在 supernatant、slime 和 LB-EPS 层。其中,α-葡糖苷酶含量在 5 种研究的胞外酶中是最低的(＜1 μmol/min/g-VSS)。

图 4-11 为污泥絮体各层中胞外酶的 PC1 和 PC2 的载荷散点图。由图可以看出,蛋白酶提取出的 2 个主成分 PC1 和 PC2 分别解释了 37.3%和 24.2%的数据方差,即 2 个主成分总共解释了 61.5%的数据方差。因此,提取的 PCA 模型能较好地综合原始实验数据。从图中还可以看出,不同污泥絮体层的蛋白酶分布可以分成 2 组：一组为 supernatant、slime 和 LB-EPS 层;另一组为 pellet 和 TB-EPS 层。同时,pellet 和 TB-EPS 层在 PC2 方向上具有较高的正载荷值,而 supernatant、slime 和 LB-EPS 层在 PC2 方向上具有相近且较低的负载荷值。该结果说明,PC2 可能表示蛋白酶与污泥絮体的结合强度。

α-淀粉酶和 α-葡糖苷酶提取出的 2 个主成分 PC1 和 PC2 分别解释了 41.7%和 37.0%、32.2%和 29.6%的数据方差,即 2 个主成分总共分别解释了 78.7%和 61.8%的数据方差。因此,提取的 PCA 模型能较好地综合原始实验数据。从图中还可以看出,不同污泥絮体层的 α-淀粉酶与 α-葡糖苷酶在 PC1 和 PC2 的载荷图明显与蛋白酶不同,说明不同污泥絮体层的 α-淀粉酶和 α-葡糖苷酶分布模式与蛋白酶不同。

碱磷酸酯酶和酸磷酸酯酶提取出的 2 个主成分 PC1 和 PC2,分别解释了 64.7%和 23.5%、49.3%和 29.3%的数据方差,即 2 个主成分总共解释了 88.2%和 78.6%的数据方差。因此,提取的 PCA 模型能较好地综合原始实验数据。从图中还可以看出,不同污泥絮体层的碱磷酸酯酶和酸磷酸酯酶分布可以分成 2 组：一组为 supernatant、slime 和 LB-EPS 层;另一组为 pellet 和 TB-EPS

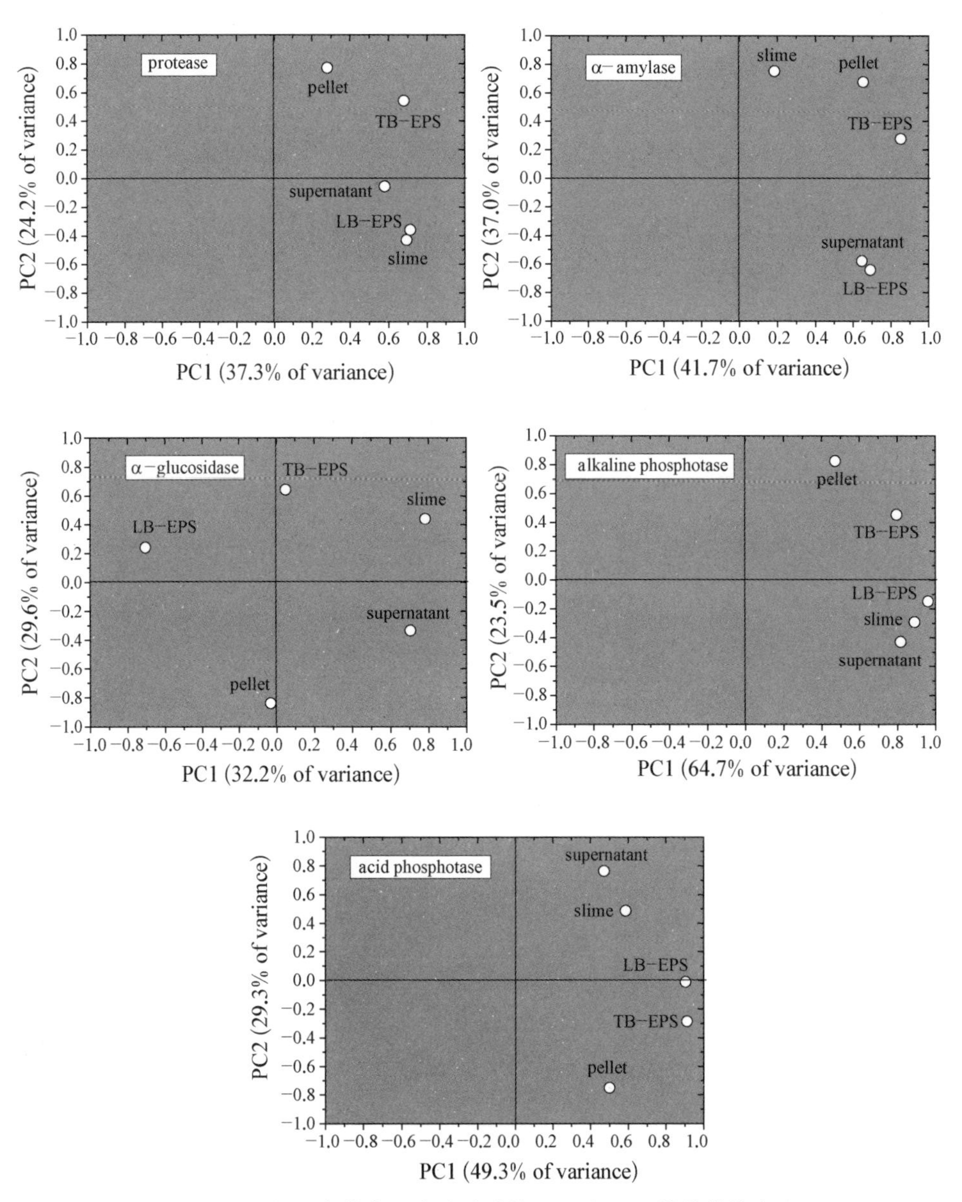

图 4－11　污泥絮体各层中胞外酶的 PC1 和 PC2 的载荷散点图

层。同时，supernatant、slime、LB－EPS、TB－EPS 和 pellet 中的碱磷酸酯酶和酸磷酸酯酶在 PC2 方向分别逐渐增加和减少，说明 PC2 可能表示碱磷酸酯酶和酸磷酸酯酶与污泥絮体的结合强度。

R－型因子分析用于研究 5 种胞外酶的分布。表 4－10 说明，前 7 个主成分的累积方差贡献率为 91.5％，即这 7 个主成分足以概括数据的特性。从图

表 4-10　总解释变量

component	initial eigenvalues			extraction sums of squared loadings			rotation sums of squared loadings		
	total	% of variance	cumulative %	total	% of variance	cumulative %	total	% of variance	cumulative %
1	7.867	31.466	31.466	7.867	31.466	31.466	6.453	25.810	25.810
2	5.554	22.214	53.680	5.554	22.214	53.680	3.723	14.892	40.703
3	2.914	11.657	65.337	2.914	11.657	65.337	3.530	14.122	54.824
4	2.593	10.371	75.708	2.593	10.371	75.708	3.123	12.491	67.315
5	1.455	5.821	81.529	1.455	5.821	81.529	2.364	9.455	76.771
6	1.252	5.007	86.537	1.252	5.007	86.537	2.241	8.965	85.736
7	1.244	4.977	91.513	1.244	4.977	91.513	1.444	5.778	91.513
8	0.738	2.951	94.464						
9	0.508	2.032	96.496						
10	0.410	1.638	98.134						
11	0.251	1.004	99.139						
12	0.145	0.581	99.720						

续 表

component	initial eigenvalues			extraction sums of squared loadings			rotation sums of squared loadings		
	total	% of variance	cumulative %	total	% of variance	cumulative %	total	% of variance	cumulative %
13	0.070	0.280	100.000						
14	4.127E−16	1.651E−15	100.000						
15	3.429E−16	1.372E−15	100.000						
16	2.687E−16	1.075E−15	100.000						
17	1.894E−16	7.575E−16	100.000						
18	1.018E−16	4.072E−16	100.000						
19	6.940E−17	2.776E−16	100.000						
20	−3.324E−17	−1.330E−16	100.000						
21	−1.009E−16	−4.036E−16	100.000						
22	−2.036E−16	−8.146E−16	100.000						
23	−2.693E−16	−1.077E−15	100.000						
24	−5.035E−16	−2.014E−15	100.000						
25	−5.529E−16	−2.212E−15	100.000						

extraction method：principal component analysis

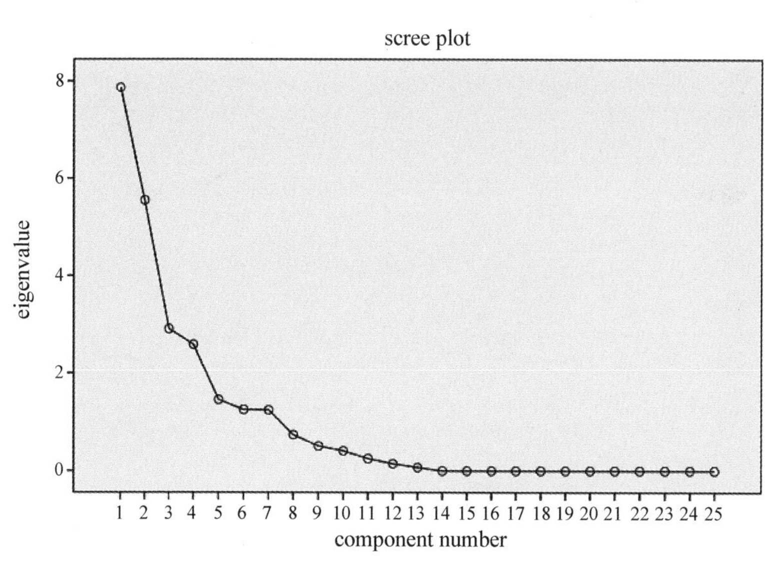

图 4 - 12　主成分的碎石图

4 - 12可以看出，前 7 个点之间的高度(距离)明显陡峭，这种坡称为“碎石坡”，而后面各点之间的坡度相对平坦些，而形成“平坡”；表明在“山脚下”包含了许多无关紧要的主成分(碎石)。而平坡和陡坡之间的断点起着分界的作用，陡点是有决定意义的主成分。因此，选择 7 个主成分是合适的。communalities 为因子的共通性，即每个变量对总体方差的贡献率。表 4 - 11 表明，所有变量的初始统计量均大于 0.827。

表 4 - 11　共 通 度

variables	communalities		variables	communalities	
	initial	extraction		initial	extraction
pro1*	1.000	0.943	amy4	1.000	0.911
pro2	1.000	0.957	amy5	1.000	0.848
pro3	1.000	0.851	glu1	1.000	0.869
pro4	1.000	0.921	glu2	1.000	0.909
pro5	1.000	0.901	glu3	1.000	0.979
amy1	1.000	0.873	glu4	1.000	0.954
amy2	1.000	0.878	glu5	1.000	0.964
amy3	1.000	0.869	alk1	1.000	0.961

续　表

variables	communalities		variables	communalities	
	initial	extraction		initial	extraction
alk2	1.000	0.875	aci2	1.000	0.827
alk3	1.000	0.993	aci3	1.000	0.935
alk4	1.000	0.939	aci4	1.000	0.955
alk5	1.000	0.967	aci5	1.000	0.951
aci1	1.000	0.848			

＊注：变量(variables)中数字1表示supernatant,2表示slime,3表示LB－EPS,4表示TB－EPS,5表示pellet

图4－12为转轴后的7因子载荷图。由图可以看出,F1表示疏松结合(包括supernatant、slime和LB－EPS)的蛋白酶、碱磷酸酯酶和酸磷酸酯酶;F2表示紧密结合(包括TB－EPS和pellet)的葡糖苷酶和酸磷酸酯酶;F3表示疏松结合(包括supernatant和LB－EPS)及紧密结合(pellet)的淀粉酶;F4表示紧密结合(包括TB－EPS和pellet)的蛋白酶和碱磷酸酯酶;F5表示疏松结合(包括supernatant和slime)的葡糖苷酶;F6表示疏松结合的淀粉酶(slime)和酸磷酸酯酶(supernatant)及紧密结合(TB－EPS)的淀粉酶;F7仅表示疏松结合(LB－EPS)的葡糖苷酶。综上,提取的7个主成分有具体的意义。

由于文献中的胞外酶分布模式并未基于污泥絮体的分层结构,而本研究胞外酶分布模式是基于污泥絮体分层得出的;因此,本研究的结论并不能与文献中的结果进行直接对比。同时,本文的结果是基于14个不同类型污水处理厂的污泥,因此,可表明该胞外酶分布模式不是针对某种特定污水而言的,而是具有普适性。所以,本研究结果表明,污泥絮体中胞外酶的分布模式并不受污水来源、处理工艺及具体污泥性质的影响,而是所有污泥絮体固有的分布模式。

探明污泥中的胞外酶分布模式,对回收污泥中酶资源并进一步资源化利用及污泥管理都有重要的意义。本研究表明,在资源化利用污泥中酶资源时,可以仅提取剩余污泥中pellet和TB－EPS层中的胞外酶,而不必考虑胞外酶含量低的其他污泥絮体层。具体而言,操作者可以采用低速离心(＜5 000g)方法去除剩余污泥中的其他部分,然后采用超声波破碎离心后的剩余污泥,并用高速离心方法回收酶资源。该回收的酶资源可以回用于污水处理工艺,提高污水处理效率。

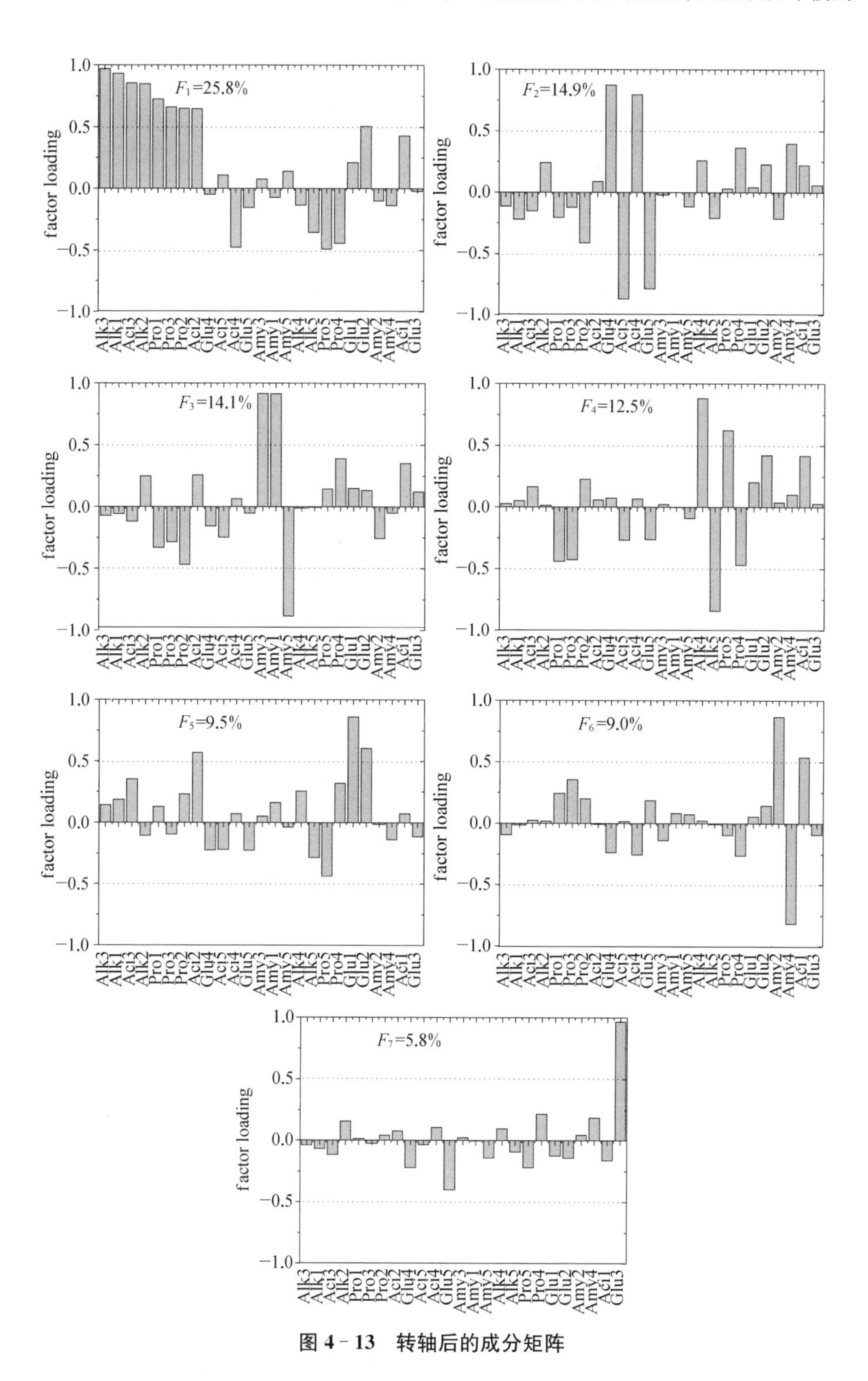

图 4 - 13　转轴后的成分矩阵

2. 污水处理工艺和特征对胞外酶的影响

本研究中，污水处理工艺根据溶解氧水平对工艺进行编号，SBR 工艺具有较高的溶解氧，记为 1＃；AO、A^2O、MBR 和 UASB 按溶解氧的减少依次记为 2—5＃。表 4 - 12 与表 4 - 13 列出了污水工艺和污水特征与胞外酶的泊松相关性分析结果。污泥处理工艺、TSS、VSS、COD、pH 和电导率和蛋白酶均无显著相关性（$R>0.01$，$p>0.05$）；而 supernatant 和 LB - EPS 层中 α -淀粉酶则与污水处理工艺有显著相关性（$R>0.55$，$p<0.05$）。此外，SCOD 与 supernatant 层中 α -葡糖苷酶、碱磷酸酯酶和酸磷酸酯酶有显著相关性（$R>0.61$，$p<0.05$），表明可溶性有机质与可溶性的胞外酶分布有关。污水中蛋白质含量与蛋白酶活性有相关性（$R<0.52$，$p>0.05$）；而污水中蛋白质含量与 supernatant 和 slime 层中蛋白酶有显著相关性（$R>0.79$，$p<0.05$）。此外，多糖与所有 14 个污水处理厂污泥中 supernatant 和 LB - EPS 层中的 α -淀粉酶有显著相关性（$R>0.74$，$p<0.05$）。对于生活垃圾源的污泥，污水中多糖与 slime 和 LB - EPS 层中的 α -葡糖苷酶有显著相关性（$R>0.76$，$p<0.05$）。

表 4 - 12　酶活性和污水特征的 Pearson 相关性分析　　($n=14$)

酶类型		处理工艺	TSS	VSS	COD	SCOD	pH	conductivity
蛋白酶	supernatant	−0.34	−0.27	−0.20	0.039	−0.14	−0.02	−0.38
	slime	−0.37	−0.33	−0.07	0.24		0.04	0.00
	LB-EPS	0.11	−0.37	−0.29	0.11		−0.12	0.37
	TB-EPS	0.01	0.07	−0.13	−0.08		−0.02	−0.09
	pellet	−0.14	−0.14	−0.27	−0.45		−0.43	−0.09
	sludge	−0.13	0.17	−0.05	−0.22		−0.30	−0.40
α-淀粉酶	supernatant	0.67**	0.05	−0.52	−0.51	0.44	0.17	0.38
	slime	−0.19	−0.23	0.10	0.30		0.18	0.45
	LB-EPS	0.55*	−0.15	−0.61*	−0.55[b]		0.01	0.29
	TB-EPS	0.01	−0.23	−0.28	−0.09		−0.26	0.05
	pellet	0.00	−0.05	−0.02	0.16		0.00	0.11
	sludge	0.07	−0.09	−0.35	−0.19		−0.03	−0.26

续　表

酶类型		处理工艺	TSS	VSS	COD	SCOD	pH	conductivity
α-葡糖苷酶	supernatant	−0.08	−0.11	−0.15	0.12	0.62*	0.58*	0.19
	slime	−0.16	−0.30	−0.21	−0.24		0.28	0.10
	LB-EPS	−0.10	−0.08	0.11	0.02		−0.41	−0.25
	TB-EPS	−0.13	−0.20	−0.12	−0.06		−0.47	−0.08
	pellet	0.40	0.55*	0.12	0.24		−0.08	−0.33
	sludge	0.54*	0.38	−0.19	−0.14		−0.26	−0.20
碱磷酸酯酶	supernatant	0.48	−0.12	−0.28	−0.26	0.64*	0.16	0.66*
	slime	0.35	−0.16	−0.25	−0.48		−0.20	0.39
	LB-EPS	0.34	−0.23	−0.34	−0.48		−0.25	0.42
	TB-EPS	0.07	−0.20	−0.23	−0.40		−0.34	0.24
	pellet	0.42	0.28	−0.20	−0.44		−0.49	−0.18
	sludge	0.08	−0.21	−0.32	−0.54[b]		−0.62*	−0.01
酸磷酸酯酶	supernatant	0.42	−0.11	−0.21	−0.20	0.61*	0.19	0.67**
	slime	0.18	−0.13	−0.27	−0.56[b]		−0.27	0.03
	LB-EPS	0.35	−0.27	−0.42	−0.27		−0.21	0.44
	TB-EPS	0.18	−0.16	−0.25	−0.30		−0.48	0.13
	pellet	0.25	0.11	−0.19	−0.29		−0.64*	−0.26
	sludge	0.33	−0.10	−0.33	−0.48		0.41	0.25

表 4-13　胞外酶活性和污水中蛋白质和多糖的 Pearson 相关性分析　　($n = 14$)

酶类型		所有 14 个污水处理厂		渗滤液污水处理厂		工业污水处理厂	
		PN	PS	PN	PS	PN	PS
蛋白酶	supernatant	0.49	−0.20	0.79*	0.42	−0.16	−0.51
	slime	0.11	0.18	0.80*	0.32	−0.31	0.36
	LB-EPS	−0.36	0.39	0.07	0.74*	−0.19	0.24
	TB-EPS	0.52	0.18	0.02	−0.22	−0.73	0.55
	pellet	0.20	0.30	−0.17	0.00	0.15	0.32

续　表

酶类型		所有14个污水处理厂		渗滤液污水处理厂		工业污水处理厂	
		PN	PS	PN	PS	PN	PS
α-淀粉酶	supernatant	−0.05	0.75*	0.20	0.74*	−0.69	0.86*
	slime	−0.07	0.05	−0.06	0.00	0.49	−0.34
	LB-EPS	−0.38	0.92**	0.11	0.74*	−0.59	0.82*
	TB-EPS	−0.28	0.59	0.46	0.46	−0.47	0.47
	pellet	−0.27	0.44	0.38	0.20	−0.31	0.07
α-葡糖苷酶	supernatant	0.98**	−0.31	0.80*	0.42	0.40	−0.02
	slime	0.65	0.18	0.69	0.76*	−0.30	−0.38
	LB-EPS	−0.20	−0.55	0.34	0.86*	−0.13	0.41
	TB-EPS	−0.23	0.27	−0.14	0.20	−0.23	−0.06
	pellet	−0.24	0.04	0.16	−0.01	0.19	−0.25
碱磷酸酯酶	supernatant	−0.39	0.96**	−0.24	0.45	−0.63	0.94**
	slime	−0.40	−0.20	−0.34	0.36	−0.26	−0.34
	LB-EPS	−0.50	0.67	−0.29	0.42	−0.61	−0.00
	TB-EPS	0.06	0.31	−0.43	0.08	−0.57	0.49
	pellet	−0.29	0.45	−0.15	0.06	−0.58	0.44
酸磷酸酯酶	supernatant	0.75	0.04	−0.36	0.34	−0.51	0.79*
	slime	0.08	−0.31	−0.14	0.47	−0.27	−0.33
	LB-EPS	−0.41	0.67	−0.05	0.53	−0.52	0.46
	TB-EPS	−0.38	0.42	−0.23	0.19	−0.53	0.33
	pellet	−0.70	0.42	0.15	0.10	−0.58	0.51

*，显著性水平为0.05(2-尾)；**，显著性水平为0.01(2-尾)

4.4 本章小结

(1) DNA含量和FT-IR谱图表明，与对照法(离心)相比，物理方法(CER

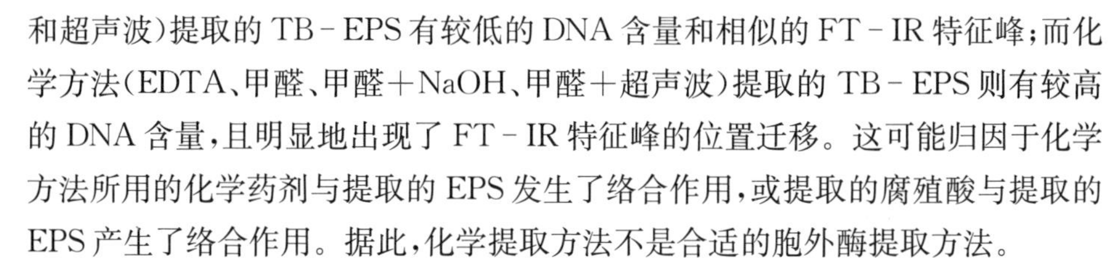

和超声波)提取的 TB - EPS 有较低的 DNA 含量和相似的 FT - IR 特征峰;而化学方法(EDTA、甲醛、甲醛＋NaOH、甲醛＋超声波)提取的 TB - EPS 则有较高的 DNA 含量,且明显地出现了 FT - IR 特征峰的位置迁移。这可能归因于化学方法所用的化学药剂与提取的 EPS 发生了络合作用,或提取的腐殖酸与提取的 EPS 产生了络合作用。据此,化学提取方法不是合适的胞外酶提取方法。

(2) 超声波方法具有较好的胞外酶提取效果,其最优提取条件为 20 kHz、10 min和 552 W/g - TSS。在该最优提取条件下,超声波方法可以破坏较少量细胞,同时提取胞外酶和少部分胞内酶。超声强度对胞外酶的提取比超声时间更敏感。因此,控制超声强度比超声时间更重要。超声波方法兼有较高的胞外酶提取效率和较低的细胞破坏能力,是一种从污泥絮体中提取胞外酶的有效和温和的方法。

(3) 基于污泥絮体多层结构的胞外酶分布模式,不受污水来源、处理工艺及具体污泥性质的影响,而是污泥絮体中固有的分布模式。在所研究的 5 种胞外酶中,α-淀粉酶的分布模式与其他 4 种水解酶明显不同:α-淀粉酶几乎均匀地分布在污泥絮体各层中,而蛋白酶、葡萄苷酶、碱磷酸酯酶和酸磷酸酯酶则主要分布在污泥絮体的 pellet 层和 TB - EPS 层,在 slime 层和 LB - EPS 层分布较少,在 supernatant 层则几乎没有。因此,α-淀粉酶是固定在 EPS 网络中的胞外酶,而其他 4 种水解酶是结合在细胞表面的胞上酶。此外,α-淀粉酶含量最高,依次是碱磷酸酯酶、酸磷酸酯酶、蛋白酶和 α-葡糖苷酶。

(4) 探明污泥絮体中的胞外酶分布模式,对资源化利用污泥中酶资源及发展新的污泥管理模式都有重要意义。在资源化利用污泥中胞外酶资源时,可以仅提取剩余污泥中 pellet 和 TB - EPS 层中胞外酶,不必考虑胞外酶含量低的其他污泥絮体层。具体而言,操作者可以采用低速离心(＜5 000g)方法去除剩余污泥中的其他部分,然后采用超声波破碎离心后的剩余污泥,并用高速离心方法回收酶资源。该回收的酶资源可以回用于污水处理工艺,提高污水处理效率。

第5章 超声波预处理调控消化过程中脱水性能和消化性能

5.1 概　　述

超声波处理作为一种污泥物化预处理手段，通过超声空化作用产生的局部高温、高压和极强的剪切力[74]，可使生物难降解的有机物在声化学反应下分解，促进胞内溶解性有机物释放，表现为污泥可溶性 COD(SCOD)占总 COD 的比例上升，改善污泥有机物的微生物可利用性[75]。

通过超声波对污泥絮体的破碎作用，还能促进絮体束缚的胞外酶的释放，有助于污泥中大分子有机组分的生物代谢。例如，污泥有机组分中含量最高的蛋白质，通常其分子量(MW>10 000)，必须被蛋白酶水解为小分子(MW<1 000)后，才能被微生物利用[53]。这也是超声波处理可以提高污泥生物消化效率的原因。

与超声波预处理对污泥消化性能有明显的促进作用相比，超声波预处理对污泥脱水性能的影响则比较复杂[91]。一方面，超声波预处理破坏了 EPS 结构，而 EPS 是高含水基质，同时其主要有机组成(如蛋白质和多糖)也是重要的束水有机物，因此，提高了污泥的脱水性能；另一方面，超声波预处理减小了污泥絮体粒径，导致过滤时滤饼堵塞，吸附水的表面积增大，又可能降低污泥脱水性能。

本研究通过超声波预处理调控污泥絮体中的有机质组分和分布(空间结构)特征，释放污泥絮体内层中的蛋白质、多糖及胞外酶到外层，创造有机质与胞外酶充分接触的环境，达到更有效及更迅速地降解后续厌氧/好氧消化工艺中可溶性有机物的效果，进而达到同时改善后续厌氧/好氧消化工艺中污泥脱水性能和

消化性能的目的。

5.2 材料与方法

5.2.1 实验材料

取自上海市某城市污水处理厂曝气池的污泥，用于超声波预处理及好氧/厌氧消化试验。污泥取回后，经过 2 h 的静置沉淀，撇去上清液，得到浓缩污泥。浓缩污泥再过 1.2 mm 孔径筛，用于后续的实验研究。好氧消化与厌氧消化所用浓缩污泥，取样时间为 2007 年 5 月和 2008 年 8 月，分别称之为浓缩污泥 A 和 B，其基本性质分别见表 5-1 和表 5-2。

表 5-1　浓缩污泥 A 基本性质

TSS /(g・L^{-1})	VSS /(g・L^{-1})	盐度 /ppt	电导率 /(μs・cm^{-1})	COD /(mg・L^{-1})	SCOD /(mg・L^{-1})
15.9	14.6	0.3	574	(20 940±53)	(68±9)

表 5-2　浓缩污泥 B 基本性质

TSS /(g・L^{-1})	VSS /(g・L^{-1})	盐度 /ppt	电导率 /(μs・cm^{-1})	COD /(mg・L^{-1})	SCOD /(mg・L^{-1})
13.6	6.87	0.2	331	(18 700±325)	(94±5)

5.2.2 实验方法

1. 超声波预处理

超声波预处理设备和方法，详见 2.5.1 节。

2. 污泥好氧消化

污泥好氧消化方法，详见 2.5.2 节。

3. 污泥厌氧消化

污泥厌氧消化方法，详见 2.5.3 节。

5.3 结果与讨论

5.3.1 超声波预处理提高污泥好氧消化性能研究

1. 超声波预处理最优条件选择

超声波预处理可使污泥中不易被微生物利用的颗粒状物质,转化为易被微生物利用的可溶性物质。SCOD/COD 常用于评估超声波预处理对可溶性有机物的释放效果。图 5-1 为不同超声波预处理时间和能量密度条件下 SCOD/COD 的变化。

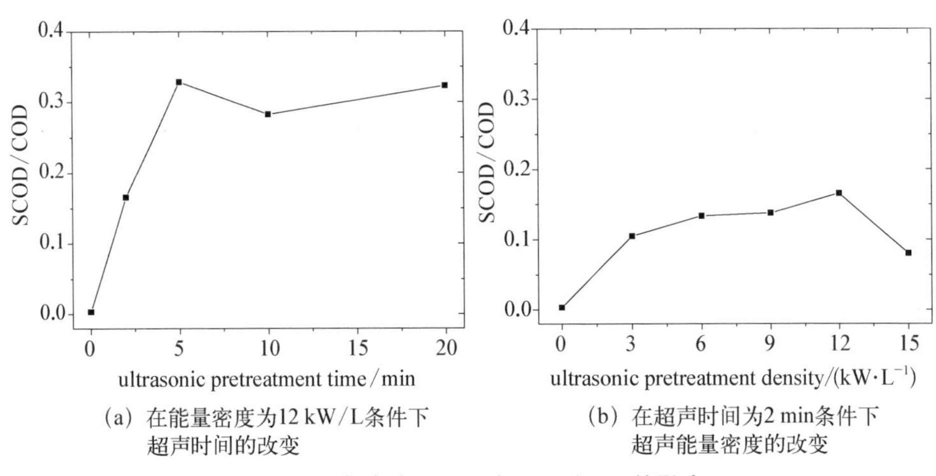

(a) 在能量密度为12 kW/L条件下超声时间的改变

(b) 在超声时间为2 min条件下超声能量密度的改变

图 5-1 超声波预处理对 SCOD/COD 的影响

原污泥中 SCOD/COD 为 0.004,说明原污泥以颗粒态有机物为主。在能量密度为 12 kW/L 条件下,超声预处理 2 和 5 min,SCOD/COD 分别迅速增加到 0.17 和 0.33;超声预处理 5 min 后,SCOD/COD 达到一个平台(约 0.30),变化较少;在超声时间为 2 min 时,能量密度为 3 kW/L,SCOD/COD 增加到 0.11,尔后直至 12 kW/L,SCOD/COD 维持在 0.13~0.17 水平,能量密度为 15 kW/L,SCOD/COD 则迅速下降到 0.08。

上述研究结果表明,超声波预处理大幅度地提高了 SCOD/COD,使污泥絮体中大量不易被微生物利用的颗粒状物质,转化为易被微生物利用的可溶性物质。超声波预处理导致的 SCOD 增加,可能是由于絮体的分散促进了胶体和可溶物进入溶液中。从超声波预处理后 SCOD/COD 及 slime 层中的蛋白质、多糖和胞外酶含量的变化(图5-2、图5-3和图5-4)可知,超声波预处理的最佳条件为10 min和3 kW/L,此时不但不破坏污泥絮体中的细胞,而且还最大限度地释放了EPS固定的胞外有机质和胞外酶。在此最优条件下,污泥絮体有较好的分散效果(图5-5)。

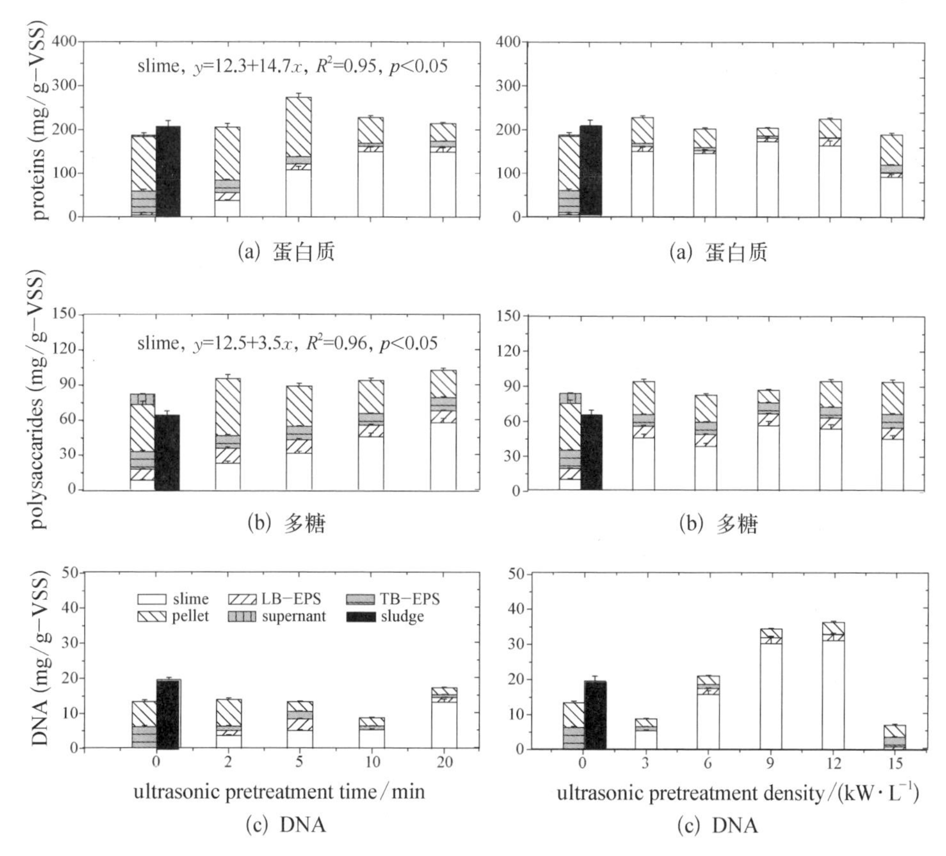

图5-2 超声波预处理时间和能量密度对化学组分释放的影响

王芬和季民[77]在能量密度为1.44 kW/L的条件下,对含固率为1%和0.5%的污泥进行超声处理。结果发现,随着超声时间的延长,含固率为1%污泥的SCOD呈线性增加趋势;而对于含固率为0.5%的污泥,则随时间的延长,SCOD增加减缓。这说明SCOD随时间的释放变化可能与输入能量和含固率的比值有关,即对于同种污泥,能量过高会影响表观SCOD释放,这与本研究的结论一致。

2. 好氧消化效果

超声波预处理不会引起污泥的矿化和挥发[86, 139]。因此,生物降解是超声波预处理后,好氧消化过程中污泥减量的主要因素。本研究中,TSS和VSS被

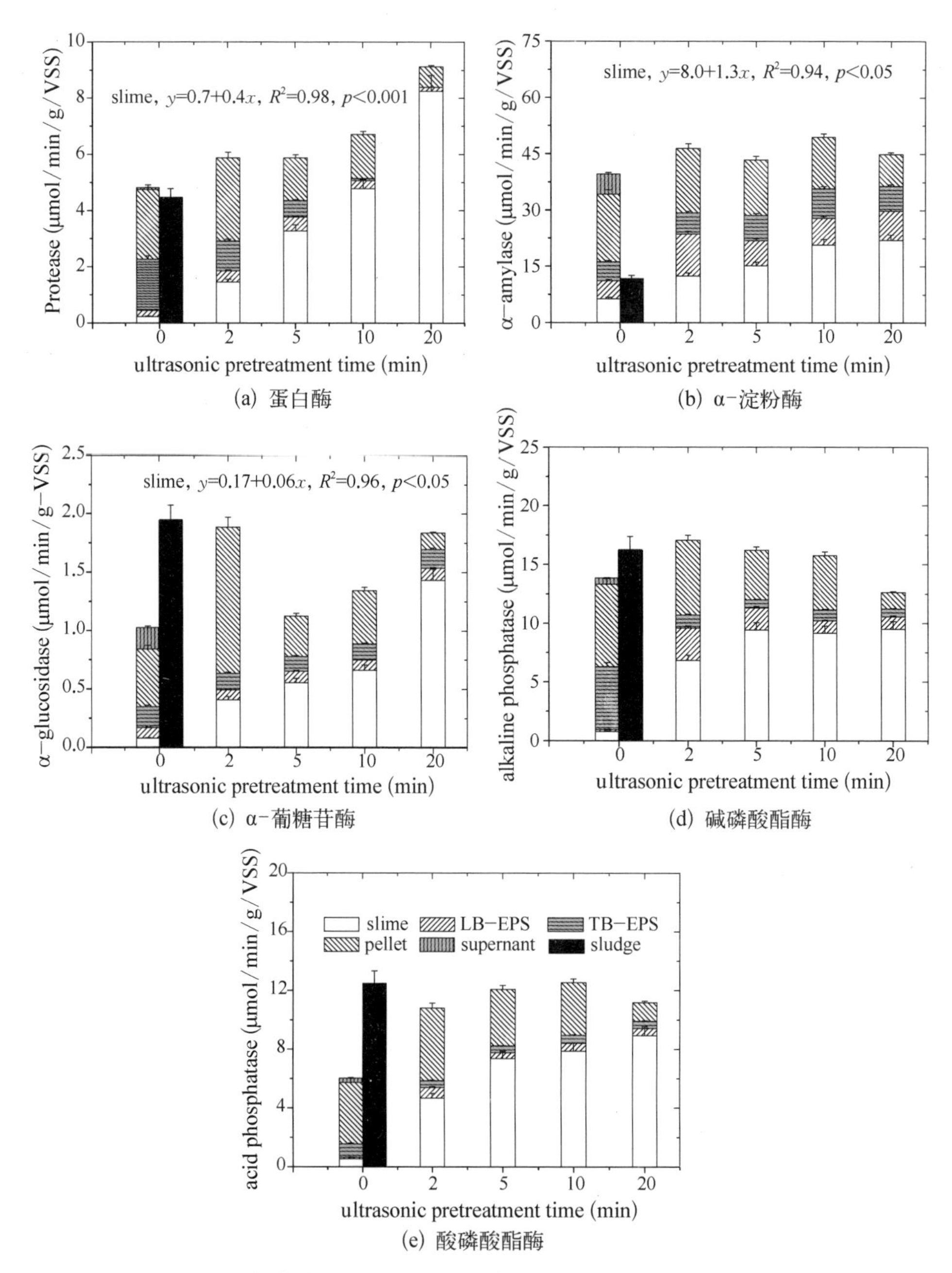

图 5-3 超声波预处理时间(能量密度为 3 kW/L)对酶释放的影响

用作评价污泥减量的指标。图 5-6 为超声波预处理与无预处理工况条件下,污泥好氧消化效果的比较结果。

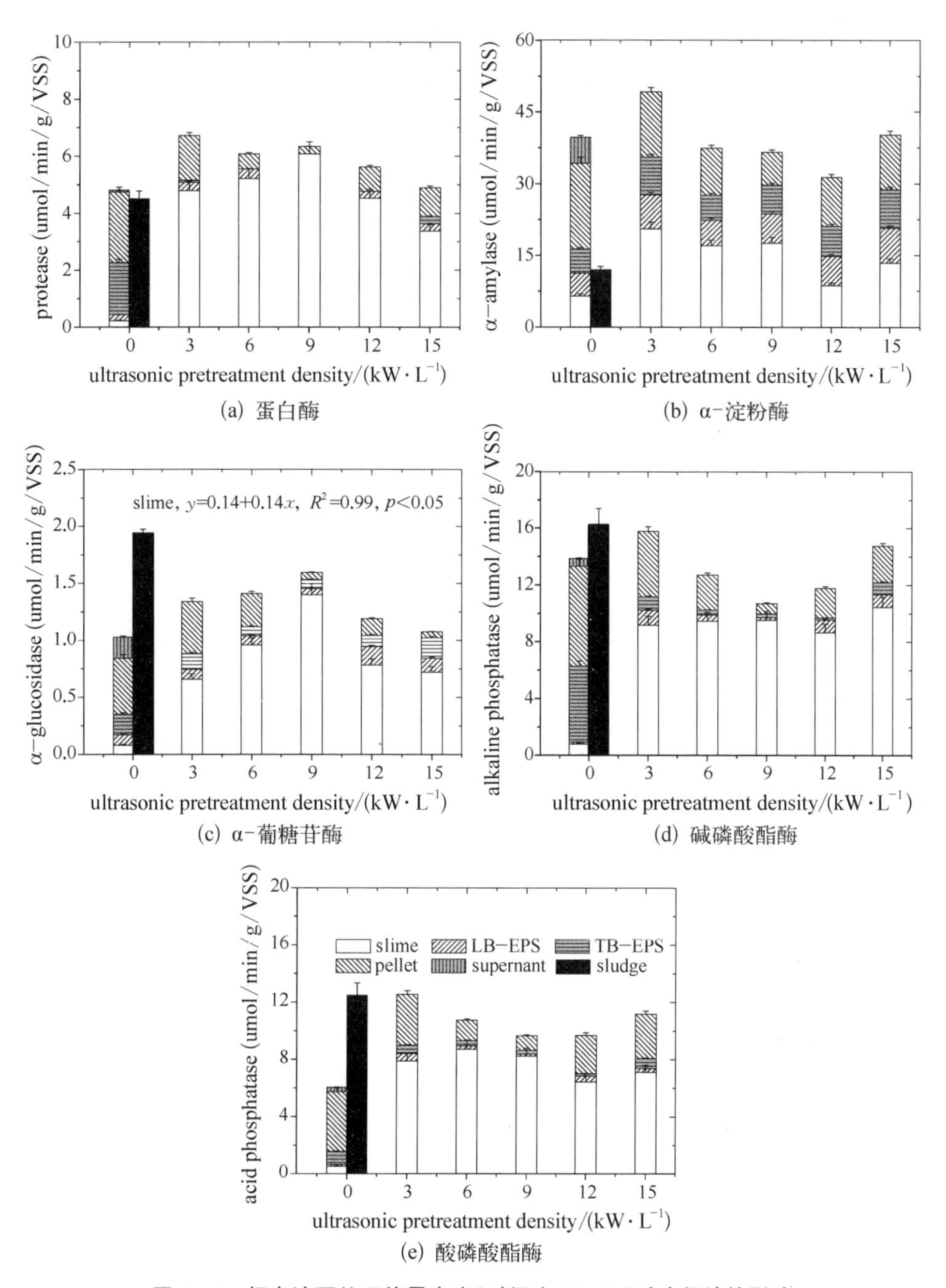

(a) 蛋白酶　(b) α-淀粉酶　(c) α-葡糖苷酶　(d) 碱磷酸酯酶　(e) 酸磷酸酯酶

图 5-4　超声波预处理能量密度(时间为 10 min)对酶释放的影响

从图中可以看出，由于超声波预处理将有机物从不溶态转化为可溶态，导致超声波预处理后污泥的 TSS 和 VSS 比原污泥分别减少 11.8%和 6.9%。好氧

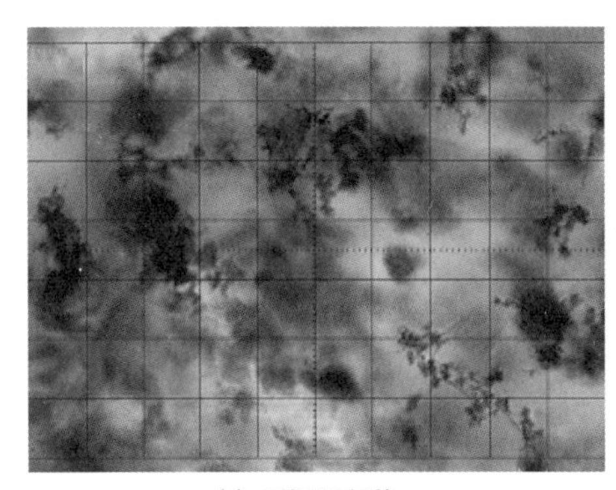
(a) 原污泥絮体

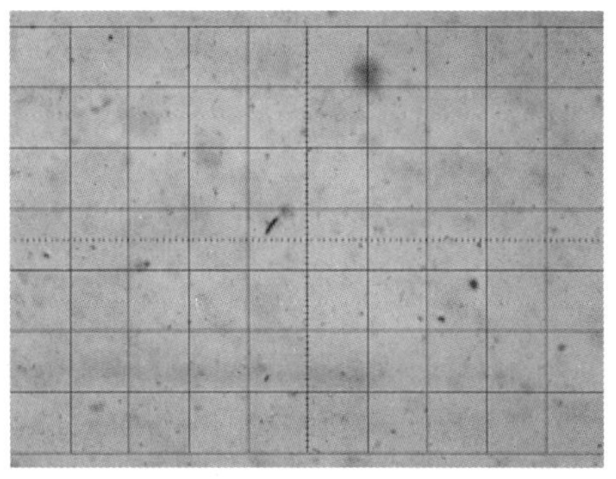
(b) 超声波处理后污泥絮体

图 5-5　超声波预处理(10 min 和 3 kW/L)污泥絮体形态的影响

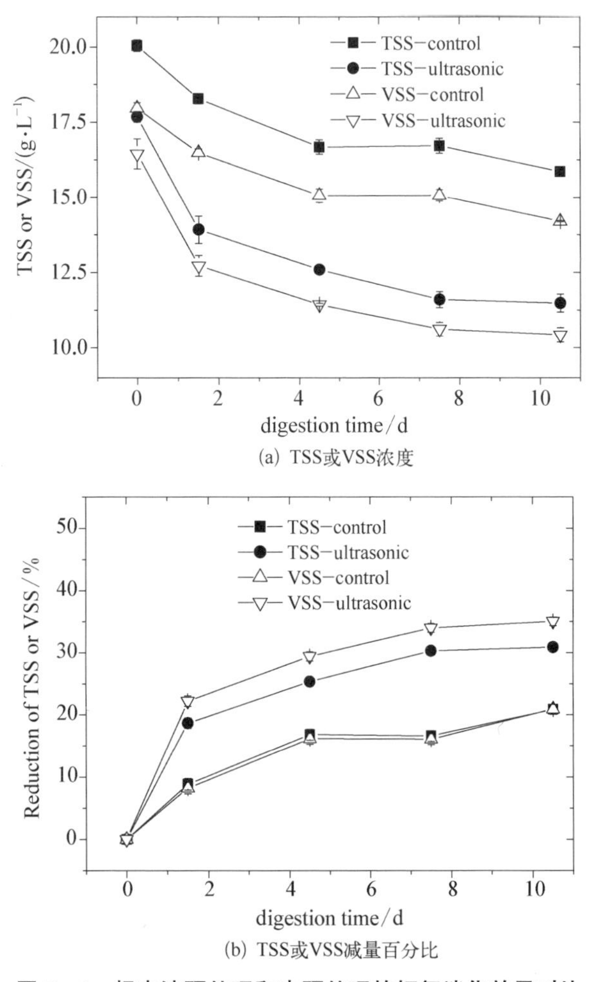

(a) TSS或VSS浓度

(b) TSS或VSS减量百分比

图 5-6　超声波预处理和未预处理的好氧消化效果对比

消化1.5 d,超声波预处理的反应器中,污泥TSS和VSS分别降低约18.7%和22.2%,而无预处理的反应器中,污泥TSS和VSS仅分别降低约8.9%和8.2%;好氧消化10.5 d,超声波预处理的反应器中,污泥TSS和VSS分别降低约30.9%和35.0%,而无预处理的反应器中,污泥TSS和VSS仅分别降低约20.9%和20.9%。以上结果表明,超声波预处理能明显提高后续污泥好氧消化效率和污泥降解程度。

以前的同类研究结果也表明,超声波预处理可以提高后续好氧消化的性能,缩短消化时间。Ding等[84]研究发现,超声波预处理(28 kHz, 0.90 kW/L, 10 min)后,污泥好氧消化10～14 d,TSS去除率达到40%以上;而未处理的污泥则需17 d,才能使TSS去除率达到40%以上。Sangave等[75]表明,超声波预处理(22.5 kHz, 0.12 kW/L, 30 min)后,好氧消化48 h,污泥COD去除率可高达13%;而未处理的污泥消化后,COD去除率仅为1.8%。Khanal等[140]研究表明,污泥经超声预处理(20 kHz, 1.5 kW, 10 min)后,好氧消化8 d时,污泥VSS减少20%;而无预处理污泥的好氧消化中,污泥VSS仅减少13%。

3. 好氧消化过程中的酶活性

污泥好氧消化过程中有机质的降解是微生物直接作用的结果。因此,测定污泥好氧消化过程中的酶活性是很重要的。图5-7为超声波预处理和无超声波预处理污泥的好氧消化过程中,污泥絮体中蛋白酶、α-淀粉酶、α-葡糖苷酶、碱磷酸酯酶和酸磷酸酯酶的活性变化。从图中可以看出,不管有无超声波预处理,好氧消化过程中胞外酶的活性都要比原污泥低。Teuber和Brodisch[57]也表明,污泥饥饿实验(即仅曝气而不进料)1 d,酶的活性都降低。该饥饿实验与本研究的好氧消化实验结果类似。

原污泥中较高的酶活性可能与污泥中较高的营养物和较高的C/N有关[141, 142]。本研究中,原污泥与超声波预处理后污泥的C/N分别为5.3和5.8;该趋势和酶的趋势一致,即超声波预处理后酶活性提高。在污泥絮体中,蛋白酶和α-淀粉酶活性要比其他酶活性高;同时,在好氧消化过程中,这两种酶活性也降低更快。消化时间为1.5 d时,蛋白酶和碱磷酸酯酶活性最低;而在消化时间为7.5 d时,其他酶活性降到最低。超声波预处理后,酶活性在消化过程中降低得更多。

4. 超声波预处理提高好氧消化效果的机制

一般认为,超声波预处理的机制有空穴、加热、机械压力和湍流等[143]。Schlafer等[144]表明,超声波可以提高生物反应器中的生物活性(耗氧呼吸速率,OUR)。Tiehm等[6]认为超声波破碎了污泥絮体,使原本包裹在污泥絮体中的

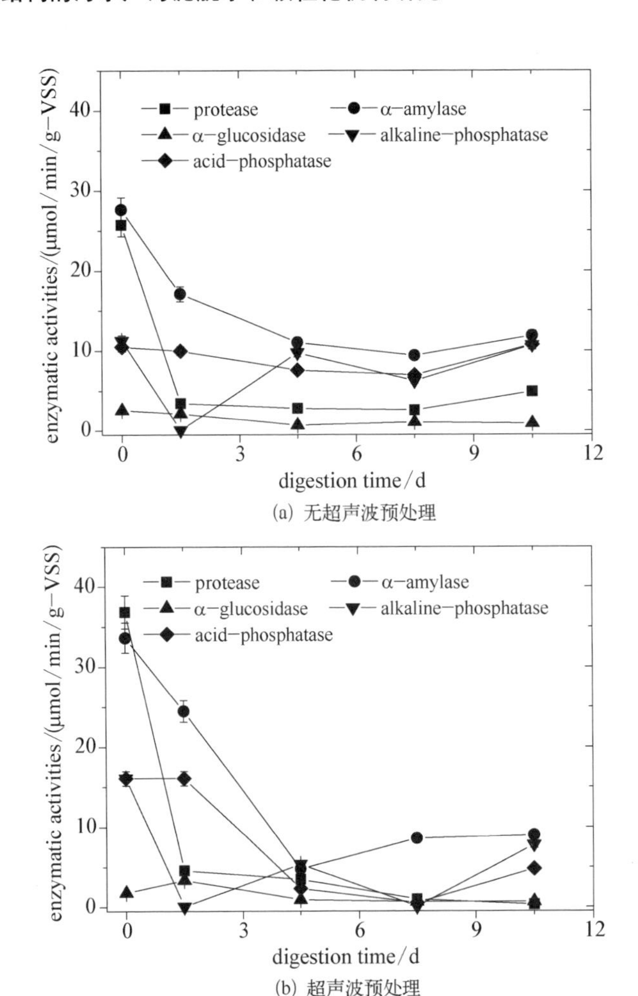

(a) 无超声波预处理

(b) 超声波预处理

图 5 - 7　好氧消化过程中酶活性

胞外酶能更好地被利用。本研究中，为了更清楚地探明超声波提高污泥好氧消化效果的机制，采用离心和超声波的组合方法将污泥絮体分成 4 层，即 slime、LB - EPS、TB - EPS 和 pellet 层，考察超声波预处理和无预处理污泥的好氧消化过程中，有机质和胞外酶的变化规律。

1）超声波预处理对有机质的释放效果

蛋白质和多糖是污泥絮体中最主要的两种有机质，而它们的降解直接导致好氧消化过程中污泥的减量。DNA 可用于评价超声波预处理过程是否导致细胞的破坏和胞内物的溶出[11]。

图 5 - 2 为超声波预处理对污泥絮体各层中蛋白质、多糖和 DNA 的影响。从图中可以看出，原污泥中蛋白质与多糖含量分别为(207±14)和(64±4)mg/g -

VSS;其中,约84.6%和87.1%的蛋白质和多糖主要分布在TB-EPS和pellet层,余下的较少部分(<15.4%)分布在slime和LB-EPS层,几乎没有蛋白质和多糖分布在上清液中。超声波预处理后,蛋白质和多糖从内层(TB-EPS和pellet层)转移到外层(slime和LB-EPS层)。同时,slime层中的蛋白质和多糖含量与超声波预处理时间呈正比。在回归方程中,蛋白质与超声预处理时间的斜率为14.7,而多糖与超声预处理时间的斜率为3.5。该结果表明,随超声预处理时间的增加,释放到slime层中的蛋白质比多糖更多。然而,超声波预处理能量密度与蛋白质或多糖均无显著的相关关系。

从图中还可以看出,超声波预处理过程中,与污泥絮体各层相比,蛋白质或多糖的总量(slime+LB-EPS+TB-EPS+pellet)并无显著改变(<30%);它们只是在各层之间发生了迁移,即从内层(TB-EPS和pellet层)转移到外层(slime和LB-EPS层)。同时,超声波预处理10 min,DNA总量随超声波能量密度的增加而显著增加,表明该条件导致了细胞的破坏,使胞内DNA释放到溶液中。

在超声波预处理10 min和6 kW/L条件下,slime层DNA含量比原污泥要高,表明该条件下的超声波预处理破坏了污泥絮体中少量细胞,此时的能量输入为110 kJ/g-TSS。Lehne等[145]、Bougrier等[139]也表明,超声波破坏细胞的能量输入阈值分别为3 kJ/g-TSS和1 kJ/g-TSS。因此,较高的超声波预处理时间和能量密度不仅破坏污泥絮体,释放了胞外物,而且还破坏了细胞,释放了胞内物。

2) 超声波预处理对胞外酶的释放效果

超声波预处理时间与能量密度是污泥絮体中细胞破坏和酶稳定性的关键参数[146]。图5-3和图5-4分别为超声波预处理时间和能量密度,对污泥絮体各层中胞外酶活性的影响。在污泥絮体中,这5种胞外酶的活性变化范围为1.9和16.3 μmol/min/g-VSS;其中,α-淀粉酶、碱磷酸酯酶和酸磷酸酯酶活性(>10 μmol/min/g-VSS)要比蛋白酶和α-葡糖苷酶(<5 μmol/min/g-VSS)高。大多数胞外酶(除α-淀粉酶外)活性分布在TB-EPS和pellet层,少量分布在LB-EPS和slime层,几乎没有胞外酶活性分布在supernatant中。对于α-淀粉酶,大部分(52.6%)也分布在pellet层,然而余下的部分几乎均匀地分布在其余各EPS层。胞外酶主要分布在pellet层,表明污泥中基质只有穿过各污泥絮体层组成的EPS网络结构到达细胞表面后,才会发生水解反应。这也解释了水解是好氧/厌氧消化过程中的速率限制步骤的原因。

从图5-3还可以看出,slime层中蛋白酶、α-淀粉酶和α-葡糖苷酶与超声波预处理时间呈正比。其中,α-淀粉酶与超声波预处理时间的回归方程斜率最大，表明随超声波预处理时间的增加，α-淀粉酶的释放到 slime 层的量比其余两种酶更多。然而，碱磷酸酯酶和酸磷酸酯酶的释放量与超声波预处理时间的关系较弱；同时，胞外酶(除 α-葡糖苷酶外)的释放量几乎与超声波预处理能量密度没有相关性。因此，胞外酶的回归方程斜率与酶的分布有关。Cadoret 等[52]也表明，超声波预处理对蛋白质水解没有明显的影响，而对多糖水解有显著的影响，即蛋白酶和 α-淀粉酶在污泥絮体中的分布模式明显不同。

此外，图 5-3 也表明超声波预处理并没有使胞外酶失活。相反，超声波预处理时间和能量密度明显地提高了污泥絮体中的酶活性(图 5-3 和图 5-4)。这与 Gronroos 等[8]的结果是一致的，即无热效应的超声波预处理不会使酶失活。但本研究的结果与 Ozbek 和 Ulgen[146]的研究结果相矛盾。Ozbek 和 Ulgen[146]研究认为，除了碱磷酸酯酶，超声波预处理可以使其余所有的酶活性降低。

超声波预处理后，胞外酶从絮体内层(TB-EPS 和 pellet 层)转移到外层(slime 和 LB-EPS 层)。在超声波预处理时间与能量密度分别为 10 min 和 3 kW/L 条件下，所研究的胞外酶活性增加 7 倍以上(除 α-淀粉酶为 2.2 倍)。同时，该条件下的胞外酶释放效果几乎与超声波预处理 20 min 和 6 kW/L 相当。在一些情况下，超声波预处理后的胞外酶总活性(slime+LB-EPS+TB-EPS+pellet)比原污泥要高。该结果表明，超声波预处理可以提高胞外酶活性，同时释放大量的原本固定在污泥絮体中未被检测到的胞外酶。

虽然很多研究者已经探讨了污泥絮体中的胞外酶分布[51, 52, 57, 61]，然而这些研究者一般仅考虑了胞外酶在 TB-EPS 和 pellet 层的分布，并没有研究污泥絮体其他层的分布情况(表 1-2)；而本研究中的胞外酶分布结果，详细描述了胞外酶在污泥絮体各层中的分布情况。本研究结果表明，大部分胞外酶是与 pellet 结合在一起的，这与人们一般认为的污泥絮体中有机质的转化主要是由生物进行的是一致的[147]。一般认为，污泥中的大分子有机物必须首先扩散到细胞表面才能被胞外酶水解，然后，水解产物释放到水体中；该过程不断重复，直到水解产物小到可以被生物直接利用(相对分子质量<1 000)[60]。生物通过保持胞外酶在细胞表面，从而具备直接利用水解产物的优势。这种水解模式可以使生物花费最小的能量支出达到有效利用能量的目的。

近来很多研究已表明，污泥絮体比以前所认识的结构更加复杂。EPS 网络将污泥絮体中细菌固定于其中，不仅限制了细菌与大分子有机物的直接接触，也限制了胞外酶的水解活性[148]。因此，认为水解是消化过程中的限速步骤。超声波预处理有效地分散了污泥絮体，导致 EPS 网络结构的破坏和大分子有机物水解速率的增加。随着污泥絮体的破碎，原本固定在 EPS 网络中的蛋白质和多糖释放出来，从而更有利于水解酶的降解。超声波的这种解聚作用，创造了胞外酶和有机质接触的环境，加快了消化过程中有机质的降解速率。

5.3.2　超声波预处理提高污泥厌氧消化过程中的脱水性能和消化性能研究

1. 厌氧消化过程中的消化性能

厌氧消化过程中污泥絮体被分散，TSS 和 VSS 有所减少。图 5－8 对比了有无超声预处理的 2 种情况下，污泥厌氧消化过程中 TSS 和 VSS 的变化。

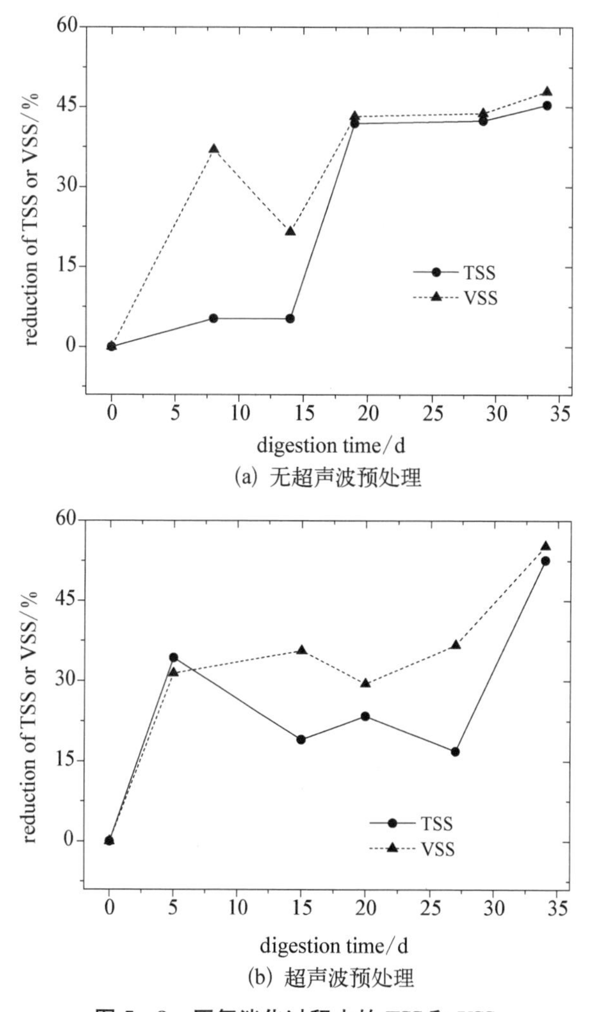

(a) 无超声波预处理

(b) 超声波预处理

图 5－8　厌氧消化过程中的 TSS 和 VSS

从图中可以看出，两个反应器中 VSS 去除率趋势是一致的，即在反应初期(0～5 d)去除率较高，尔后随着消化反应的进行，去除率的变化较小。无超声预处理污泥消化过程中的 VSS 减量，在反应 8 d 后可达 36%；但在 19～34 d 时，VSS 去除率升高缓慢，说明该段时间消化反应进行的较慢。这与反应的产气曲线是吻合的(系统在第 8 天开始产气，说明前 8 d 以水解反应为主，当反应进行到 14 d 后基本停止产气)。

对于超声预处理污泥，在消化开始前 5 d，TSS 和 VSS 去除率均有大幅提高。第 5 天时，TSS 与 VSS 的去除率分别为 34%和 31%。在 34 d 的消化过程中，超声预处理污泥的 TSS 与 VSS 去除率分别达到 55.2%和 52.6%；而不超声预处理污泥相应的 TSS 与 VSS 去除率分别为 45.4%和 47.9%。这说明超声预处理可以提高污泥中有机质的去除率。这一结论与文献中的研究结果是一致的，如 Hogan 等[149]在 14 d 的厌氧消化过程中，无超声预处理污泥 VSS 的去除率为 38%，而超声预处理的去除率上升到 54%。

2. 厌氧消化过程中的蛋白质和多糖

图 5-9 为蛋白质和多糖在厌氧消化过程中的变化。初始时，无预处理污泥的蛋白质主要分布在 pellet 层和 TB-EPS 层，分别占污泥总蛋白质的 54.7%和 33.1%，slime 层和 LB-EPS 层分布则较少，分别为 10.3%和 1.9%。随着消化反应的进行，可以明显看出 slime 层蛋白质所占的比例逐渐增大，而相应的 pellet 层和 TB-EPS 层中的蛋白质却减少。这说明在消化过程中，蛋白质发生了迁移，即从与细胞结合紧密的内层迁移到了疏松结合的外层；且内层的减少在前 11 d 最明显，说明此阶段污泥的水解速率较高，在 11～14 d 时，slime 层和 LB-EPS层的量有所减少，之后呈上升趋势。

超声波预处理改变了蛋白质在污泥絮体层中的分布模式。污泥经超声波处理后，slime 层和 LB-EPS 层的蛋白质含量所占的比例增大，分别为 23.8%和 14.1%；而 pellet 层和 TB-EPS 层蛋白质含量减少。表明超声处理使污泥絮体的蛋白质从结合紧密的内层逐渐迁移到可溶性或疏松结合的外层中。随着消化反应的进行，可以明显看出 LB-EPS 层的蛋白质在减少，原因一方面可能是消化过程中颗粒的减小增大了水解酶与蛋白质的接触，另一方面可能是因为超声条件下污泥的蛋白酶活性有所提高。

两种工况下，污泥中蛋白质的反应和降解模式也不同。无超声波预处理时，污泥外层(slime 层+LB-EPS 层)的蛋白质在消化过程中逐渐增多；而经超声预处理后，污泥中蛋白质的含量较高，在消化过程中基本上无内层的释放，且随

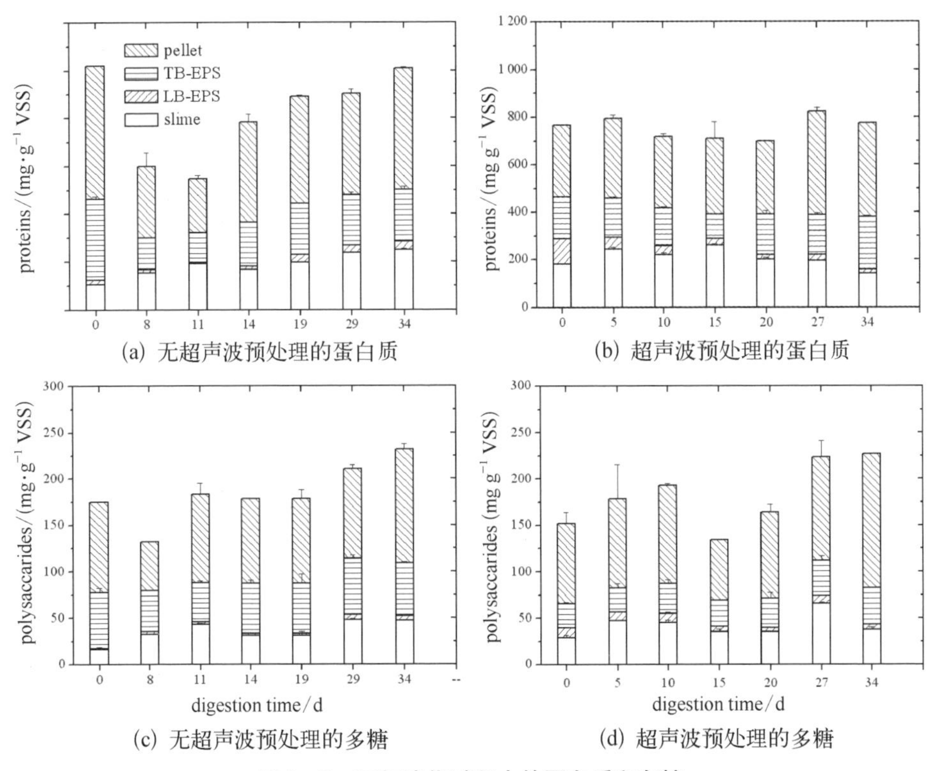

(a) 无超声波预处理的蛋白质　(b) 超声波预处理的蛋白质

(c) 无超声波预处理的多糖　(d) 超声波预处理的多糖

图 5-9　厌氧消化过程中的蛋白质和多糖

反应的进行 LB-EPS 层蛋白质逐渐被水解，致使其含量下降，相应外层(slime 层+LB-EPS 层)的蛋白质量却是不断减少的。这说明经超声波预处理后，外部可溶性的蛋白质不断被水解酶水解；而无预处理情况下，外层(slime 层+LB-EPS层)生成新的蛋白质，使蛋白质在消化过程中出现了累积。原因可能归因于两种工况下蛋白酶的活性不同，无预处理的蛋白酶活性差，而超声提高了蛋白酶的活力，使得蛋白质被持续降解而减少，或可能是超声波预处理提前实现了部分有机物的水解，造成了两种工况下的降解模式不同。

蛋白质对污泥的脱水性能有重要贡献，因此，污泥外部(slime 层+LB-EPS 层)蛋白质含量分布及变化模式，可能与 2 种工况下的脱水性能变化有关。

两种工况下，多糖与蛋白质的分布模式类似。但无预处理污泥的 LB-EPS 层中的多糖，在总污泥中的含量很少，基本检测不出；预处理污泥的 slime 层和 LB-EPS 层多糖与无预处理相比有所增多。说明超声波预处理后，蛋白质和多糖等大分子有机物质都发生了向外的转移，且在整个消化过程中，污泥 slime 层和 LB-EPS 层多糖比无预处理时是增多的。随着消化过程的进行，两种工况下污泥 slime 层和 LB－EPS 层的多糖变化趋势相似，表现在反应的前 10 d 左右，slime 层和 LB－EPS 层的多糖之和有所增加，说明此阶段水解速率较高，而后逐渐减少。在反应的第 27 天时，出现再次增大现象，这与其 SCOD 在后期的二次溶出相对应。其他层多糖的溶出与变化的趋势不明显，这可能是与污泥中多糖类物质种类繁多，且性质不稳定有关。

两种工况下，在消化过程中，虽然外部多糖的溶出增大，但与相应蛋白质的溶出相比，多糖所占的比例却减小。该结果表明，多糖可能分布在内层，与细胞结合在一起，在消化过程中则不易被释放，或者多糖在有机物中所占的比例较小。

3. 污泥在厌氧消化过程中的粒径分布

图 5－10 是厌氧消化过程中颗粒的累积体积分布图。从图中可以看出，无

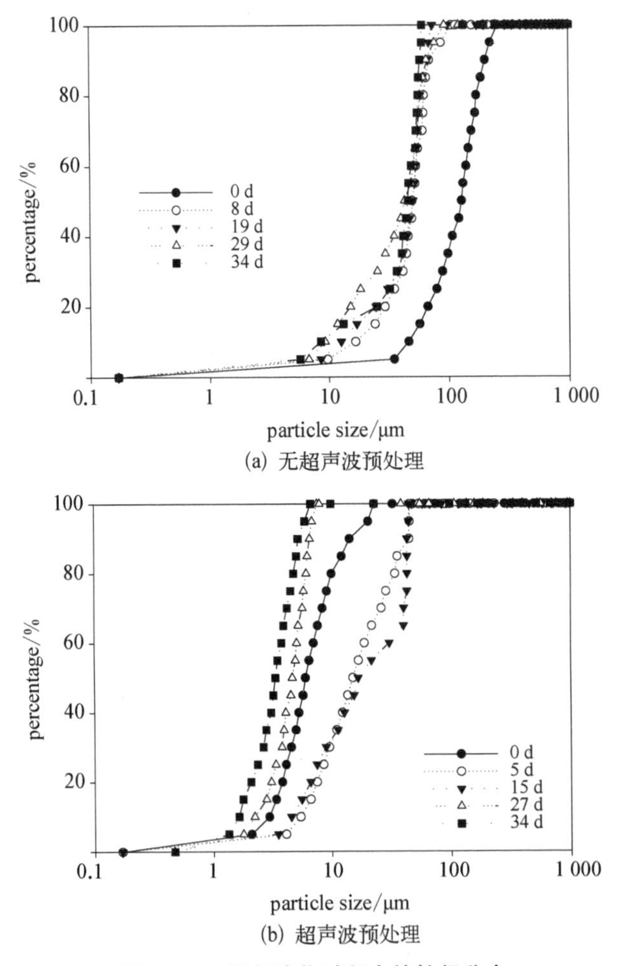

图 5－10　厌氧消化过程中的粒径分布

超声波预处理的污泥粒径是 124.5 μm。在消化过程中，污泥粒径基本上呈减小的趋势：前 8 d 迅速减小，尔后缓慢减小。这说明 8 d 之后的水解反应较慢，最终由 124.5 μm 减小到 41.21 μm。Mahmoud 等[150]也指出在厌氧消化过程中，污泥中的大絮体转化为小絮体。

超声波预处理可以破坏污泥絮体，使污泥粒径变小。原污泥超声之后，污泥粒径减小为 7.52 μm；第 15 天时，突然增大至 23.84 μm；之后又逐渐减小，第 34 天时为 3.47 μm。这与前面的 VSS 去除结果是一致的。出现增大的现象，可能是因为在搅拌的作用下小颗粒发生了再次絮凝。这与 Biggs 和 Lant[151]的研究结果相似。

4. 污泥厌氧消化过程中的脱水性能变化

从图 5-11 可以看出，无超声波预处理污泥的厌氧消化过程中，脱水性能是明显变差的。在最初 8 d，模化 CST 从 1.42 s L/g-TSS 增加到 18.9 s L/g-TSS；在第 8～14 天，达到一个平台。然后，模化 CST 迅速上升，到 34 d 时为 47.3 s L/g-TSS。

经超声波预处理后的污泥，在厌氧消化过程中，模化 CST 则是逐渐下降的：反应开始时，为 44.4 s L/g-TSS；消化 34 d 时，降到 20.9 s L/g-TSS。该结果表明，在消化过程中污泥的脱水性能是提高的，即超声预处理提高了污泥在厌氧消化过程中的脱水性能。

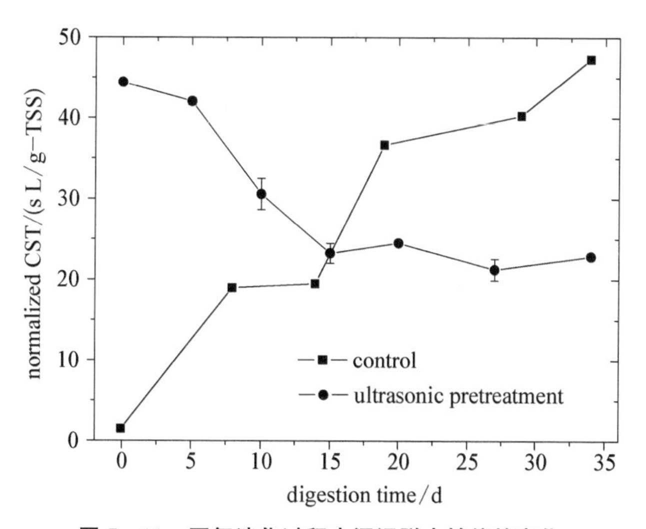

图 5-11　厌氧消化过程中污泥脱水性能的变化

从图中还可以看出，消化 15 d 后，超声预处理污泥的脱水性能要好于不预处理。因此，可以通过控制消化时间，达到超声波预处理同时改善污泥脱水性能和消化性能的目的。

综上，有无超声波预处理污泥的消化过程中，脱水性能变化明显不同，出现了相反的趋势。这说明两者的消化模式不同，从而影响了其脱水性。

5. 蛋白质和多糖对脱水性能的影响

表 5－3 为蛋白质和多糖与模化 CST 的泊松相关性分析结果。从表中可以看出，两种工况下，有机物对脱水性能的影响不同。对于无超声波预处理污泥，模化 CST 与 slime 层中蛋白质显著相关，而与 TB－EPS、LB－EPS 和 pellet 层中的蛋白质以及各层的多糖均没有相关性。这说明污泥的脱水性能主要受 slime 层中的蛋白质影响，只要蛋白质不释放到污泥 slime 层中，即不变为可溶态，污泥的脱水性能就不会变差。

表 5－3　蛋白质和多糖与模化 CST 的 Pearson 相关性 ($n = 9$)

化学组分	污泥絮体层	无超声波预处理		超声波预处理	
		R^2	p	R^2	p
蛋白质	slime	0.99**	0.003	0.92	0.046
	LB－EPS	0.81	0.497	0.90**	0.002
	TB－EPS	0.93	0.258	0.96	0.209
	pellet	0.94	0.486	0.99	0.399
	sludge floc	0.97	0.126	0.99	0.348
多　糖	slime	0.99**	0.004	0.92	0.830
	LB－EPS	0.91	0.064	0.89	0.394
	TB－EPS	0.98	0.658	0.91	0.740
	pellet	0.98	0.326	0.93	0.438
	sludge floc	0.96	0.142	0.93	0.813

** 显著性水平为 0.01(2－尾)。

对于超声波预处理污泥，模化 CST 不但与 slime 层中蛋白质呈正相关，同时还与 LB－EPS 层中蛋白质显著相关，即 slime 层和 LB－EPS 层的蛋白质的减少，可以提高污泥的脱水性能。

上述结果表明，减少污泥外部（slime 层和 LB－EPS 层）的蛋白质含量，可以提高厌氧消化过程中污泥的脱水性能。有研究者认为[34]，LB－EPS 层虽占总 EPS 的约 20%，但它比 TB－EPS 层对污泥絮体的脱水性能影响更大。由于LB－EPS层含有大量的结合水，当其量增大时，可以导致污泥絮体因水量增多而形成多孔性结构，从而对其压缩、沉降、脱水性能造成不利影响[34]。

Higgins 和 Novak[152]认为，活性污泥中的蛋白质在污泥絮凝中起到关键作用。污泥絮体中加入蛋白酶，可导致蛋白质的降解，降低污泥的脱水性能；而污泥絮体中加入降解多糖的酶，污泥脱水性能几乎没变化。Higgins 和 Novak[152]还研究了活性污泥中加入 Na^+ 后可溶性蛋白质的变化，发现加入 Na^+ 后污泥细胞中的蛋白质减少，而污泥外层可溶性的蛋白质增多，最终导致絮体的分散和脱水性能的劣化。这可能是由于 Na^+ 取代了其他的离子，导致了絮体的分散。Rust[153]对比研究了 20℃时污泥的好氧和厌氧消化过程，发现厌氧条件下，随消化过程的延长，蛋白质会释放到溶液中，且释放量是多糖的 3 倍。这些有机物的释放导致污泥 SRF 大幅提高。

综上所述，污泥的脱水性能主要受蛋白质影响，而多糖几乎没有影响。

6. 厌氧消化过程中污泥粒径对脱水性能的影响

图 5－12 为污泥粒径与模化 CST 的泊松相关性分析结果。

从图中可以看出，无超声波预处理污泥的厌氧消化过程中，絮体和模化 CST 有显著相关性（$R^2=0.91$，$p<0.05$）；而超声波预处理污泥的厌氧消化过程中，絮体和模化 CST 没有显著相关性（$R^2=0.67$，$p>0.05$）。该结果表明，超声波预处理改变了污泥絮体的粒径，同时增加了大量可溶性有机物，致使污泥絮体粒径对脱水性能的影响比重变小。

7. 3D－EEM 特征及对污泥脱水性能的影响

1）蛋白质的 3D－EEM 特征

从图 5－13 和图 5－14 可以看出，slime 和 LB－EPS 层的荧光峰有 3 个，其中主要的荧光峰是 2 个类蛋白峰。第 1 个峰的激发/发射波长（Ex/Em）在 225/340～350 nm（peak A），第 2 个峰的 Ex/Em 在 280～285/340～350 nm（peak B）。这两个荧光峰都是与色氨酸有关的荧光物质[67]。与同类文献相比[67]，B 峰有少许的蓝移。第 3 个峰的 Ex/Em 在 350/400—450 nm（peak C），荧光强度（FI）较弱，属于类腐殖质物质。3 个峰的分布位置与 Sheng 和 Yu 等[53]报道的结果一致。

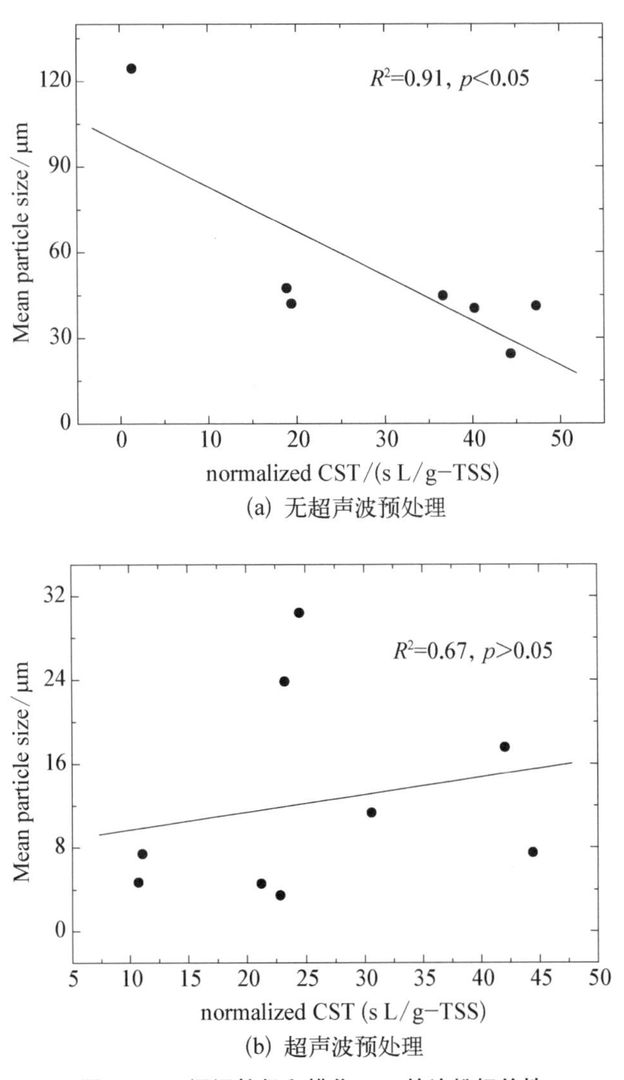

(a) 无超声波预处理

(b) 超声波预处理

图 5-12 污泥粒径和模化 CST 的泊松相关性

表 5-4 为 2 个类蛋白质的 FI 参数。从表可以看出，厌氧消化过程中，B 峰的强度明显比 A 峰强很多，表明 B 峰物质是消化过程中类蛋白质的重要组成部分。综合图 5-13、图 5-14 和表 5-4 可知，消化过程中，荧光峰 A 和 B 发生了一定偏移。具体而言，slime 层和 LB-EPS 层中的 A 峰大部分发生了红移，而 B 峰则有一定的蓝移。Coble[154] 指出，荧光峰的蓝移主要是由 π 电子系统的变化(如芳香环的减少等)引起的。因此，污泥厌氧消化过程中，蛋白质被降解为小分子物质可能是造成蓝移的原因。

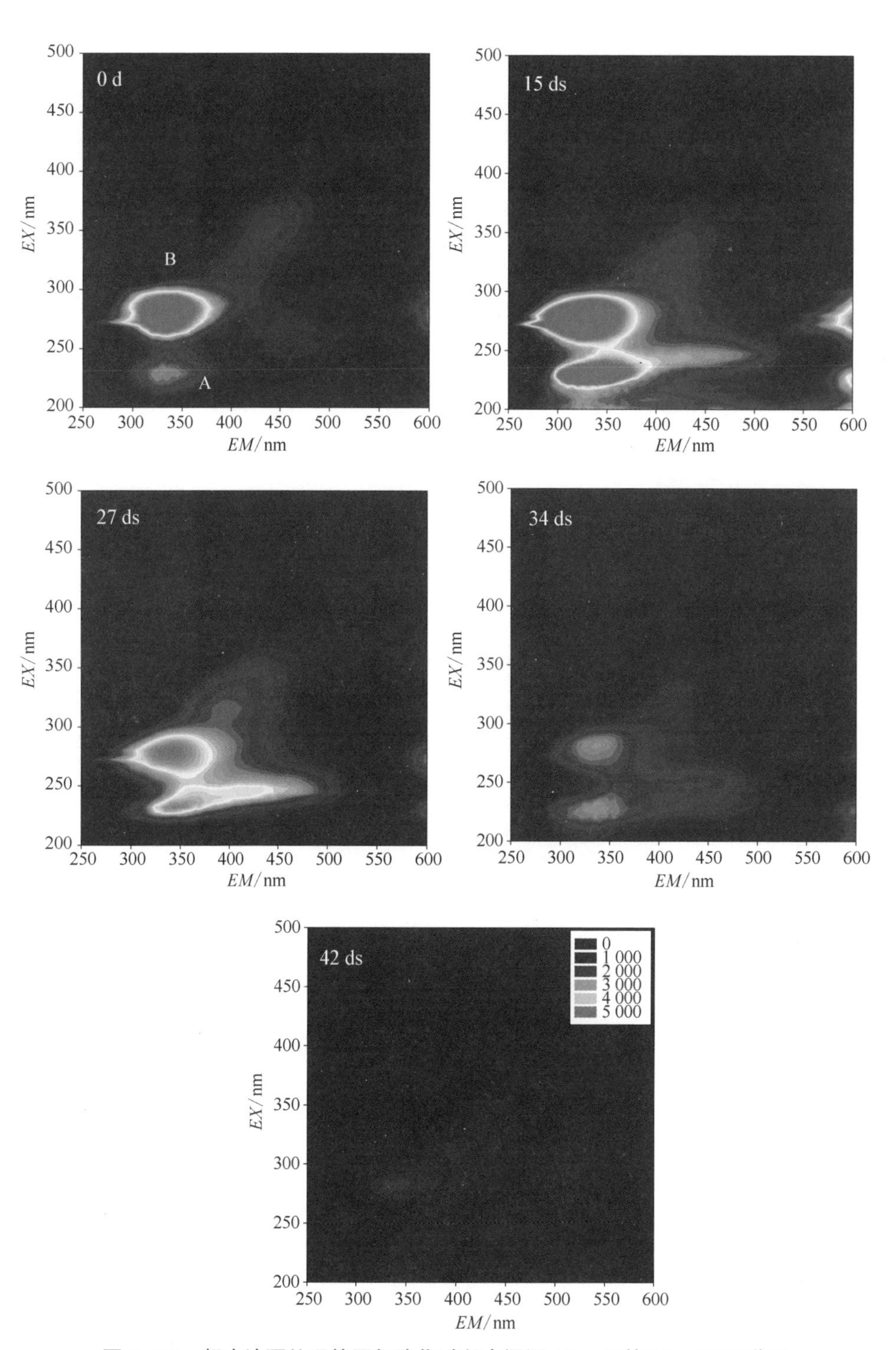

图 5－13　超声波预处理的厌氧消化过程中污泥 slime 层的 3D－EEM 谱图

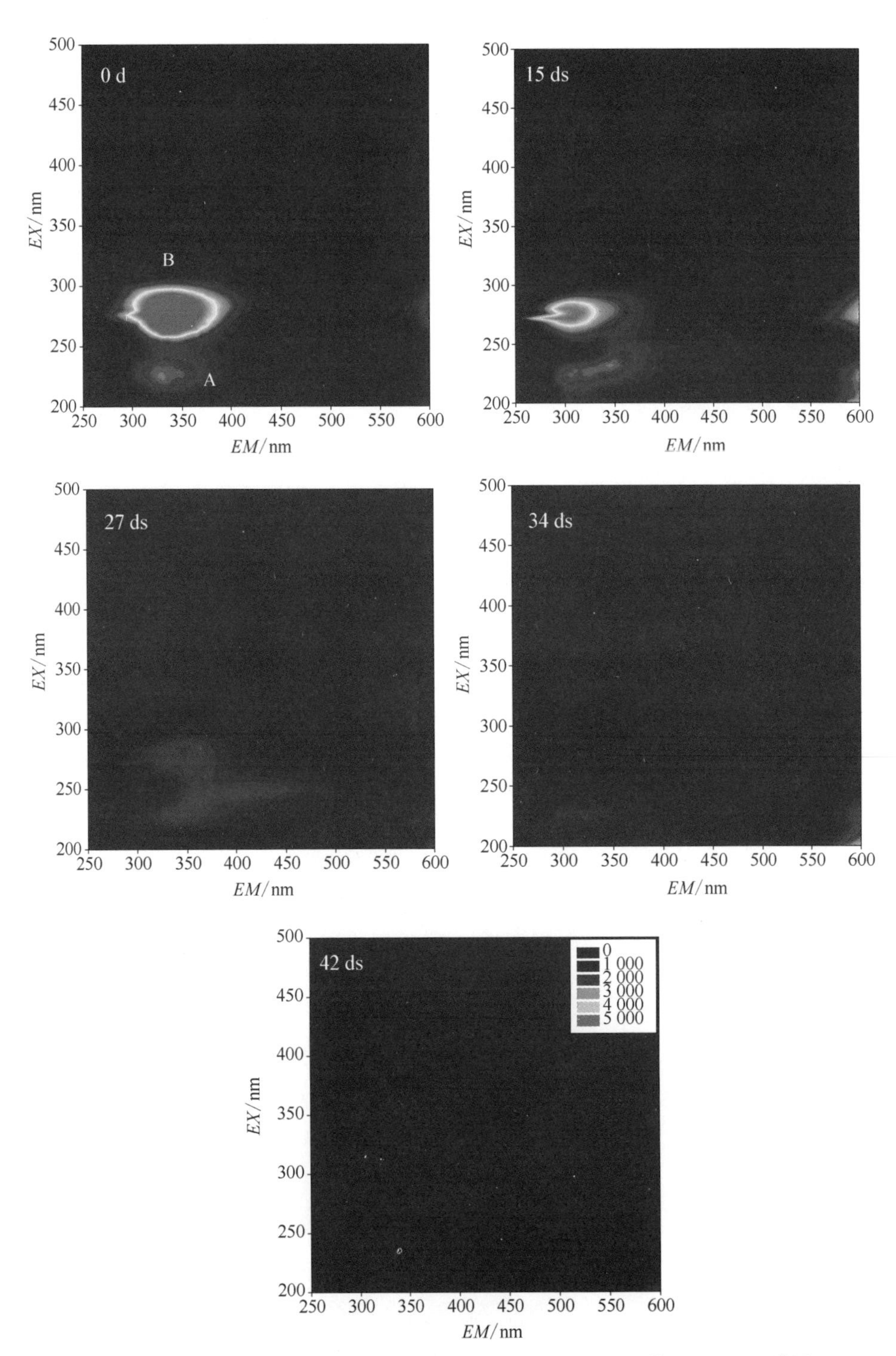

图 5-14　超声波预处理厌氧消化过程中污泥 LB-EPS 层的 3D-EEM 谱图

表 5－4　超声波预处理的厌氧消化过程中污泥 slime 和 LB－EPS 层的 3D－EEM 参数

消化时间	slime层					LB－EPS层				
	peak *A*		peak *B*		*A*/*B*	peak *A*		peak *B*		*A*/*B*
	位置(*Ex*/*Em*)	荧光强度	位置(*Ex*/*Em*)	荧光强度		位置(*Ex*/*Em*)	荧光强度	位置(*Ex*/*Em*)	荧光强度	
0 d	232/330	2 631	288/330	7 881	0.33	224/330	2 467	280/335	8 008	0.31
5 d	232/325	1 531	280/320	7 713	0.20	224/305	938	272/310	3 462	0.27
15 d	232/330	9 835	284/320	9 680	1.02	232/345	2 490	272/310	4 970	0.50
27 d	236/345	4 687	284/340	5 007	0.94	232/345	1 828	284/345	1 832	1.00
34 d	236/340	2 858	284/335	2 868	1.00	228/320	1 351	280/350	842.6	1.60
42 d	232/340	1 046	284/335	1 468	0.71	232/350	577.5	284/315	775.5	0.74

从图 5－13 和图 5－14 还可以看出，slime 层和 LB－EPS 层中 *FI* 明显不同。LB－EPS 层的 *FI* 比 slime 层弱，这与前面化学测定的蛋白质含量相对应。在消化过程中，slime 层和 LB－EPS 层的 *FI* 变化相同，即随消化时间的延长，*B* 峰逐渐减弱，*A* 峰则有所增强，这可能是两种物质之间发生了转化；而在第 15 天时，两层中 *A* 和 *B* 峰的强度都突然增强，这可能与外层的蛋白酶和淀粉酶的活性在 15 d 有所减弱有关。

2）污泥厌氧消化过程中荧光强度和脱水性能的关系

图 5－15 为模化 CST 与 slime 层和 LB－EPS 层的 $A+B$ 峰 *FI* 的泊松相关性分析结果。从图中可以看出，模化 CST 与 LB－EPS 层的 $A+B$ 峰具有显著的相关性 ($R^2=0.87$，$p<0.05$)，而与 slime 层的 $A+B$ 峰无显著的相关性 ($R^2=0.36$，$p>0.05$)。据此，可以利用 LB－EPS 层的 $A+B$ 峰荧光强度，来快速比较污泥消化过程中脱水性能的变化。

5.4　本章小结

（1）以不破坏污泥絮体中的细胞，而最大限度地释放 EPS 固定的胞外有机质和胞外酶为依据，超声波预处理污泥的最优工艺条件为 20 kHz、10 min 和 3 kW/L。在此最优条件下，经超声波预处理后污泥的好氧消化性能明显比未处理的高。当消化时间为 10.5 d 时，经超声波预处理污泥的 TSS 减量 42.7%，而

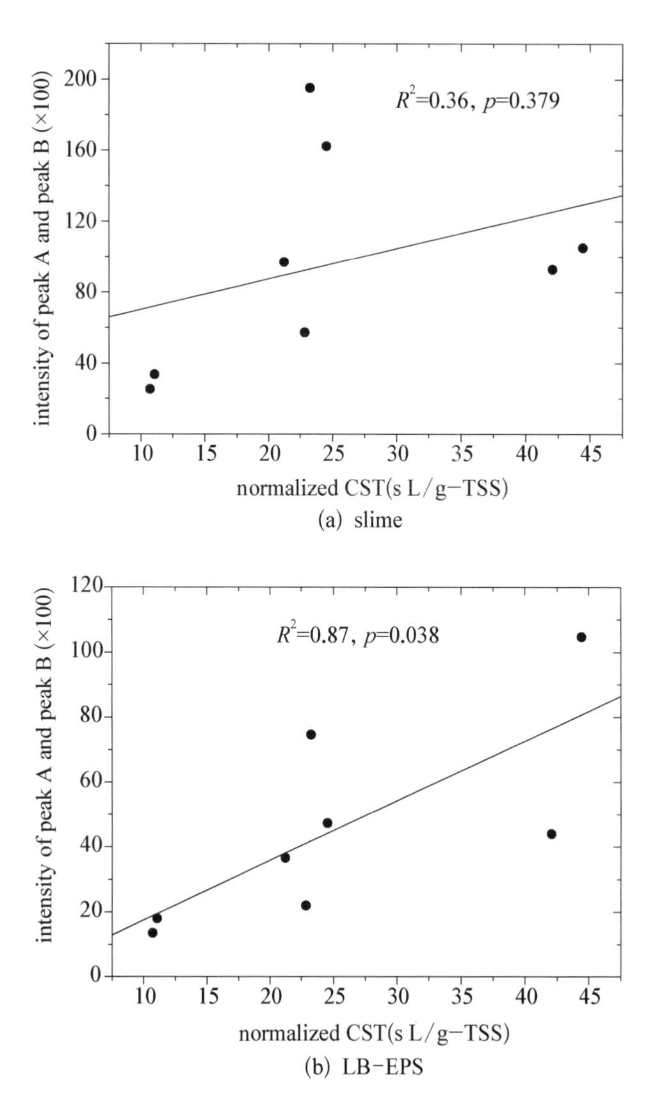

(a) slime

(b) LB-EPS

图 5-15　荧光强度和模化 CST 的泊松相关性

未经预处理污泥的 TSS 仅减量 20.9%。

(2) 基于污泥絮体多层结构分析，发现超声波预处理有效地分散了污泥絮体，导致 EPS 网络结构的破坏与大分子有机物水解速率的增加。随着污泥絮体的破碎，原本固定在 EPS 网络内层(TB-EPS 和 pellet)中的蛋白质、多糖和胞外酶释放到外层(slime 和 LB-EPS)。超声波的这种解聚作用，创造了胞外酶和有机质接触的环境，加快了消化过程中有机质的降解速率，提高了污泥好氧消化效率，缩短了污泥好氧消化时间。本研究从酶活性提高的角度，提供了一条提高污泥消化性能和缩短污泥消化时间的途径。

（3）基于污泥絮体多层结构分析，超声波预处理通过改变有机物和胞外酶的分布模式，影响了后续厌氧消化模式。污泥经超声波预处理后，在后续的厌氧消化过程中，脱水性能逐渐变好；无超声预处理污泥的厌氧消化过程中，脱水性能逐渐变差。因此，可以通过控制消化时间，达到同时改善污泥脱水性能和消化性能的目的。

第6章 碱预处理调控消化过程中脱水性能和消化性能

6.1 概 述

水解酸化可以转变污泥中复杂有机质为VFA和其他小分子的可溶性有机物，是污泥生物厌氧消化的共同步骤[155]。这些水解酸化产生的VFA和可溶性有机物，可进一步用于污水三级处理的碳源[156]。已有的污泥水解酸化研究大多控制在酸性条件下，认为在pH 5.5时，可以仅产生VFA而抑制甲烷化途径[157, 158]。最近，Yuan等[93]、Chen等[159]报道了污泥在碱性条件下(pH 10.0)的水解酸化，可以抑制甲烷化途径，同时产生更多量的VFA。

探明pH 10.0提高污泥水解酸化的机理，有助于更好地调控该条件下的水解酸化工艺，及推动该工艺作为污水处理厂三级处理的可行性。Yuan等[93]表明，pH 10.0条件下，水解酸化的污泥中酶活性要比该条件下灭菌的污泥活性更高。据此，作者认为pH 10.0提高污泥水解酸化的机制是生物作用而非碱水解作用。然而，作者并没有用实验数据表明，pH 10.0水解酸化的污泥中酶活性比pH 5.5高。因此，以上的酶活性对比结果仅能说明生物作用对VFA的产生起作用，并不能说明生物作用是VFA提高的主要原因。

尽管目前研究者已表明，pH 10.0可以提高污泥水解酸化中VFA的产生，但很少有研究者关注pH 10.0对后续水解酸化过程中，污泥脱水性能的影响。同时，对污泥水解酸化的EPS分层解析，及其与污泥脱水性能之间关系的研究，还鲜见报道。

本文选取pH 5.5和10.0两种控制条件，分别进行污泥中温(37℃)和高温(55℃)水解酸化试验。运用污泥絮体结构分层方法，系统地评价了上述4个水解酸化工况下的蛋白质、多糖和胞外酶在污泥絮体各层的迁移转化规律，以及 VFA 与气体的产生情况，和污泥的脱水性能变化趋势；在此基础上，探讨了 pH 10.0 提高污泥水解酸化 VFA 产量的机制，以及 pH 10.0 影响污泥脱水性能的机理。

6.2 材料与方法

6.2.1 污泥样品

取自上海市某城市污水处理厂曝气池的污泥，用于每天调节 pH 及 pH 在线控制的水解酸化试验。污泥取回后，经过 2 h 的静置沉淀，撇去上清液，得到浓缩污泥。浓缩污泥过 1.2 mm 孔径筛后，用于水解酸化实验研究。每天调节 pH 和 pH 在线控制的水解酸化试验所用浓缩污泥，取样时间为 2007 年 8 月和 2007 年 12 月，分别称之为浓缩污泥 A 和 B，其基本性质分别见表 6-1 和表 6-2。

表 6-1　浓缩污泥 A 基本性质

测定指标	测 定 值	测定指标	测 定 值
pH	(6.4±0.1)	SCOD/(mg・L^{-1})	(94±5)
TSS/(g・L^{-1})	(7.1±0.4)	蛋白质/(mg・L^{-1})	(4 460±290)
VSS/(g・L^{-1})	(6.7±0.1)	多糖/(mg・L^{-1})	(639±42)
COD/(mg・L^{-1})	(9 100±400)	电导率/(μS・cm^{-1})	(331±14)

表 6-2　浓缩污泥 B 基本性质

测定指标	测 定 值	测定指标	测 定 值
pH	(6.8±0.2)	SCOD/(mg・L^{-1})	(140±15)
TSS/(g・L^{-1})	(10.2±0.2)	蛋白质/(mg・L^{-1})	(5 990±300)
VSS/(g・L^{-1})	(9.7±0.1)	多糖/(mg・L^{-1})	(1 270±120)
COD/(mg・L^{-1})	(17 000±500)	电导率/(μS・cm^{-1})	(11±2)

6.2.2 实验方法

污泥水解酸化实验方法详见 2.5.3 节。

6.3 结果与讨论

6.3.1 每天调节 pH 10.0 提高污泥水解酸化性能研究

1. VFA 产量

图 6-1 为 4 个不同温度和 pH 条件下，水解酸化反应器中，VFA 产量随时间的变化。从图中可以看出，不管是中温或高温水解酸化，pH 10.0 条件下的 VFA 产量明显要比 pH 5.5 时高 2～34 倍。该结果与 Yuan 等[93]观察到的结果一致，即都表明 pH 10.0 可以显著提高污泥水解酸化过程中的 VFA 产量。同时，本研究结果还表明，pH 对水解酸化的影响比温度更大。Fang 和 Yu[160]也表明，VFA 的产生对 pH 比温度更敏感。在相同的 pH 条件下，中温反应器的 VFA 产量要比高温反应器略高。在 pH 10.0 条件下，随反应时间的增加，总 VFA 产量亦增加；相反，在 pH 5.5 条件下，随反应时间的增加，总 VFA 产量却减少。

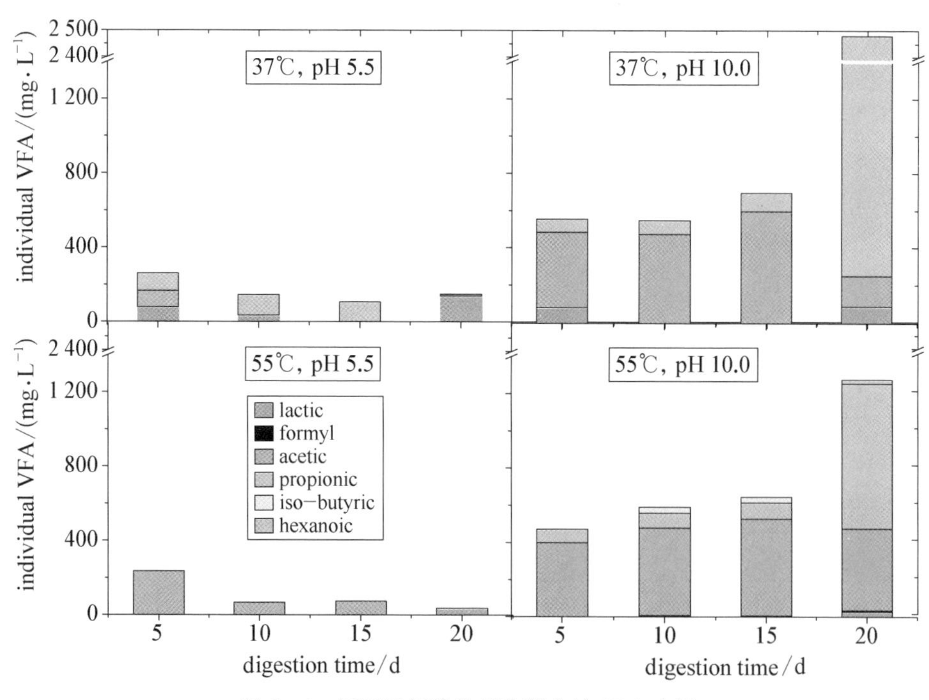

图 6-1 不同厌氧消化反应器中的 VFA 产量

在 pH 5.5 条件下，中温反应器中 VFA 种类要比高温反应器多；而在 pH 10.0 条件下，前者的 VFA 种类要比后者少。此外，中温反应器中乳酸产量明显比高温反应器高。在水解酸化反应前 15 d，乙酸是最主要的 VFA 种类，占总 VFA 产量的 72%～100%；然而，37℃和 pH 5.5 反应器却除外，其主要 VFA 种类是丙酸。丙酸是除乙酸外的第二大 VFA 种类，占总 VFA 产量的 7%～100%；然而，55℃和 pH 5.5 反应器却除外，其主要 VFA 种类是乙酸。反应 20 d 后，pH 5.5 反应器中，乳酸是最主要的 VFA 产品；pH 10.0 反应器中，丙酸是最主要的 VFA 产品。VFA 产量在 pH 10.0 反应器中，比 pH 5.5 反应器中更稳定。pH 5.5 反应器中明显有 VFA 消耗现象发生。这也与 Yuan 等[93]观察到的结果一致。

2. 气体产量

污泥厌氧消化过程中，气体的产量和组成受 pH 影响很大[160]。图 6-2 表明，不管是中温或高温水解酸化，pH 10.0 条件下均无 CH_4 或 CO_2 产生；而在 pH 5.5 的中温水解酸化条件下，在 5 d 与 15 d 时，却有 CH_4 和 CO_2 产生。

上述结果表明，pH 10.0 可以有效阻断 CH_4 产生途径。Yuan 等[93]观察到的结果也证实了该结论。因此，pH 10.0 条件有利于酸化菌生长，而抑制甲烷菌生长。

3. pH 10.0 提高 VFA 产量的生物效应

酶在生物工艺中起关键作用[57]。因此，测定酶活性常用来评估生物工艺中的生物量和生物活性[55]。图 6-3 为 4 个不同反应器中，污泥絮体各层中的酶活性随时间的变化。原污泥中，蛋白酶和酸磷酸酯酶主要分布在 pellet 层，即与污泥絮体中的细胞结合在一起；少量分布在 TB-EPS 层，几乎没有分布在 LB-EPS 和 slime 层。然而，α-淀粉酶几乎均匀分布在污泥絮体各层。碱磷酸酯酶主要分布在 pellet 和 TB-EPS 层，很少分布在 LB-EPS 和 slime 层。这 4 种酶的分布结果与第 4 章中描述的结果是一致的。

在所研究的 4 种温度和 pH 条件下的反应器中，污泥絮体中的总酶活性(slime+LB-EPS+TB-EPS+pellet)随水解酸化的进行而减少。同时，pH 5.5 反应器中的总酶活性要比 pH 10.0 高。对于 pellet 层而言，反应过程中酶活性降低更多。值得关注的是，随着水解酸化的进行，slime 层中蛋白酶和酸磷酸酯酶明显增加；在 20 d 时，该层中蛋白酶和酸磷酸酯酶甚至超过 pellet 层。该结果表明，随着水解酸化的进行，原来被 EPS 网络固定在 pellet 层中的蛋白酶和酸磷酸酯酶释放到 slime 层。这种酶的迁移转化现象主要是因反应过程中 EPS(主要是蛋白质)的降解，导致污泥絮体结构的破坏引起的。

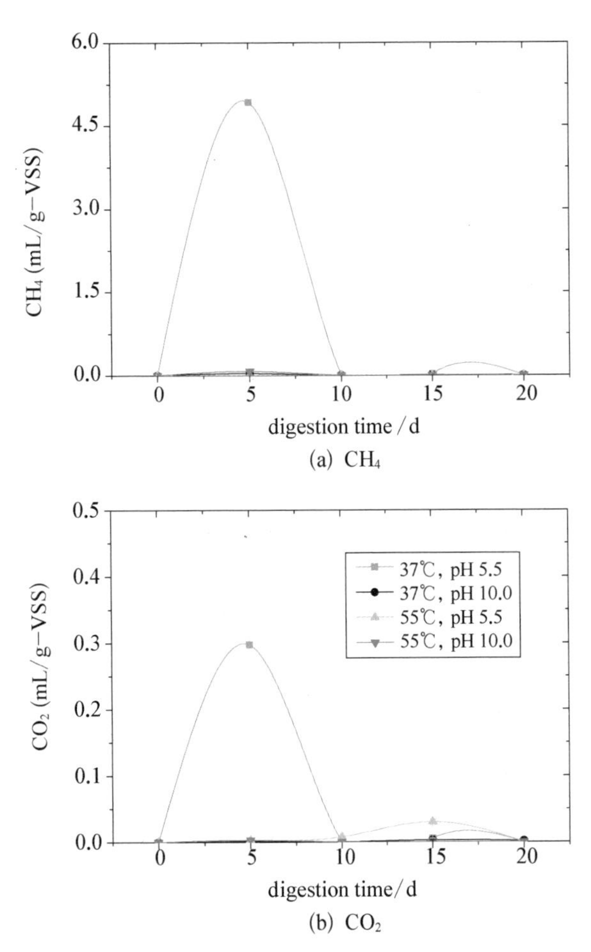

(a) CH_4

(b) CO_2

图 6-2　不同厌氧消化反应器中的气体产量

图 6-3 表明，pH 5.5 反应器中的总酶活性要比 pH 10.0 高，表明 pH 10.0 提高污泥水解酸化过程中的 VFA 产量，并不是主要由生物效应引起的。pH 10.0 反应器中也检测到一定水平的酶活性，说明生物效应在 VFA 产生方面也起一定作用。pH 5.5 反应器中的总酶活性要比 pH 10.0 高，可能归因于碱性条件抑制了其中的生物活性。

4. pH 10.0 提高 VFA 产量的非生物效应

污泥絮体的粒径与组成可以决定水解酸化的速率和机制[54]。图 6-4 为 4 个不同的反应器中，污泥絮体粒径分布随时间的变化。由图可知，对于中温和高温条件下，pH 10.0 反应器中的污泥絮体粒径要比 pH 5.5 小。在相同的 pH 条件下，高温反应器中的污泥絮体粒径要比中温小。在反应时间为 5 d、10 d 和 15 d

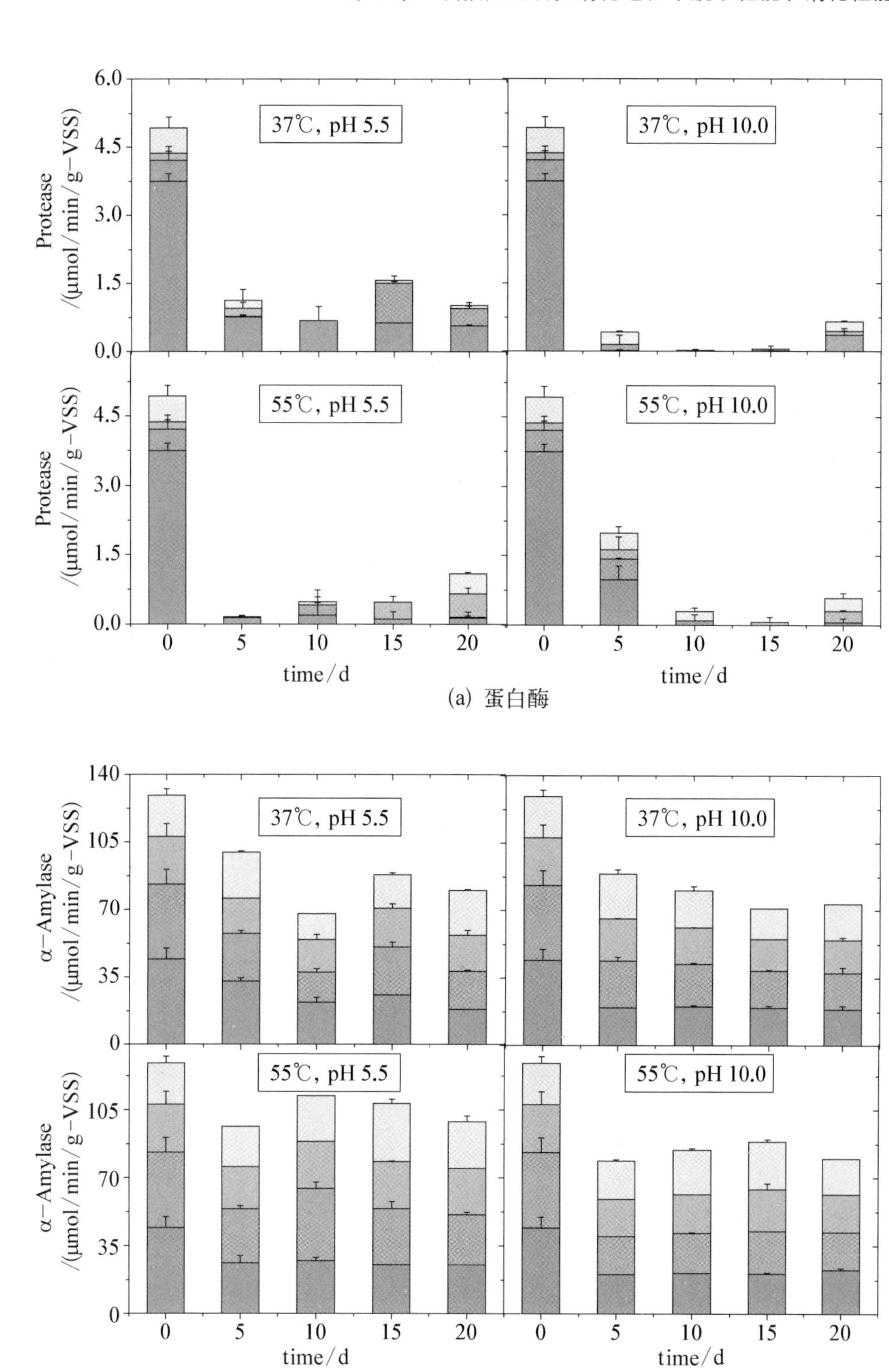

37℃, pH 5.5
37℃, pH 10.0
55℃, pH 5.5
55℃, pH 10.0
Protease
/(μmol/min/g-VSS)
time/d
α-Amylase
/(μmol/min/g-VSS)

(a) 蛋白酶

(b) α-淀粉酶

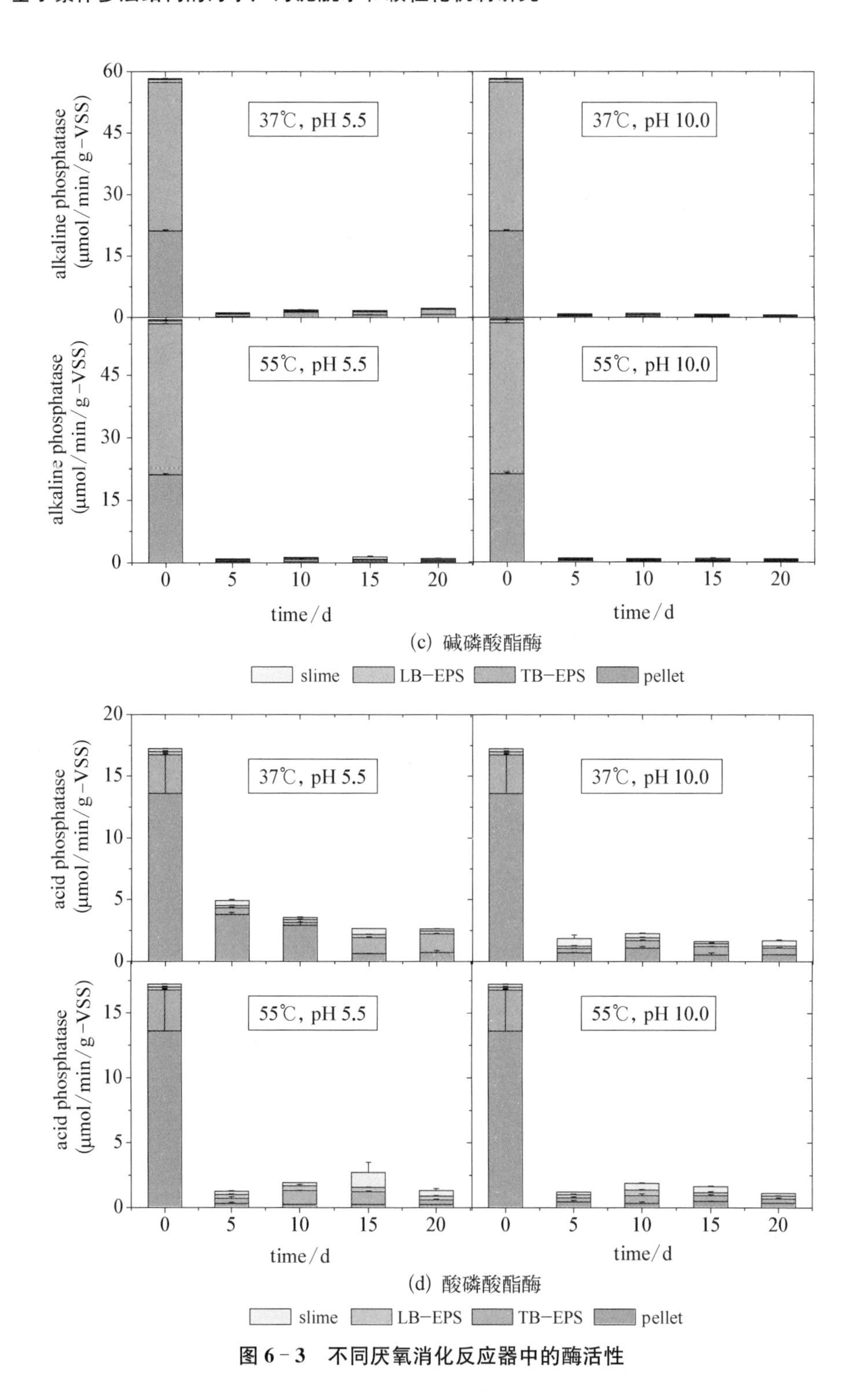

图 6-3 不同厌氧消化反应器中的酶活性

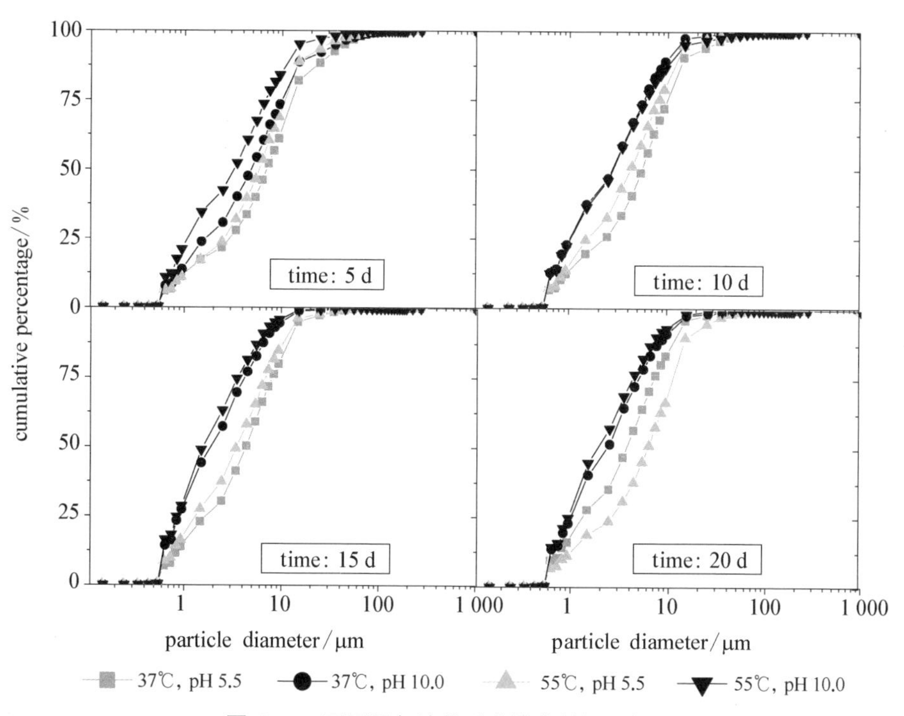

图 6-4　不同厌氧消化反应器中的污泥粒径

时，4 个反应器的平均粒径顺序为：13.67 μm（37℃，pH 5.5）> 10.35 μm（55℃，pH 5.5）> 10.22 μm（37℃，pH 10.0）> 6.29 μm（55℃，pH 10.0）。在反应时间为 20 d 时，55℃和 pH 5.5 反应器中的平均粒径比 37℃和 pH 5.5 反应器中的更大。

污泥絮体在粒径减小的同时，也导致了可溶性有机物的增加。图 6-5 为污泥水解酸化过程中，SCOD 的释放和 VSS 的减少情况。在原污泥中，SCOD 仅为 94 mg/L；水解酸化 5 d 时，pH 5.5 与 pH 10.0 反应器中的 SCOD 分别迅速增加到 1 200～2 000 mg/L 和 2 200～2 700 mg/L；水解酸化 10～20 d 时，pH 5.5 与 pH 10.0 反应器中的 SCOD 分别达到 2 100～2 500 mg/L 和 4 400～4 700 mg/L水平的稳定平台。在相同的 pH 条件下，不同温度反应器中的 SCOD 并无明显差别。这也表明，与 pH 相比，温度对污泥絮体的可溶性影响较小。此外，水解酸化过程中 VSS 的减少和 SCOD 的增加是相对应的。Vlyssides 和 Karlis[161]研究了碱处理后污泥厌氧消化过程中，SCOD 和 VSS 的变化，表明 SCOD 的产生与 VSS 的减少之间有一个平衡关系。Cokgor 等[162]也表明，SCOD 的产生与 VSS 的减少有一定的关系。因此，本研究的结果与同类文献中的结果有相似的变化趋势。

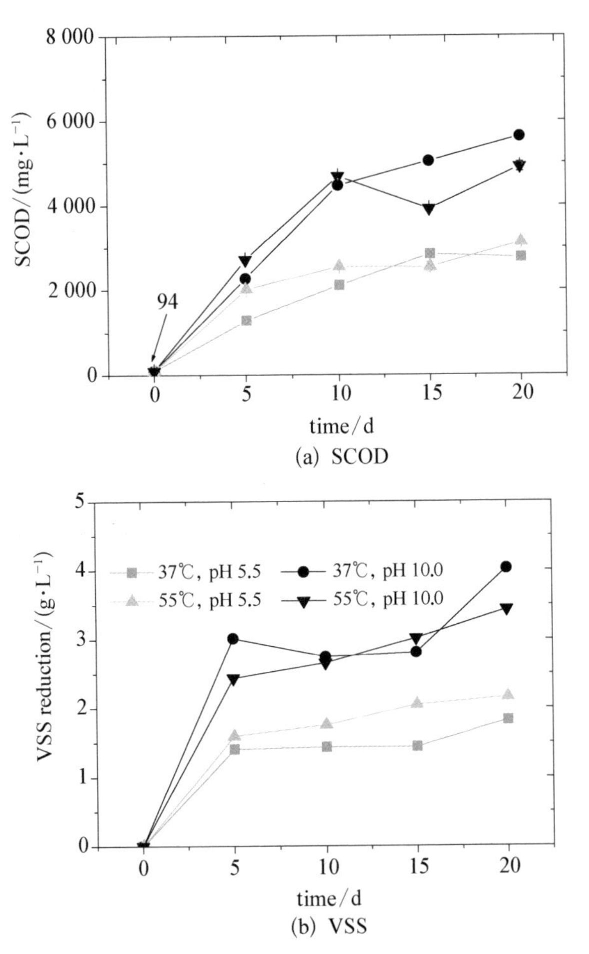

(a) SCOD

(b) VSS

图 6-5　不同厌氧消化反应器中的消化效果

蛋白质和多糖是污泥絮体中的主要有机组分，与水解酸化过程中的 VFA 产量直接相关[93]。因此，SCOD 主要是由可溶性的蛋白质和多糖组成的。图 6-6 为不同反应器中污泥絮体各层中蛋白质和多糖的变化。由图可以看出，在水解酸化过程中，蛋白质逐渐从污泥絮体内层（即 TB-EPS）转移到外层（即 slime 和 LB-EPS）；而多糖变化较小，并无这种转化趋势。

结合酶活性、PSD、SCOD 和化学组分分析结果可知，pH 10.0 提高污泥水解酸化过程中的 VFA 产量，主要是由蛋白质的降解转化来的。因此，与 pH 5.5 相比，pH 10.0 条件下 VFA 产量的提高主要是碱溶效果，而非生物效应。

5. pH 10.0 提高 VFA 产量的生物和非生物机制

可溶性有机物易被微生物降解和利用。颗粒态有机物的水解速率，主要是

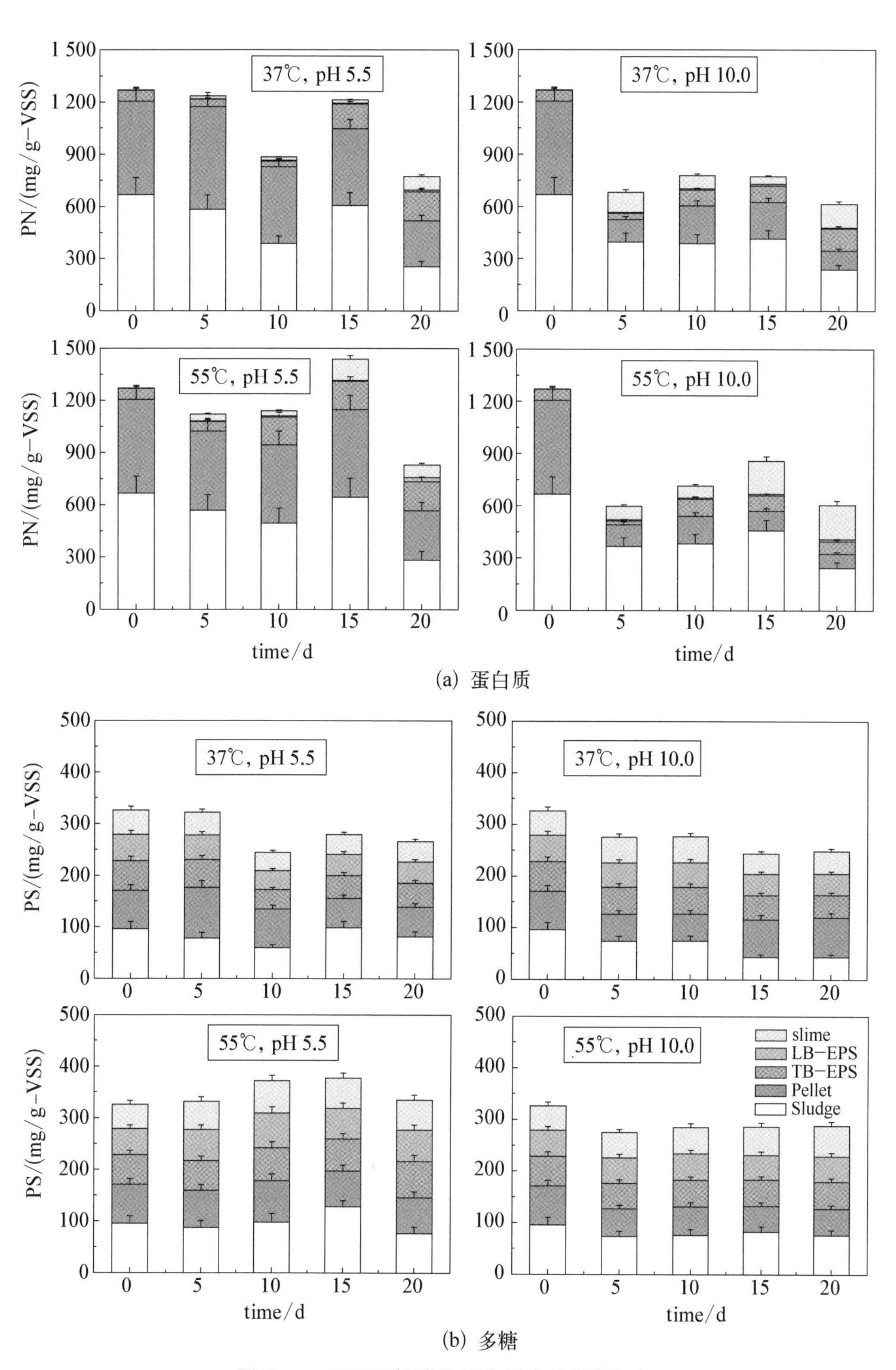

(a) 蛋白质

(b) 多糖

图 6-6　不同厌氧消化反应器中的化学组分

由水解酶在可降解表面的有效吸附决定的[12, 163]。在原污泥中，颗粒态有机物占99%以上(表6-1)。污泥絮体被碱处理时，由于蛋白质和多糖中的键断裂，导致污泥絮体层从污泥絮体剥落；然后，原本固定在污泥絮体pellet层中大量的胞外酶和有机质释放到溶液中(图6-3、图6-4、图6-5、图6-6)。结果，这种碱溶作用增加了胞外酶和有机质的有效接触，破坏了厌氧消化过程中的水解限速步骤，进而提高了酸化过程中的VFA产量。粒径分布结果也证实，污泥絮体的减小是逐步的，而非直接破碎为小颗粒(图6-4)；同时，粒径分布的结果也表明，不同的污泥絮体层在维持污泥絮体的结构方面起着重要作用。以上结果均表明，污泥絮体是被碱作用逐步溶解的；同时，碱溶过程中伴随着有机质和胞外酶逐渐从污泥絮体内层(TB-EPS)转移到外层(slime和LB-EPS)的过程。

pH 10.0条件下的酶活性比pH 5.5更低，说明高的pH可能抑制了产VFA菌。另一方面，pH 10.0比pH 5.5产生了更多的可溶性物质。综上，VFA产量的提高，可能主要是由易降解的可溶性有机物量和可利用的VFA产生菌共同驱动的。

6. pH 10.0提高VFA产量对污水三级处理的意义

目前，污水处理排放标准越来越严格，表明人们对营养物排放的控制意识日益增强[164]。然而，污水处理中可利用的碳源，不足以满足完全脱氮除磷需求，需要外加碳源到污水处理工艺中。因此，为了达到有效地脱氮除磷，需要提供足够的外加碳源(尤其是VFA形式)。碱预处理可以提高污泥水解酸化过程中的VFA产量；同时，已被报道在比利时进行工业化应用[165]。本研究表明，碱预处理可以大幅度提高剩余污泥水解酸化过程中的VFA产量。同时，该技术可以直接从污水处理厂大量剩余活性污泥中生产VFA，然后用于污水处理厂的三级处理工艺。因此，该技术是一种环境友好的废物循环利用工艺，可以作为污水处理厂三级处理的一部分。此外，该技术提供了一种新的污泥管理模式。

Tong和Chen[166]已经表明，碱预处理产生的VFA用于三级处理工艺时并不会对其产生抑制作用。然而，Ang和Elimelech[167]却发现，污水处理厂出水中含有高pH处理产生的VFA时，会导致膜处理工艺中膜通量的下降。因此，针对碱预处理产生的VFA应用于三级处理可能存在的风险，还需要进一步的研究。

6.3.2 pH在线控制条件下污泥水解酸化研究

1. VFA产量

通过pH在线控制计，对反应过程中的pH进行在线控制，研究了pH 5.5

和 pH 10.0 条件下的污泥水解酸化效果。图 6－7 为 pH 在线控制条件下，污泥中温水解酸化效果。从图中可以看出，pH 在线控制条件下，pH 10.0 的 VFA 产量明显要比 pH 5.5 高。pH 10.0 条件下，水解酸化 0～61 h，VFA 产量迅速增加，61 h 时达到最高值 32 mg/L；而在 61～137 h，VFA 产量逐渐降低到约 11 mg/L。pH 5.5 条件下，水解酸化 0～61 h，VFA 产量也增加，61 h 达到最高值时仅约 8 mg/L；而在 61～137 h，则几乎未检测到 VFA 产生（除 137 h 时，VFA 产量约为 2 mg/L）。在 2 种 pH 条件下，VFA 种类均以乙酸为主，仅在 61 h时出现了少量的丙酸。

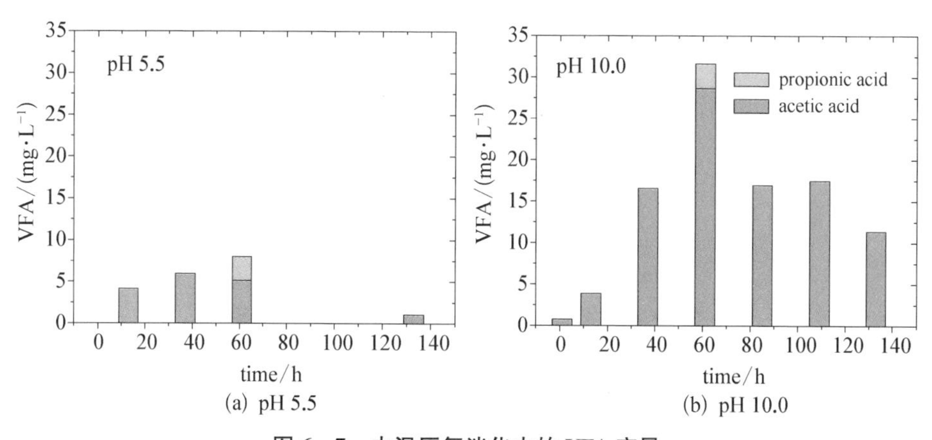

(a) pH 5.5　　(b) pH 10.0

图 6－7　中温厌氧消化中的 VFA 产量

因此，pH 在线控制条件下 VFA 提高的结果与 pH 每天调整得出的结果一致，这进一步印证了 pH 10.0 条件下的 VFA 产量明显要比 pH 5.5 时高。

2. 蛋白质和多糖

pH 在线控制条件下，水解酸化过程中的蛋白质和多糖在污泥絮体中随时间的变化如图 6－8 所示。从图中可以看出，污泥在水解酸化过程中，蛋白质逐渐从污泥絮体内层（即 TB－EPS 层）转移到外层（即 slime 和 LB－EPS 层）；而多糖变化较小，并无这种转化趋势。同时，pH 10.0 条件下蛋白质的降解明显比 pH 5.5 条件下多。然而，多糖在 pH 5.5 条件下似乎比 pH 10.0 条件下更容易降解。蛋白质和多糖在 pH 在线控制条件下的结果，也与 pH 每天调整得出的结果一致。

分子量分布结果（图 6－9）也表明，在水解酸化过程中，VFA（$100 < MW < 1\,000$）逐渐增加；在相同的水解酸化时间，pH 10.0 条件下 VFA 产量更多。同时，pH 5.5 的反应器中还出现了一些大分子物质（$1\,000 < MW < 100\,000$），这些物质可能是未降解完的大分子有机物（如蛋白质和多糖）。

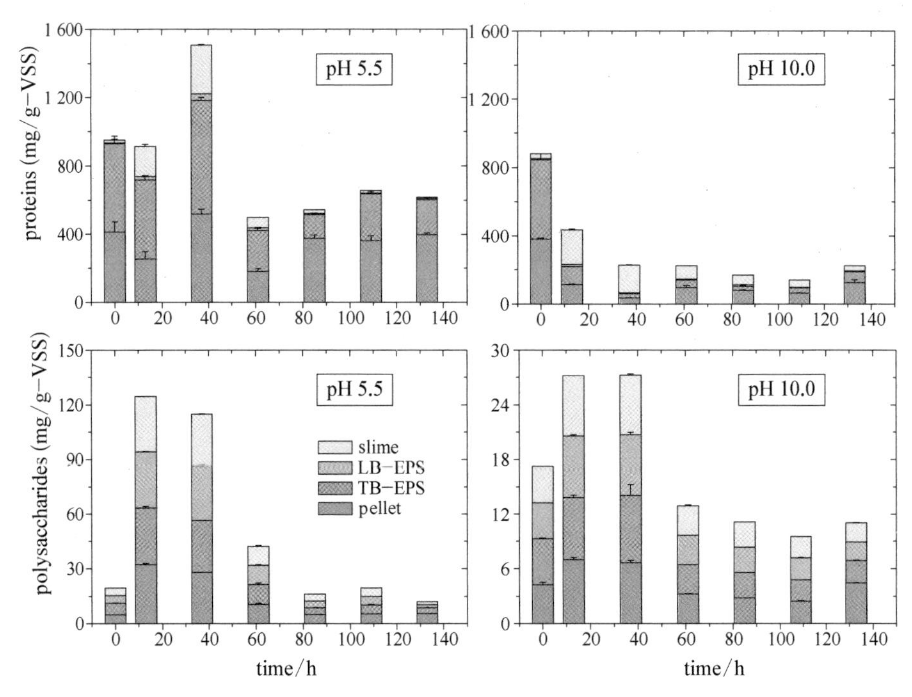

图 6-8　中温厌氧消化中的蛋白质和多糖产量

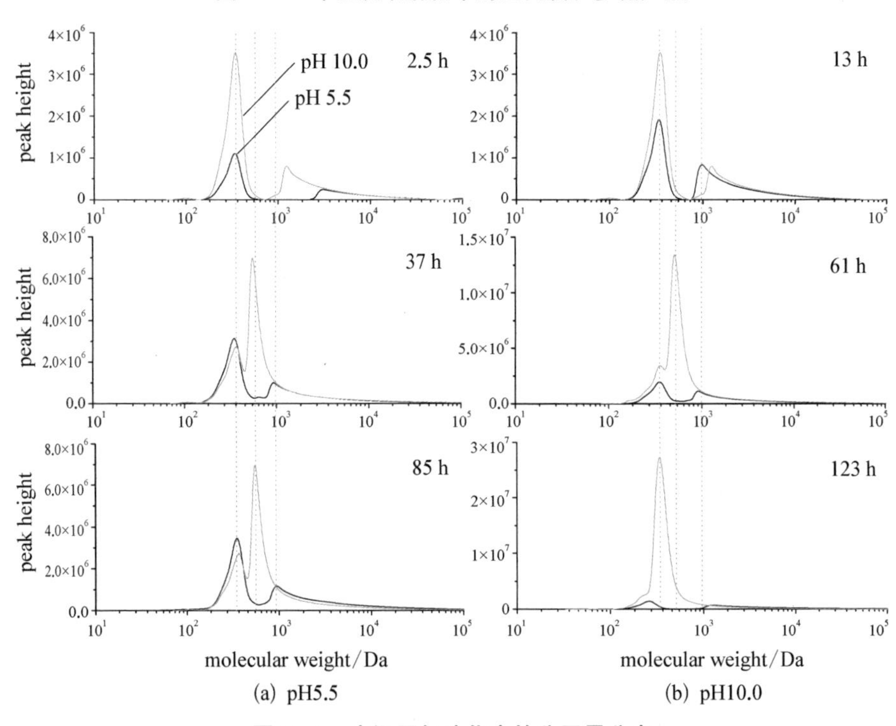

图 6-9　中温厌氧消化中的分子量分布

3. pH 10.0 在线控制条件下水解酸化过程中的生物和非生物效应

图 6－10 为 pH 在线控制条件下，污泥水解酸化过程中的酶活性。在水解酸化过程中，污泥絮体中的总酶活性(slime＋LB－EPS＋TB－EPS＋pellet)随水解酸化的进行而减少。而且，pH 5.5 反应器中的总酶活性要比 pH 10.0 高。同时，在水解酸化过程中，也可以观察到酶从污泥絮体内层向外层的迁移转化现象。这些结果都与 pH 每天调节的实验结果一致。

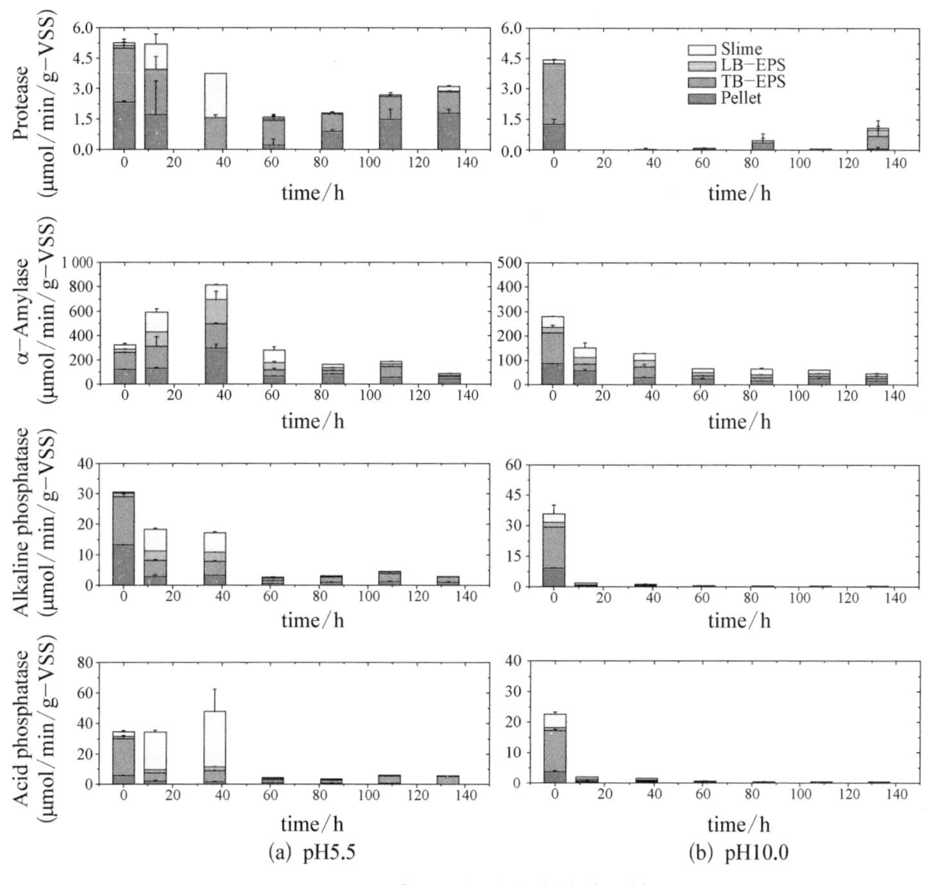

图 6－10　中温厌氧消化中的酶活性

因此，上述结果也表明，pH 5.5 反应器中的总酶活性要比 pH 10.0 高。这可以进一步证明，pH 10.0 提高污泥水解酸化过程中的 VFA 产量并不是主要由生物效应引起的。

由图 6－11 可知，pH 10.0 反应器中的污泥絮体粒径要比 pH 5.5 小。在相同的 pH 条件下，高温反应器中的污泥絮体粒径要比中温小。该结果也与 pH

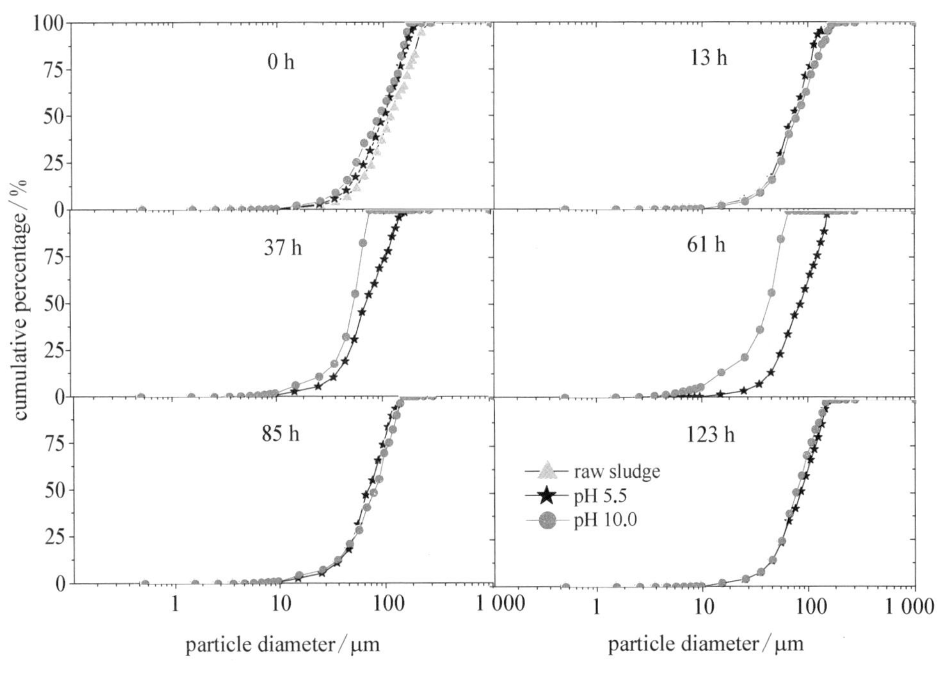

图 6-11　中温厌氧消化中的粒径分布

每天调节的实验结果一致。

综上,pH 10.0 提高污泥水解酸化过程中的 VFA 产量主要是由碱预处理的碱溶作用,而非生物作用引起的。

6.3.3　pH 对污泥水解酸化过程中脱水性能的影响研究

1. 水解酸化过程中的污泥脱水性能

图 6-12 为 4 个水解酸化工艺中污泥的模化 CST 随时间的变化曲线。原污泥的模化 CST 约为 1.5 s L/g-TSS。在水解酸化过程中,模化 CST 在 pH 5.5 条件下变化幅度较小,仅比原污泥略有增加。说明在 20 d 的水解酸化过程中,酸性工艺条件下的污泥脱水性能仅稍变差,但变化幅度不大。

而在 pH 10.0 的条件下,模化 CST 比原污泥明显高出很多。消化时间在 0～5 d 时,CST 从 1.5 s L/g-TSS 快速上升至 40～60 s L/g-TSS(约为原污泥的 25～40 倍),然后直至反应结束一直维持在这个水平,表明在碱性工艺条件下污泥脱水性能严重劣化。这一结果与 Vallom 和 McLoughlin[168] 发现在高 pH 条件下,EPS 溶解释放的胞内物质可作为高分子的聚合电解质从而使得脱水性能提高的结论是相反的,从而也说明胞内物质作为高分子聚合电解质的作用对

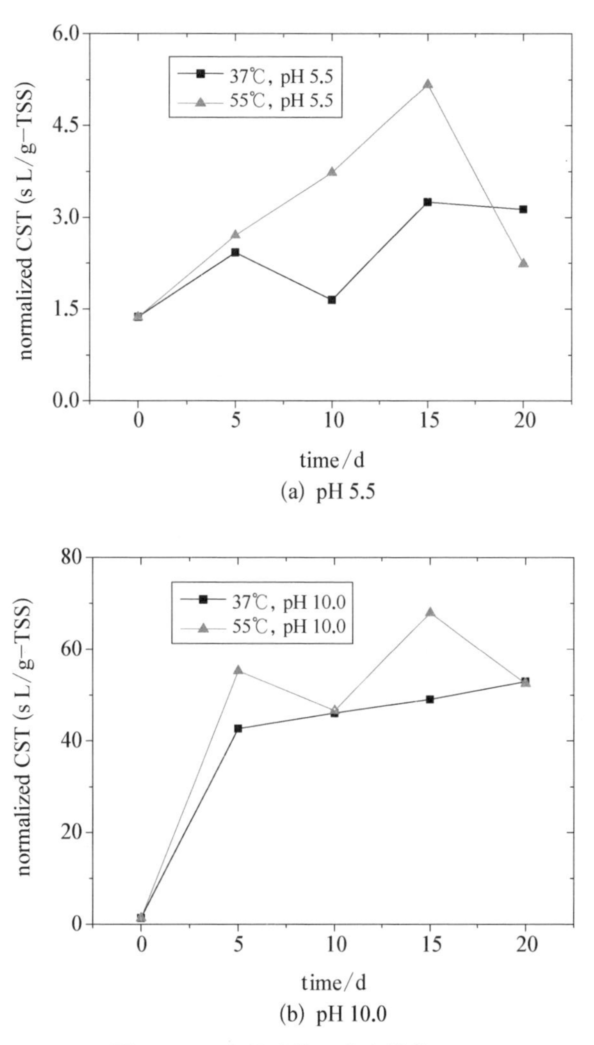

(a) pH 5.5

(b) pH 10.0

图 6-12　水解酸化工艺中模化 CST

污泥脱水性能的影响并不是主要的。

2. 有机物对污泥水解酸化过程中的脱水性能影响

污泥絮体中的蛋白质和多糖对污泥的脱水性能有重要贡献。表 6-3 为污泥及其各层中蛋白质、多糖和蛋白质与多糖的比值与模化 CST 的泊松相关系数。从表可以看出，TB-EPS 和 LB-EPS 层中的蛋白质、多糖和蛋白质与多糖的比值与模化 CST 没有显著相关性（$R < 0.35$，$p > 0.05$），表明 TB-EPS 和 LB-EPS 层中的蛋白质、多糖和蛋白质与多糖的比值不影响污泥脱水性能。同时，模化 CST 与原污泥中的蛋白质和蛋白质与多糖的比值相关性不显著，但与多糖含量呈负相关性 ($R=-0.50$, $p<0.05$)，表明污泥中的多糖比蛋白质对污泥脱水性能的影响更大。

表 6-3　模化 CST 和蛋白质、多糖及蛋白质与多糖的比值的泊松相关性分析 ($n=17$)

EPS 层	模化 CST		
	蛋白质	多　糖	蛋白质/多糖
slime	0.68**	0.12	0.70**
LB-EPS	0.15	−0.26	0.25
TB-EPS	−0.29	−0.35	−0.18
pellet	−0.88**	−0.56*	−0.87**
sludge	−0.48	−0.50*	0.04

* 显著性水平为 0.05(2-尾)；** 显著性水平为 0.01(2-尾)

从表 6-3 还可以看出，模化 CST 与 slime 层中的蛋白质呈显著正相关 ($R=0.68$, $p<0.01$)，而与 slime 层中的多糖几乎没有线性相关性 ($R=0.12$, $p>0.05$)；同时，模化 CST 还与 slime 层蛋白质与多糖的比值呈显著正相关 ($R=0.70$, $p<0.01$)。说明 slime 层中的蛋白质含量增多，或蛋白质与多糖的比值升高时，可导致模化 CST 的上升，使污泥脱水性能变差。原因可能是释放到污泥 slime 层的大分子有机物，在过滤过程中导致了模化 CST 的上升。

而 pellet 层中蛋白质、多糖和蛋白质与多糖的比值与模化 CST 呈显著负相关 ($R>-0.56$, $p<0.05$)，表明 pellet 层中蛋白质、多糖和蛋白质与多糖的比值越高，则污泥脱水性能越差。说明污泥絮体中的蛋白质和多糖只要不释放到外层(slime 层)，即不变为可溶态，污泥的脱水性能就不会劣化。这可能是源于 pellet 层的蛋白质和多糖对污泥 EPS 水分的结合有重要贡献。

3. pH 10.0 在线控制条件下污泥水解酸化过程中的脱水性能

图 6-13 为 pH 在线控制条件下的污泥水解酸化过程中模化 CST 变化。由图可以看出，污泥调节 pH 后，pH 10.0 的模化 CST 值要比 pH 5.5 高。在水解酸化过程中，pH 10.0 工况下的模化 CST 值迅速增加，且在 60 h 达到最高值(约 30 s L/g-TSS)；而后逐渐下降，至 133 h 时约为 17 s L/g-TSS。pH 5.5 工况下的模化 CST 值增加缓慢，至 133 h 时约为 6 s L/g-TSS。因此，在所研究的水解酸化时间里(133 h)，pH 10.0 的模化 CST 值都比 pH 5.5 高。这与 pH 每天调节的实验结果是一致的，说明虽然 pH 10.0 的水解酸化效果明显提高，但是前者的污泥脱水性能却降低较多。

此外,从图 6-13 还可以看出,如果继续延长污泥水解酸化时间,pH 10.0 的模化 *CST* 值可能比 pH 5.5 低。即只要适当控制水解酸化时间,pH 10.0 的水解酸化中污泥脱水性能可能比 pH 5.5 好。

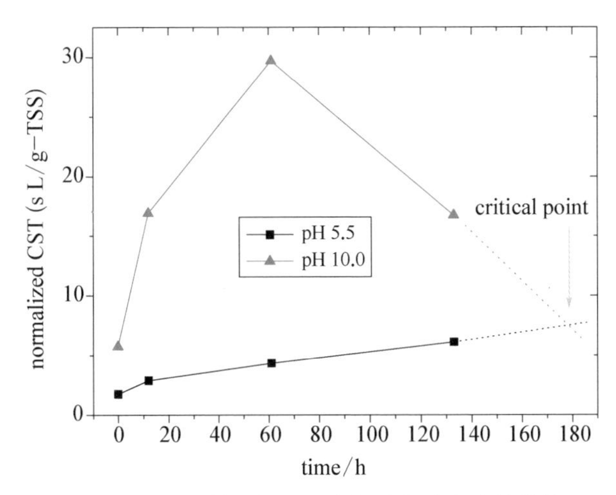

图 6-13　pH 在线控制的污泥水解酸化过程中的模化 CST

6.4　本 章 小 结

(1) 不管是中温或高温水解酸化,pH 10.0 条件下的 VFA 产量明显要比 pH 5.5 高 2～34 倍。pH 10.0 可以有效阻断水解酸化过程中 CH_4 和 CO_2 的产生,保持稳定的 VFA 产量;而 pH 5.5 的水解酸化过程中,则会产生 CH_4 和 CO_2,消耗 VFA 量。

(2) pH 10.0 提高污泥水解酸化过程中 VFA 产量的机制主要是以化学(碱溶)作用为主,生物作用为辅。pH 10.0 提供了污泥连续碱预处理的条件,使得污泥粒径减小、可溶性物质增多,导致污泥中的颗粒态有机质不断转化为易于微生物利用的可溶态有机质,从而解除了 EPS 对污泥水解的限制作用,使得水解酸化过程中 VFA 浓度明显升高。

(3) 每天调节 pH 的实验结果表明,pH 10.0 的水解酸化中,污泥脱水性能严重恶化;而 pH 5.5 的水解酸化中,污泥脱水性能仅稍变差。这主要是由于污泥脱水性能主要受 slime 层的可溶性蛋白质和蛋白质与多糖的比值影响,几乎不受总污泥絮体中的蛋白质、多糖和蛋白质与多糖的比值及其他污泥絮体层中的化学组分的影响。

第7章 剩余污泥絮体各层的生物絮凝效果

7.1 概　　述

絮凝剂在污水处理、饮用水处理和工业水处理中被广泛应用[169]。一般地，絮凝剂可分为三大类，即有机絮凝剂、无机絮凝剂和生物絮凝剂。其中，有机絮凝剂效率较高、应用范围较广。然而，有机絮凝剂也具有可生物降解性差，及降解过程中可能产生致癌单体等缺点。因此，迫切需要发展环境安全、可生物降解的生物絮凝剂。

Tenney 和 Stumm 的研究[170]表明，大分子有机物可用作天然产生的絮凝剂。污水处理厂产生的剩余污泥包含大量的大分子有机物和金属阳离子，因此，具备用作生物絮凝剂的潜势。近年来，Chen[171]发现大分子有机物加到稳定的无机分散溶液(如高岭土、硅藻土、矾土)中，可以使这些分散溶液出现明显絮凝现象。但是，污泥絮体作为生物絮凝剂的研究还较少。这可能归因于整个污泥絮体用作絮凝剂时的絮凝作用较低。

很多研究已经表明，污泥中大部分的大分子有机物和金属阳离子被 EPS 网络束缚在絮体中[31, 118, 172]。Nomura 等[173]发现，污泥絮体被试剂增容处理后的上清液对无机固体有明显的凝聚作用，且凝聚效果与一些商业用絮凝剂相当。然而，他们并没有对不同的污泥絮体层的絮凝性能进行研究。此外，也有研究结果表明，EPS 量和组成有明显的絮凝性能[174]。由于污泥絮体各层具有不同的有机和金属离子特征，污泥絮体各层应该具有不同的絮凝性能。污水处理厂产生的剩余污泥中，低絮凝性能的污泥絮体层被去除后，剩余的有效成分则应该具有较高的絮凝性能。因此，从剩余污泥中提取有效污泥絮体层，可望大幅度地提高剩余污泥的絮凝性能和脱水性能，用作价格低廉、无毒、高效、易于制备的生物絮凝剂。此外，探明污泥絮体用作生物絮凝剂的絮凝机制，也可以进一步优化其絮凝性能和脱水性能。

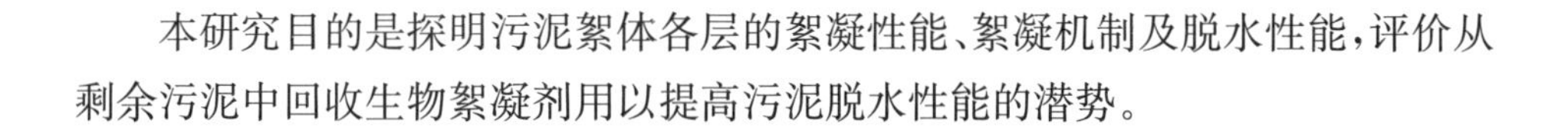
本研究目的是探明污泥絮体各层的絮凝性能、絮凝机制及脱水性能，评价从剩余污泥中回收生物絮凝剂用以提高污泥脱水性能的潜势。

7.2 材料与方法

7.2.1 实验材料

取自上海市两个城市污水处理厂曝气池的剩余污泥样品，用于生物絮凝研究。污泥A的污水处理厂工艺为A^2O，处理污水量75 000 m^3/d，其中生活污水占93%，工业污水占7%；污泥B的污水处理厂工艺为SBR，处理污水量90 000 m^3/d，其中生活污水占90%，工业污水占10%。污泥絮体各层的去除和再投加实验所用污泥样品为污泥A。收集的污泥样品30 min内运输到实验室，其具体理化性质见表7-1。

表7-1 城市污水处理厂剩余污泥的理化性质

样品	TSS /(g·L⁻¹)	VSS /(g·L⁻¹)	COD /(mg·L⁻¹)	SCOD /(mg·L⁻¹)	电导率 /(mS·cm⁻¹)	蛋白质 /(mg/g-VSS)	多糖 /(mg/g-VSS)
污泥A	(2.66±0.01)	(1.82±0.04)	(4 510±478)	(128±11)	8.56	(817±5)	(165±63)
污泥B	(2.54±0.18)	(1.77±0.03)	(4 725±134)	(76.5±9.2)	8.41	(786±7)	(148±56)

7.2.2 实验方法

1. 生物絮凝实验

污泥絮体各层的生物絮凝实验方法，详见2.5.4节。

2. 污泥絮体层的逐层剥除和逐层再投加实验

污泥絮体各层的逐层剥除和逐层再投加实验方法，详见2.5.5节。

7.3 结果与讨论

7.3.1 污泥絮体各层的有机和无机特征

污泥絮体按2.1节的分层方法，分成supernatant、slime、LB-EPS和TB-EPS

表 7-2 城市污水处理厂剩余污泥絮体各层的理化性质

理化指标		污泥 A				污泥 B			
		supernatant	slime	LB-EPS	TB-EPS	supernatant	slime	LB-EPS	TB-EPS
TOC/(mg·L^{-1})		6.33	7.42	3.59	410	5.16	6.02	2.76	214
Zeta/mV		(−16.6±0.4)	(−18.1±0.3)	(−24.2±2)	(−18.6±0.6)	(−13.8±0.3)	(−18.4±0.2)	(−22.8±0.3)	(−18.5±0.4)
电导率/(mS·cm^{-1})		7.86	7.03	6.76	12.6	8.90	8.13	8.22	14.7
蛋白质/(mg·L^{-1})		(3.8±1)	(2.8±2)	(2.2±0.7)	(509±5)	(2.4±0.5)	(2.2±0.1)	(1.2±0.5)	(223±10)
多糖/(mg·L^{-1})		(38.1±0.8)	(37.6±0)	(37.6±0)	(39.2±0)	(37.6±0)	(37.6±0)	(37.6±0)	(38.9±0.4)
DNA/(mg·L^{-1})		(24.1±2)	0	0	(141±4)	(26.2±3)	(11.2±0.6)	0	(138±3)
金属阳离子/(mg·L^{-1})	Ca^{2+}	62.0	17.9	3.20	14.1	66.0	16.0	3.86	15.3
	Mg^{2+}	13.6	4.30	0.95	7.06	14.4	4.28	0.69	10.3
	Al^{3+}	0	0	0.04	1.59	0	0	0.03	4.99
	Fe^{3+}	0	0	0	5.30	0	0	0.02	7.13

层。污泥絮体A和B各层的理化性质见表7-2。由表可知，蛋白质主要分布(97.5%～98.3%)在TB-EPS层，少量分布(1.7%～2.5%)在supernatant、slime和LB-EPS层；而多糖则几乎均匀分布在各EPS层。在污泥絮体各层的TOC分布几乎与蛋白质相似。蛋白质和多糖在污泥絮体各层中的分布模式与第3—6章的结果一致，表明该分布模式在污泥絮体中是不随污水来源和处理工艺而改变的。

分子量分布可以在分子水平进一步表征不同污泥絮体层的有机特征。如图7-1所示，污泥A和B相对应的污泥絮体层有相似的分子特征，在supernatant层，出现了3个峰，分别位于300、20 000和150 000；在slime和LB-EPS层，检测到了2个峰，分别位于300和20 000；而在TB-EPS层，检测到了4个峰，分别位于300、10 000、330 000和1 200 000。上述结果表明，TB-EPS与其他污泥絮体层的不同之处在于，前者包含较高含量的330 000～1 200 000大分子物质。这与表7-1中列出的TB-EPS层中蛋白质和多糖的总和是其他EPS层的5倍以上是一致的。

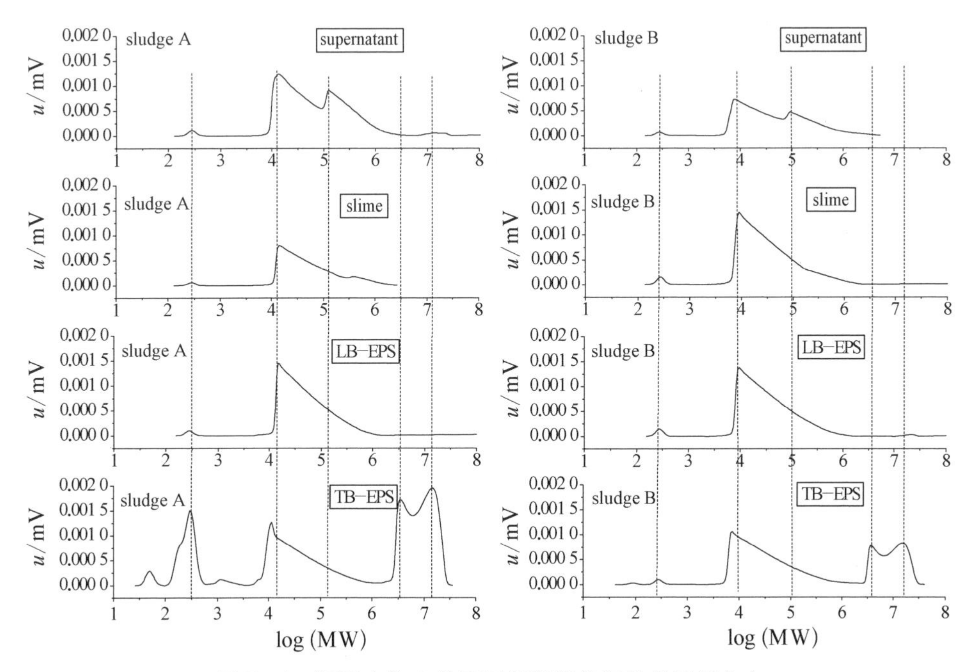

图7-1　污泥A和B的不同污泥絮体层的分子量分布

污泥絮体中的有机质是通过金属阳离子的架桥作用结合起来的[124]。因此，污泥絮体各层中有机质的分布模式可能与金属离子的分布模式有关。由表7-2

可知,金属阳离子在污泥絮体各层中有明显不同的分布模式。对于 Ca^{2+} 和 Mg^{2+},超过 48.5%分布在 supernatant 层,约 14.5%～34.7%分布在 slime 和 TB-EPS层,仅 3%分布在 LB-EPS层。对于 Al^{3+} 和 Fe^{3+},97.5%以上分布在 TB-EPS层,仅少量(<2.5%)分布在其他污泥絮体层。因此,二价阳离子主要分布在 supernatant,而三价阳离子则大部分分布在 TB-EPS层。

7.3.2 剩余污泥中污泥絮体各层的絮凝性能

污泥絮体各层的高岭土悬浮液絮凝实验,可以表征污泥絮体各层的絮凝性能。图 7-2 为污泥絮体各层的高岭土悬浮液的絮凝实验中的絮凝速率和 Zeta 电位。在絮凝实验中,TB-EPS层絮凝速率>(54.1±1.4)%,而其他污泥絮体层的絮凝速率<(7.8±1.6)%。因此,与其他污泥絮体层相比,TB-EPS层具有更高的絮凝速率。此外,在污泥絮体各层的絮凝实验中,高岭土悬浮液加入 supernatant、slime 和 LB-EPS层,其 Zeta 电位均保持负值,且几乎不变;而加入 TB-EPS层后,Zeta 电位从约−18 mV 增加到约−10 mV。

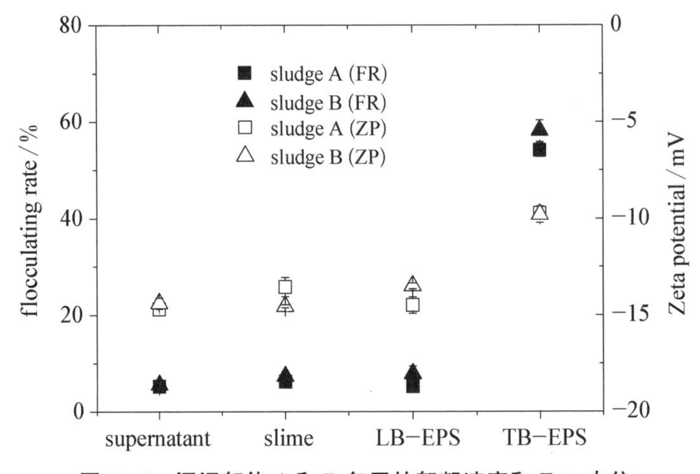

图 7-2 污泥絮体 A 和 B 各层的絮凝速率和 Zeta 电位

粒径分布结果也表明,在絮凝实验中,高岭土悬浮液加入 supernatant、slime 和 LB-EPS层,其粒径分布几乎不变;而加入 TB-EPS层,粒径明显增大(图 7-3 和图 7-4)。因此,Zeta 电位和粒径分布的结果都表明,与其他各污泥絮体层相比,TB-EPS层具有显著的絮凝性能。TB-EPS层高的絮凝性能可能与其中的大分子物质(330 000～1 200 000)和三价阳离子有关(表 7-2 和图 7-1)。

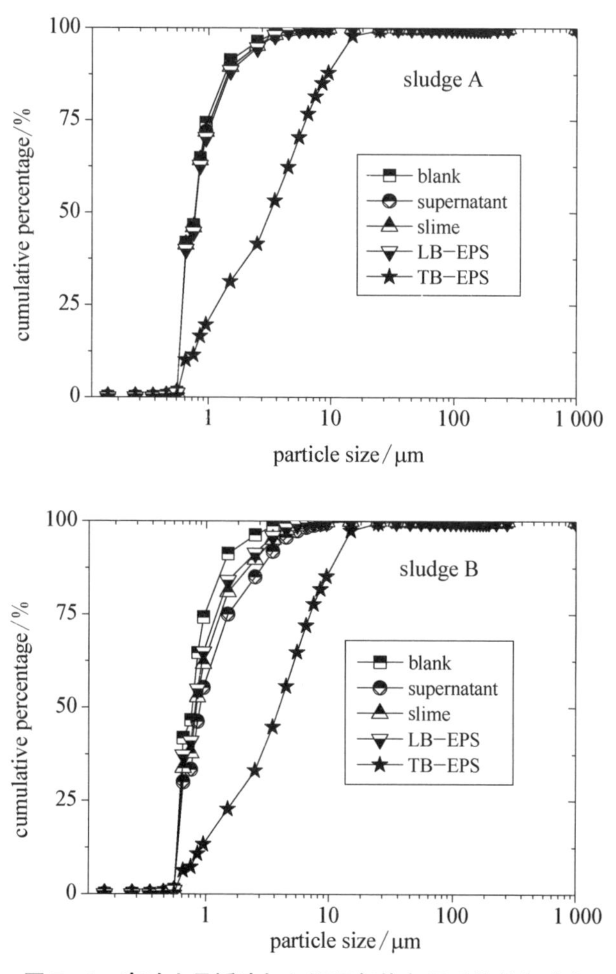

图 7-3　高岭土悬浮液加入污泥絮体各层后的粒径分布

很多研究已表明，与低分子量的有机物相比，大分子有机物在生物絮凝中有更重要的作用[175, 176, 177]。Saito 等[175]认为，生物絮凝剂只有在相对分子质量>37 000时才会有较好的絮凝性能。Bender 等[176]也表明，用作生物絮凝剂的多糖分子量要大于 200 kDa。Salehizadeh 和 Shojaosadati[177]进一步指出，与低分子量的生物絮凝剂相比，高分子量的生物絮凝剂有更多的吸附点、更强的架桥能力和更高的絮凝性能。因此，这些同类的研究结果也均表明，TB-EPS 较高的絮凝性能可能归因于其具有含有较多大分子物质。

综上，TB-EPS 层具有较高的絮凝性能，是剩余污泥中的活性组分。因此，为了提高剩余污泥作为生物絮凝剂的潜力，可以提取具有较高絮凝性能的 TB-EPS层，而撇除其他絮凝性能较低的污泥絮体层(即 supernatant、slime 和

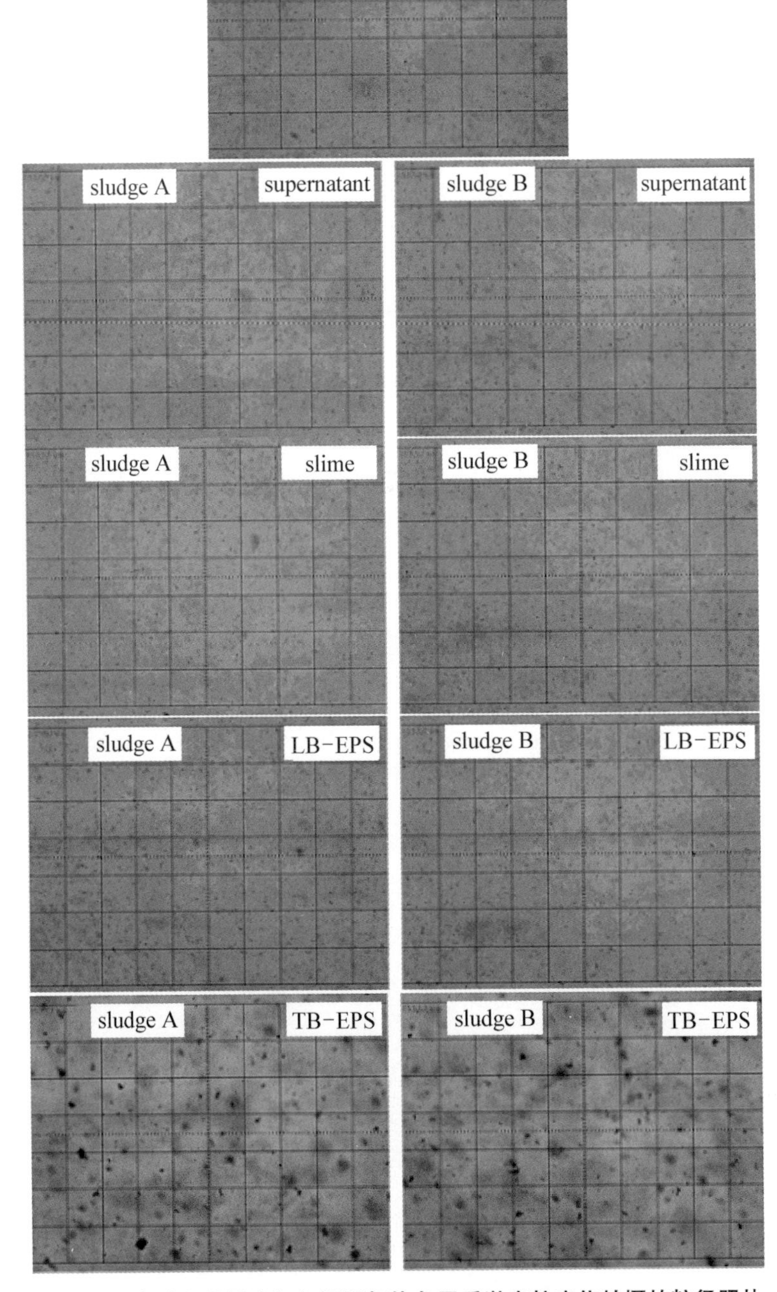

图 7-4 高岭土悬浮液加入污泥絮体各层后激光粒度仪拍摄的粒径照片

LB－EPS 层)。在资源化利用污泥作生物絮凝剂时，操作者可以采用低速离心(<5 000g)方法去除剩余污泥中的其他部分，然后采用超声波破碎离心后的剩余污泥，再用高速离心方法回收生物絮凝剂。回收的生物絮凝剂可以回用于污水处理工艺，提高污水处理效率。

7.3.3　剩余污泥絮体各层的絮凝机制

通常，生物絮凝剂的絮凝机理有 4 种：双电层压缩、网捕、吸附和电荷中和、吸附和颗粒架桥[178]。TB－EPS 层对高岭土悬浮液有较高的絮凝性能；然而，Zeta 电位一直保持负值，且变化较小(图 7－2)。同时，随着 TB－EPS 剂量的增加，Zeta 电位仍然保持负值，但浊度明显减小(图 7－5)。以上结果表明，高岭土颗粒之间的静电排斥力不足以阻止 TB－EPS 具有较高的絮凝性能。因此，TB－EPS层的絮凝机制不可能是电荷中和。

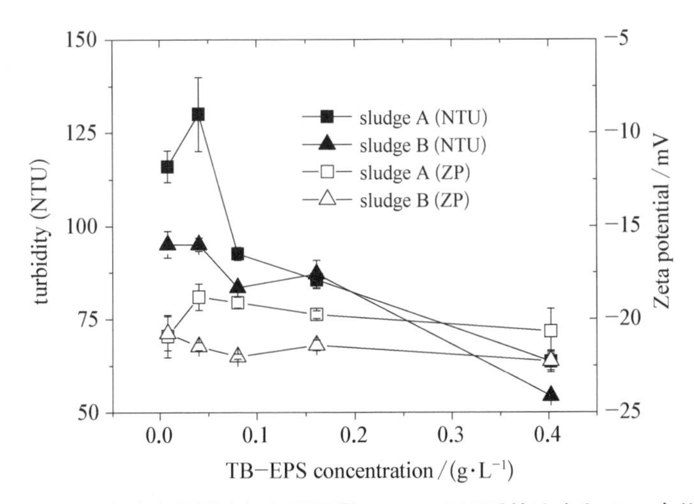

图 7－5　高岭土悬浮液加入不同量 TB－EPS 层后的浊度和 Zeta 电位

絮凝性能与粒径分布的变化趋势是一致的，即与其他污泥絮体层相比，TB－EPS 层具有较高的絮凝性能和更大的粒径(图 7－2 至图 7－4)。TB－EPS 层较高的絮凝性能，可能与它包含更多的大分子有机物(330 000—1 200 000，主要是蛋白质)和三价阳离子(Al^{3+} 和 Fe^{3+})有关。由于蛋白质对铁有亲和性，因此，蛋白质和铁会同时出现在 TB－EPS 层中。表 7－2 的测定结果表明，TB－EPS 层的离子强度并不是很高，因此，不能通过双电层压缩作用而使其具有较高的絮凝性能。

既然 TB－EPS 层具有较高絮凝性能的机制不是电荷中和与压缩双电层，那么可能的机制就只剩下：网捕、吸附和颗粒架桥。在不同的高岭土悬浮液浓度中，TB－EPS层的絮凝速率随高岭土浓度的增加而增加，且在4 g/L时有最高絮凝速率(图7－6)。当高岭土悬浮液浓度过高或过低时，絮凝速率均会减少。该结果与网捕机制是一致的[178]。

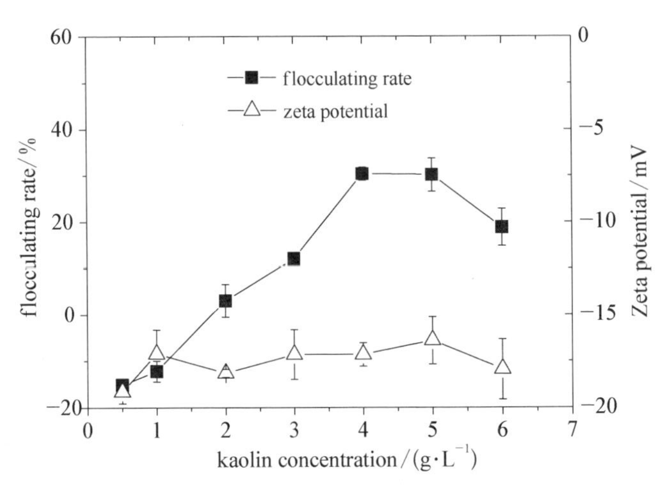

图7－6　污泥A的TB－EPS层加入不同浓度高岭土后的絮凝效果和Zeta电位

金属阳离子可以通过中和有机物中的官能团所带负电荷和在颗粒之间形成架桥提高絮凝性能[177]。在TB－EPS层的絮凝试验中，没有添加$CaCl_2$时，絮凝速率减少10倍(图7－2和图7－7)。该结果表明，阳离子在絮凝过程中起重要作用。因此，带负电荷的TB－EPS通过阳离子的架桥作用，将高岭土悬浮液中的粒子连接在一起。

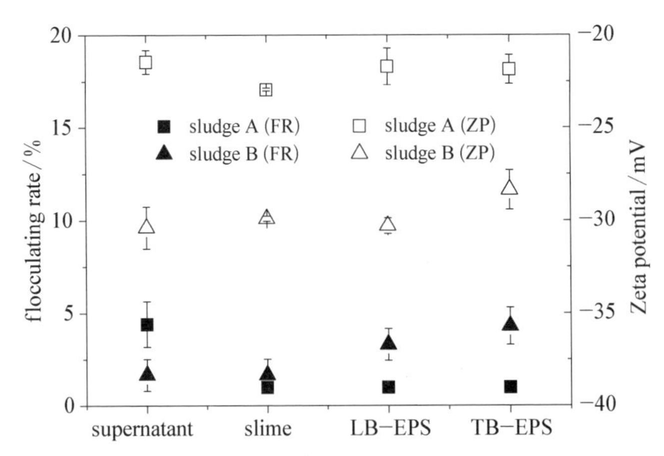

图7－7　不加金属离子仅加入不同污泥絮体层条件下的絮凝效果和Zeta电位

综上所述，TB - EPS 层具有高絮凝性能的机理是网捕与吸附和颗粒架桥。

7.3.4　剩余污泥絮体各层在污泥絮体中的絮凝作用

污泥样品为表 7 - 1 中的污泥 A。污泥絮体各层与污泥絮体的结合特征可用粒径和 Zeta 电位表征。图 7 - 8 和图 7 - 9 为污泥絮体逐层剥除和逐层再投加不同污泥絮体层后的粒径与 Zeta 电位。在本研究中，污泥粒径的减少或增加均是相对原污泥而言的。从图中可以看出，污泥絮体逐层剥除不同污泥絮体层后，粒径也逐步减少；再投加不同污泥絮体层后，粒径也随之增加。具体而言，原污泥絮体剥除 supernatant，粒径减少 1.8 μm；而再投加 supernatant，粒径增加到与原粒径大小(即 16.1 μm)相仿。然后，从 sludge 1 进一步去除 slime，粒径比

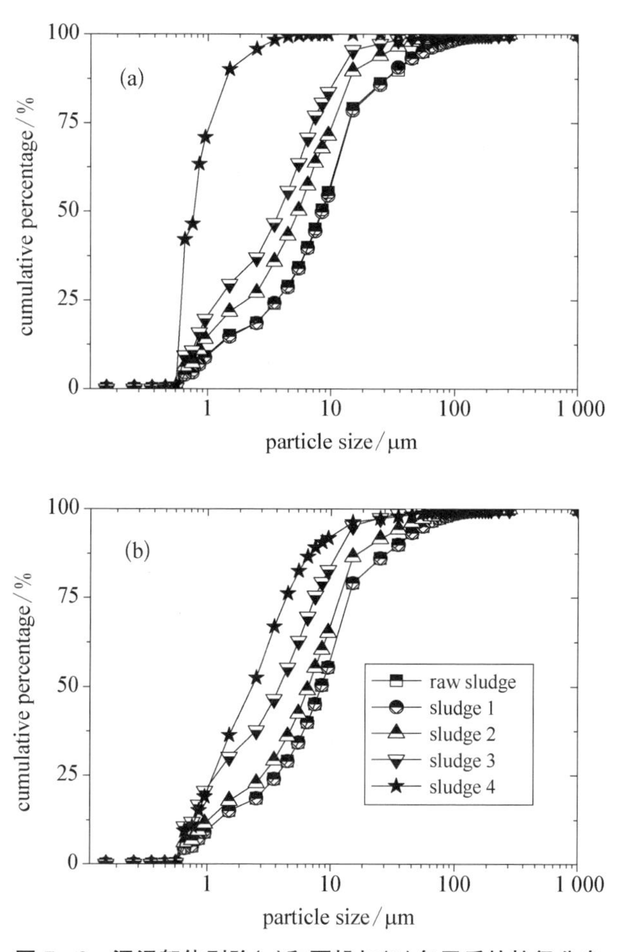

图 7 - 8　污泥絮体剥除(a)和再投加(b)各层后的粒径分布

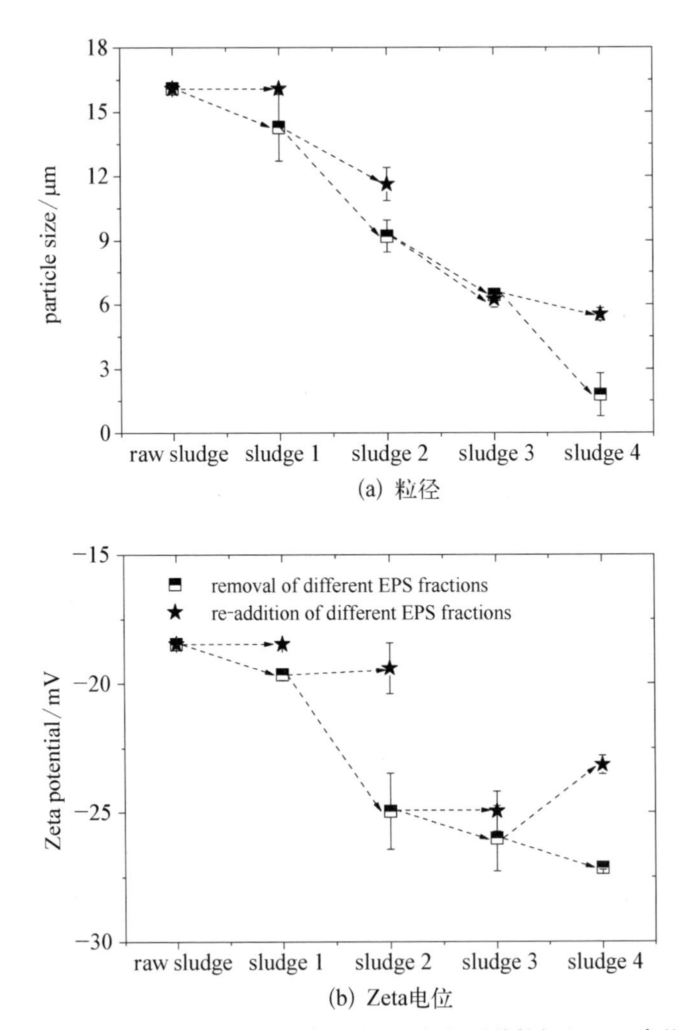

(a) 粒径

(b) Zeta电位

图 7-9 污泥絮体各层的逐步剥除和再投加后的粒径和 Zeta 电位

去除 supernatant 后更小(5.0 μm vs 1.8 μm);再投加 slime,粒径增大约 2.4 μm,但仍比原污泥粒径小。随后,从 sludge 2 进一步剥除 LB-EPS,粒径减少 2.8 μm;再投加 LB-EPS,粒径并没有明显增大。从 sludge 3 进一步剥除 TB-EPS,粒径减少 4.7 μm;再投加 TB-EPS,粒径增大 3.8 μm。

污泥絮体破坏后的再生长能力,可以提高污水处理工艺的去除率。污泥絮体强度系数(strength factor)和恢复系数(recovery factor),可以用来表征污泥絮体的破坏和再生长特征,其计算公式[179]如下:

$$strength\ factor = \frac{d(2)}{d(1)} \times 100 \tag{7-1}$$

$$recovery\ factor = \frac{d(3) - d(2)}{d(1) - d(2)} \times 100 \tag{7-2}$$

式中，$d(1)$为原污泥絮体平均粒径；$d(2)$为原污泥絮体剥除 EPS 层后的平均粒径；$d(3)$，$d(2)$分别为絮体再投加 EPS 层后的平均粒径。

污泥絮体强度系数高，表明该絮体可以容忍高的剪切力；同理，污泥絮体恢复系数高，表明该絮体经高的剪切力后有更强的再生长能力。表 7－3 为污泥絮体的强度和恢复系数。从表中可以看出，污泥絮体逐步剥除不同污泥絮体层后，絮体强度系数从 88.7 逐渐降低到 27.6；再投加不同 slime 和 LB－EPS 层后，絮体恢复系数分别为 47.9 和－7.5，要比加入 supernatant 和 TB－EPS 层的恢复系数低。污泥絮体的强度和恢复系数结果表明，不同污泥絮体层具有维持絮体完整性、增大絮体强度的作用。

表 7－3　污泥絮体强度和恢复系数

污泥类型	强度系数	恢复系数
sludge 1	88.7	100.0
sludge 2	64.5	47.9
sludge 3	70.1	－7.50
sludge 4	27.6	80.5

如图 7－9(b)所示，污泥絮体逐步剥除和再投加后的 Zeta 结果表明，从污泥絮体逐步剥除 supernatant、slime 和 LB－EPS 层后，Zeta 电位逐渐降低；再投加 supernatant、slime 和 LB－EPS 层后，Zeta 电位恢复到原值。从污泥絮体进一步剥除 TB－EPS 后，Zeta 电位略减少；而再投加 TB－EPS 后，Zeta 电位比原值更高。

污泥粒径和 Zeta 电位结果都表明，污泥絮体各层与污泥絮体有不同的结合机理。因此，污泥絮体各层在对污泥絮体的絮凝过程中也应该有不同的作用。总之，剥除的污泥絮体层再投加到污泥絮体中，可以吸附到污泥絮体上，导致污泥絮体粒径增加、Zeta 电位升高。该结果与剥除的污泥絮体层投加到高岭土悬浮液实验结果相似。因此，不同污泥絮体层增加粒径和 Zeta 电位的机制，也是网捕和吸附架桥。

污泥絮体各层的逐步剥除和再投加后的 SRF 与 CST 如图 7－10 所示。从污泥中逐步剥除 supernatant 和 slime，致使污泥 SRF 和 CST 略增加；再投加剥

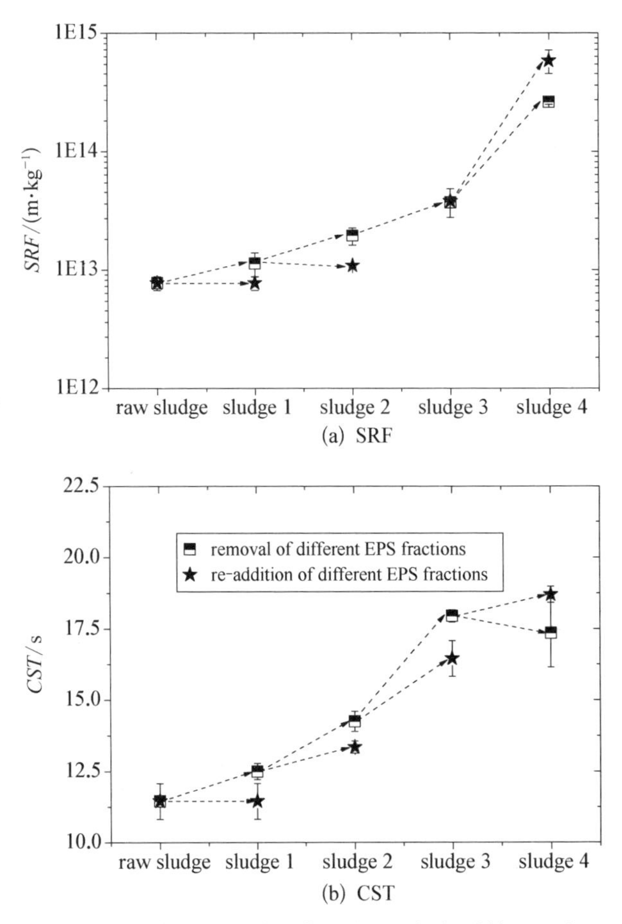

(a) SRF

(b) CST

图 7-10 污泥絮体各层的逐步剥除和再投加后的 SRF 和 CST

除的 supernatant 和 slime，则使污泥 SRF 和 CST 恢复至原值。该结果表明，在 supernatant 和 slime 层的胞外有机物，可以重新吸附到污泥絮体上。然而，进一步剥除 LB-EPS 层，致使污泥 SRF 和 CST 增加较剥除 supernatant 和 slime 多，再次投加 LB-EPS 却不能使污泥 SRF 和 CST 恢复至原值。污泥絮体继续剥除 TB-EPS，SRF 增加较多，而 CST 略减少；再次投加 TB-EPS，SRF 和 CST 都增加。

以上结果表明，再投加 supernatant 和 slime 到污泥絮体中，其中的有机聚合物可以重新吸附到污泥絮体上。由表 7-2 可知，这种重新吸附现象可能是 supernatant 与 slime 层中含有较高含量的 Ca^{2+} 和 Mg^{2+} 的吸附架桥作用。然而，投加 LB-EPS 和 TB-EPS 层到污泥絮体，并不能使粒径或 Zeta 电位恢复到原值。因此，supernatant 与 slime 层有机聚合物的吸附和解吸是一个可逆过程；而 LB－EPS 与 TB－EPS 层有机聚合物的吸附和解吸是一个不可逆过程。

物理吸附是可逆过程，而化学吸附是不可逆过程[179]。supernatant 与 slime 的剥除和再投加实验结果表明，这 2 个污泥絮体层中有机聚合物可能通过物理吸附作用与污泥絮体结合在一起。然而，TB－EPS 层中有机聚合物可能不是主要通过物理吸附作用，而是通过化学键（如—COOH、—OH、—H）与污泥絮体结合在一起[36]。此外，离心方法并不能破坏化学键；而 LB－EPS 的剥除和再投加实验结果表明，该过程是一个不可逆过程。因此，LB－EPS 层与污泥絮体的结合，并不能简单地归结于物理吸附或化学吸附。

在污水处理厂，曝气池中的低曝气强度、温和的搅拌速度和剩余污泥的回流过程等操作，均会产生低的剪切强度（$<2\,000g$），这些操作可以破坏污泥絮体、增加出水浊度；但由污泥絮体的吸附和再加实验结果可以推知，只要保证这些絮体在二沉池中的沉降时间，污泥絮体就可以在二沉池中重新恢复、再生长，从而保证良好的出水水质。然而，对于曝气池出现的较强的剪切力，如高的曝气强度、强度大的搅拌等操作，可使污泥絮体破坏；但即使保证这些絮体在二沉池中足够的沉降时间，也不能保证二沉池良好的出水水质。因此，虽然 supernatant、slime 和 LB－EPS 等污泥絮体外层比内层对污泥脱水性能和出水水质起到更重要的作用，但这些影响可以通过合适的操作来调控。

7.4　本章小结

（1）污泥絮体各层有不同的分子量和金属阳离子分布特征。TB－EPS 层包含较高含量的相对分子质量在 330 000—1 200 000 的大分子物质，而 supernatant 层、slime 层和 LB－EPS 层中主要为分子量在 150 kDa 以下的小分子物质。二价阳离子主要分布在 supernatant，而三价阳离子则大部分分布在 TB－EPS 层。

（2）与其他污泥絮体层相比，TB－EPS 层具有高的絮凝性能，是剩余污泥中的活性组分。进一步的分析结果表明，TB－EPS 层具有较高絮凝性能的机制是大分子物质（330 000—1 200 000）的网捕和三价阳离子（Al^{3+} 和 Fe^{3+}）的架桥机制。

（3）为了提高剩余污泥作为生物絮凝剂的潜力，可以提取具有高絮凝性能的 TB－EPS 层，而撇除其他絮凝性能较低的污泥絮体层（supernatant 层、slime

层和 LB－EPS 层）。在资源化利用污泥作生物絮凝剂时，操作者可以采用低速离心（<5 000g）方法去除剩余污泥中的其他部分，然后采用超声波破碎离心后的剩余污泥，并用高速离心方法回收生物絮凝剂。回收的生物絮凝剂可以回用于污水处理工艺，提高污水处理效率。

（4）supernatant 层和 slime 层可能通过物理吸附作用与污泥絮体结合在一起，TB－EPS 层可能是通过化学键吸附与污泥絮体结合在一起；而 LB－EPS 层与污泥絮体的结合，并不能简单地归结于物理吸附或化学吸附。同时，污泥絮体各层具有维持絮体完整性、增大絮体强度的作用。

第8章 去除 EPS 后的 pellet 提高好氧污泥颗粒化研究

8.1 概　　述

好氧颗粒污泥技术是近 20 年来发展起来的废水处理技术，与传统的活性污泥法相比有很多优点，如污泥沉降性能好[180-183]、生物量多[184]、抗冲击负荷能力强[185, 186]，以及耐受有毒有害污染物能力强等[122, 183, 187, 188]。同时，与一般污泥絮体相比，好氧颗粒污泥有一个相对更小的操作"窗口"[122]，如只能在 SBR 反应器中培养成功。目前，好氧颗粒污泥的研究进展已被一些研究者详细报道[122, 189-191]。

EPS 是颗粒污泥的主要组分，其数量和组成在污泥颗粒化过程中起着重要作用[192-194]。高含量的多糖有助于促进细胞间的吸附，并通过聚合物的相互缠绕增强生物结构[195]。Liu 和 Tay[196]已表明在颗粒化工艺中，生物间的初始接触形成聚集体，然后聚集体中的生物在水力剪切力作用下分泌 EPS，形成三维立体结构的颗粒。水力剪切力可以增加细胞分泌的 EPS 数量、改变 EPS 的组成[196]。此外，在好氧颗粒污泥形成过程中，蛋白质也被积聚在 EPS 中[194, 197]。Adav 等[198]提出，强的剪切力压缩生物聚集体形成颗粒，足够的氧气可以抑制丝状菌的生长，并维持良好的运行稳定性。然而，高的曝气强度会导致运行费用的增加。

通常，好氧颗粒污泥反应器采用活性污泥或厌氧颗粒污泥接种。然而，在接种的活性污泥中，包裹细胞的 EPS 会妨碍细胞间的接触[196]。虽然细胞在相互黏附后分泌 EPS，进而形成压缩的聚集体，但是接种污泥絮体中的 EPS 可能起到空间位阻的作用，妨碍生物间的接触及颗粒的形成。污泥去除 EPS 后，称之为细胞相(pellet)。已有研究表明，好氧颗粒污泥的形成受接种污泥、基质组成、进料模式、沉降时间和曝气强度等因素的影响[187]。迄今为止，好氧颗粒污泥均采用污水处理厂的不同类型污泥絮体进行接种，还没有采用 pellet 接种，启动好氧颗粒污泥培养的报道。

本研究采用城市污水处理厂原生污泥和污泥去除 EPS 后的 pellet，分别接种 SBR 反应器培养好氧颗粒污泥。同时，探讨通过 pellet 接种，启动完全混合式反应器(CSTR)培养好氧颗粒污泥的可能性。基于构建的污泥絮体多层结构，结合荧光染色和 CLSM 结合的原位观察方法，研究了好氧颗粒污泥的处理效果和脱水性能、pellet 加速好氧颗粒污泥启动的可行性及相关机制，也研究了好氧颗粒污泥储存过程中的形态改变及相关机制。

8.2 材料与方法

8.2.1 实验材料

取自台北市某城市污水处理厂曝气池的污泥样品，用于葡萄糖为碳源的好氧颗粒污泥培养试验。污泥取回后，先静置 2 h，撇除上清液，然后过 1.2 mm 筛。过筛后的污泥，采用离心和超声波法(详见 2.1 节)去除不同的 EPS 组分，得到 pellet。原生污泥和 pellet 的体积计的平均粒径分别为 45.7 μm 和 3.46 μm，其粒径分布如图 8-1(a)所示。

取自上海市某城市污水处理厂曝气池的污泥样品，用于乙酸钠为碳源的好氧颗粒污泥培养试验。污泥取回后，先静置 2 h，撇去上清液，然后过 1.2 mm 筛。过筛后的污泥用于去除 EPS 试验及 pellet 培养好氧颗粒污泥试验。

8.2.2 实验方法

1. 污泥絮体分层及 pellet 提取方法

污泥絮体分层及 pellet 提取方法，参见 2.1 节。

2. 荧光染色及 CLSM 原位观察方法

荧光染色及 CLSM 原位观察方法，参见 2.3 节。

3. 好氧颗粒污泥和污泥絮体的自由沉降实验

好氧颗粒污泥和污泥絮体的自由沉降实验，参见 2.5.6 节。

4. 好氧颗粒污泥的储存实验

好氧颗粒污泥的储存实验，参见 2.5.8 节。

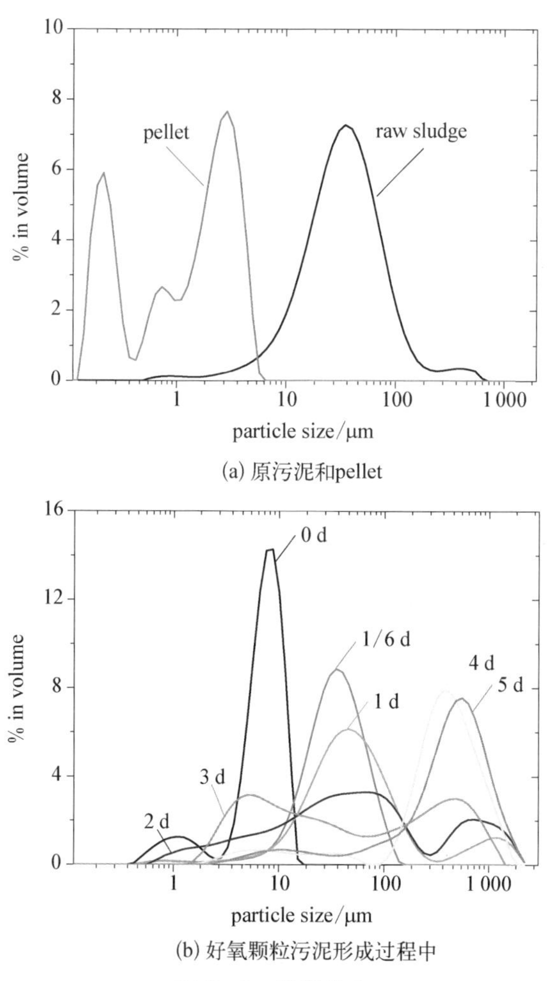

(a) 原污泥和pellet

(b) 好氧颗粒污泥形成过程中

图 8-1　粒径分布

5. 好氧颗粒污泥反应器启动及操作

1) pellet 接种启动好氧颗粒污泥反应器(葡萄糖为碳源)

1 个柱状反应器(高 120 cm,直径 5 cm)用于 pellet 接种培养研究。该反应器采用 SBR 模式运行,SBR 的周期为 4 h,包括进料 5 min,曝气 227 min,沉降 3 min,出水 5 min。进料、曝气、沉降时间和出水均采用微电脑数位式定时器自动控制,曝气表观气速约为 3.0 L/min,温度控制在(25±5)℃。反应器的容积负荷和体积交换率分别为 3.9 kg-COD/(m^3d)和 40%。合成污水以葡萄糖为碳源,具体组成详见表 8-1 和图 8-2。每升合成污水中加入微量元素 1 mL。

2) pellet 和活性污泥分别启动好氧颗粒污泥反应器(葡萄糖为碳源)

3 个柱状反应器(高 120 cm,直径 5 cm)分别用于活性污泥和 pellet 接种培

表 8-1　合成污水的化学组成

化学成分	葡萄糖	KH_2PO_4	Na_2HPO_4	NH_4Cl	$CaCl_2$	$FeCl_3$	$MgSO_4 \cdot 7H_2O$
含量/($mg \cdot L^{-1}$)	2 000	52.7	169.7	200	7.5	0.5	100

表 8-2　合成污水中微量元素组成　($mg \cdot L^{-1}$)

H_3BO_3	$ZnCl_2$	$CuCl_2$	$MnSO_4 \cdot H_2O$	$(NH_4)_6 \cdot Mo_7O_{24} \cdot 4H_2O$	$AlCl_3$	$CoCl_2$	$NiCl_2$
50	50	30	50	50	50	50	50

养研究。其中，反应器 1(R1)采用 pellet 接种、SBR 模式运行；反应器 2(R2)采用活性污泥接种、SBR 模式运行；而反应器 3(R3)采用 pellet 接种、完全混合(CSTR)模式运行。SBR 的周期为 4 h，包括进料 5 min，曝气 227 min，沉降 3 min，出水 5 min。进料、曝气、沉降时间和出水均采用微电脑数位式定时器自动控制，曝气表观气速约为 3.0 L/min，温度控制在(25±5)℃。3 个反应器的基质类型、基质浓度、处理负荷和接种量(即 VSS)均相同。反应器的容积负荷和体积交换率分别为 3.9 kg-COD/(m^3 d)和 40%。合成污水及微量元素组成见详见表 8-1 和图 8-2。R1 和 R2 用于对比接种类型对好氧污泥颗粒化的影响；而 R1 和 R3 用于对比反应器内流场对好氧污泥颗粒化的影响。

3) pellet 和活性污泥分别启动好氧颗粒污泥反应器(乙酸钠为碳源)

2 个柱状反应器(高 120 cm，直径 5 cm)分别用于活性污泥和 pellet 接种培养研究。其中，反应器 1 采用活性污泥接种，而反应器 2 采用 pellet 接种。2 个反应器均采用序批式活性污泥法(SBR)模式运行，SBR 的周期为 4 h，包括进料 5 min，曝气227 min，沉降 3 min，出水 5 min。进料、曝气、沉降时间和出水均采用微电脑数位式定时器自动控制，曝气量由转子流量计计量与控制，表观气速为 3.0 L/min，温度控制在(25±5)℃。反应器的容积负荷和体积交换率分别为 3.9 kg-COD/(m^3 d)和 40%。合成污水以乙酸钠(COD = 1 650 mg/L)为碳源，具体组成详见文献[199]。

8.3 结果与讨论

8.3.1 pellet 接种好氧颗粒污泥

1. 好氧污泥颗粒化过程中的粒径分布

图 8-1 为接种 pellet 及其在颗粒化过程中的粒径分布。由图可知，原污泥

平均粒径约为 45.7 μm，而去除 EPS 后的 pellet 则减小到 3.46 μm。说明超声波具有很好的分散作用，提取 EPS 后 pellet 的粒径几乎与细菌在同一数量级（μm 级）。pellet 加入反应柱后，污泥粒径稍增大（6.76 μm），这可能归因于培养液中金属阳离子的架桥作用。培养 1 d，污泥粒径迅速增大到 36.5 μm；培养2 d、3 d、4 d、5 d，污泥粒径分别迅速增大到 148 μm、212 μm、175 μm、410 μm。反应器培养 6 d 以后，污泥粒径较大，不适合采用激光粒度分布仪进行表征。

图 8 - 2 为好氧颗粒污泥培养 10 d、15 d 和 20 d 时的照片。从图中可以看出，反应器启动 10 d 后，即有明显的好氧颗粒污泥出现。同时，随着培养时间的延长，好氧颗粒污泥粒径也逐渐增大。

(a) 培养10 d　(b) 培养15 d　(c) 培养20 d

图 8 - 2　好氧颗粒污泥反应器照片

以上结果表明，好氧颗粒污泥在反应器中形成速度较快，可以在 10 d 之内形成好氧颗粒污泥。

2. 好氧污泥颗粒化过程中的 CLSM 原位观察

污泥的粒径分布仅能提供污泥形成过程中的絮体粒径分布情况，并不能提供好氧颗粒污泥形成过程中污泥形貌与有机物的相关信息。图 8 - 3 为原污泥和 pellet 六倍荧光染色后的 CLSM 原位观察图。由图可知，原污泥粒径约为 100 μm，蛋白质、α -多糖、脂肪、总细胞和死细胞几乎均匀分布在污泥絮体中，而 β -多糖几乎没有；EPS 去除后的 pellet 粒径明显减小，仅约为 30 μm，蛋白质、α -多糖、脂肪、总细胞和死细胞也是几乎均匀分布在 pellet 中，而 β -多糖几乎没有。同时，pellet 中细菌密度明显减少。总之，在原污泥和 pellet 中，有机质和细菌是随机分布的。

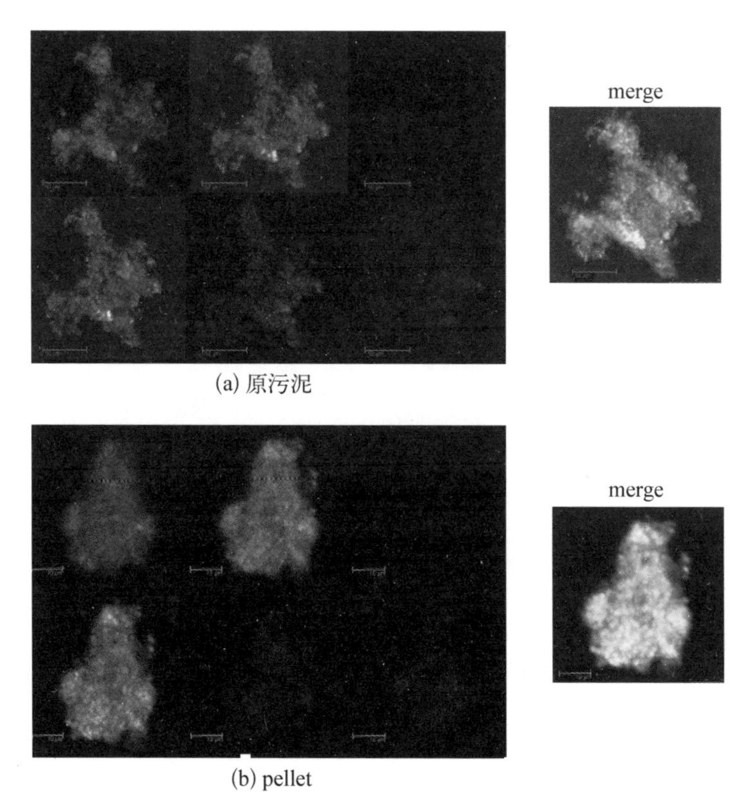

(a) 原污泥

(b) pellet

(蛋白质，绿色；α-多糖，浅蓝色；β-多糖，蓝色；脂肪，黄色；总细胞，红色；死细胞，紫色)

图 8-3　原污泥和 pellet 的六倍荧光染色后 CLSM 原位观察

图 8-4 为好氧污泥颗粒化过程中样品六倍荧光染色后的 CLSM 原位观察图。由图可知，培养 2 d 和 5 d 时的污泥仍然呈现明显的絮体特征，但要比一般的污泥絮体粒径较大。此外，有机质和细菌在培养 2 d 和 5 d 时的污泥与接种 pellet 及原污泥絮体之间有明显的不同。具体表现在：细菌主要出现在絮体的中心区，而 α-多糖和 β-多糖则主要出现在絮体的边缘，即有机质和细菌的分布在污泥颗粒化过程中发生了重排。因此，可以认为培养 2 d 和 5 d 时的污泥，是介于絮体和颗粒之间的过渡期。

培养 10 d 和 15 d 时，粒径较大，超过了 1 mm，呈现颗粒特征，且在颗粒外围有较多的丝状菌出现。因此，可以认为颗粒污泥在培养 10 d 时开始出现。培养 20 d 时，颗粒特征较明显，表现为结构较致密，有机质和细菌出现明显的与絮体不同的分布特征。具体而言，颗粒污泥中心区主要为细菌(死细菌居多)，边缘区主要为丝状菌及蛋白质。

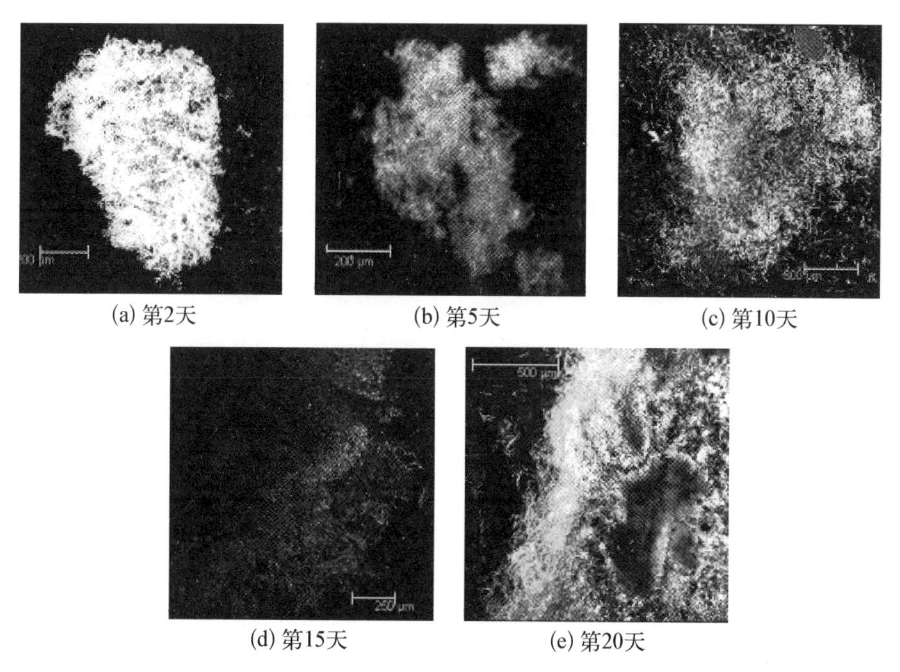

(a) 第2天　(b) 第5天　(c) 第10天

(d) 第15天　(e) 第20天

（蛋白质，绿色；α-多糖，浅蓝色；β-多糖，蓝色；脂肪，黄色；
总细胞，红色；死细胞，紫色）

图 8-4　好氧污泥颗粒化过程中的 CLSM 原位观察图

因此，通过六倍荧光染色后的 CLSM 原位观察方法，可以清晰地观察到污泥由絮体向颗粒转化的过程，此过程中还伴随着有机物和细菌分布由污泥絮体的随机排列到颗粒污泥的有序分区。

3. *成熟好氧颗粒污泥的多层结构*

污泥絮体中有机质和细菌是随机分布的，而培养成熟的好氧颗粒污泥中有机质和细菌会出现分层分布，同时还会在物理外貌上出现层化现象[193, 200, 201]。图 8-5 为培养 25 d 时，成熟颗粒污泥的 CLSM 原位观察图像。

由图可以看出，成熟的好氧颗粒污泥可以分为 3 个截然不同的层。外层较厚（约 1 400 μm，图 8-6），结构较疏松，主要由大量的丝状菌组成，丝状菌上附着生长少量的细菌。同时，还有较多的蛋白质、α-多糖、β-多糖和脂肪，它们的浓度从边缘向内呈先增大再减少的趋势，且在 800 μm 处浓度最高（图 8-6）；中间层较外层薄（约为 600 μm），但结构更致密，主要由细菌组成，没有丝状菌出现。蛋白质、α-多糖、β-多糖和脂肪浓度较外层低，且由外向内逐渐减少；内层厚度最薄（约为 400 μm），且结构最为致密，蛋白质、α-多糖、β-多糖和脂肪浓度很低，且由外向内逐渐减少。

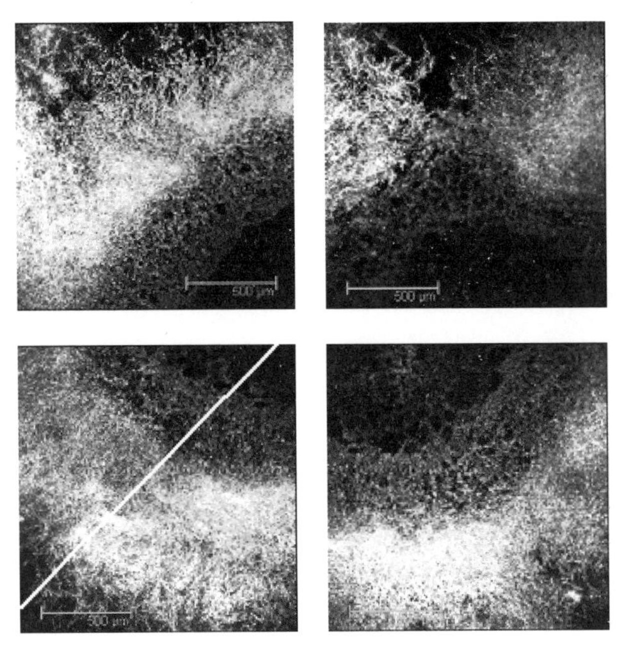

图 8-5 成熟颗粒污泥(培养 25 d)的 CLSM 观察图像

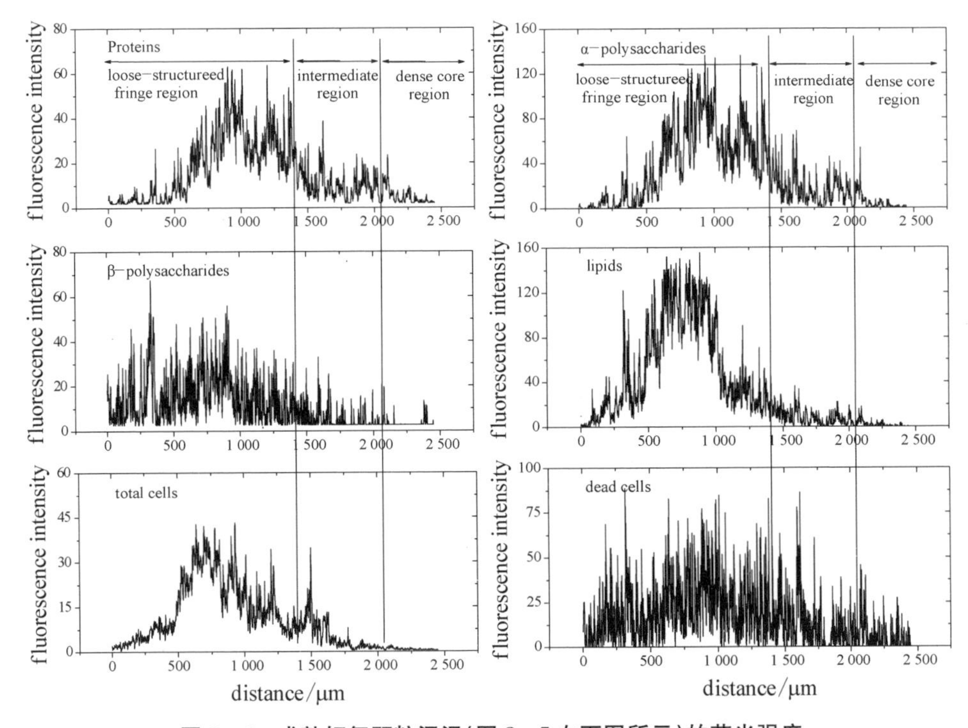

图 8-6 成熟好氧颗粒污泥(图 8-5 左下图所示)的荧光强度

图 8-7 为培养 25 d 的成熟好氧颗粒污泥的光学照片和 SEM 图。从图也可以看出，成熟好氧颗粒污泥粒径超过 2 cm，可以分为上述 3 个截然不同的层。同时，从 SEM 图还可看出，成熟好氧颗粒污泥中间层主要由球状细菌组成，而内层则主要由 EPS 和球状细菌组成。

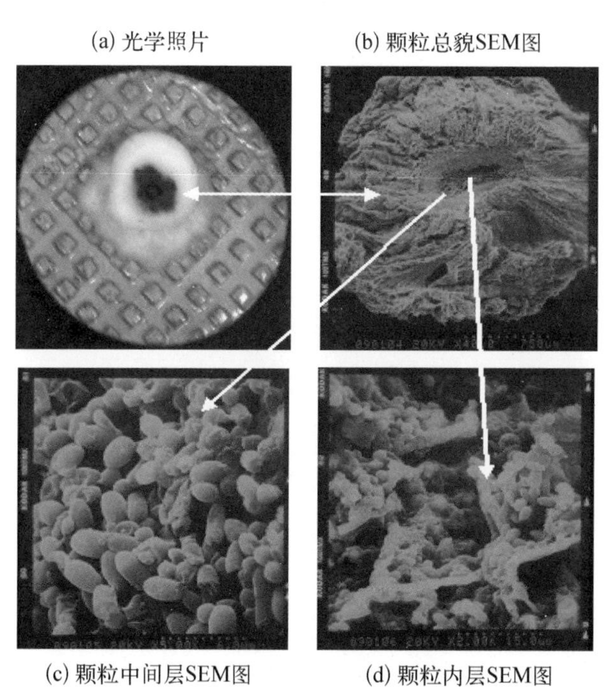

图 8-7　培养 25 d 的成熟好氧颗粒污泥的光学照片和 SEM 图

CLSM 图可以提供好氧颗粒污泥中 EPS 和细菌的分布状况，但并不能提供细菌级的外貌信息；而 SEM 可以在 μm 水平观察到细菌的形貌。因此，CLSM 和 SEM 方法相结合，可以提供更详细的好氧颗粒污泥中关于有机物、细菌分布和细菌外貌的信息。

好氧颗粒污泥的多层结构可能影响其处理效果。例如，好氧颗粒污泥呈现层状分布，导致空隙率由外向内逐渐减小，结果溶解氧（DO）浓度也由外向内逐渐减少，进而好氧颗粒污泥外部会出现好氧区，而中间层及内层则会出现缺氧区或厌氧区。因此，好氧颗粒污泥工艺会有较好的脱氮除磷效果。目前，已有报道指出，好氧菌、兼性菌和厌氧菌可共存于好氧颗粒污泥中，并有较好的脱氮除磷效果[202]。

4. 好氧颗粒污泥的处理效果及脱水性能

图 8-8 为好氧污泥颗粒化过程中的 COD 去除效率和 SRF。在好氧污泥颗

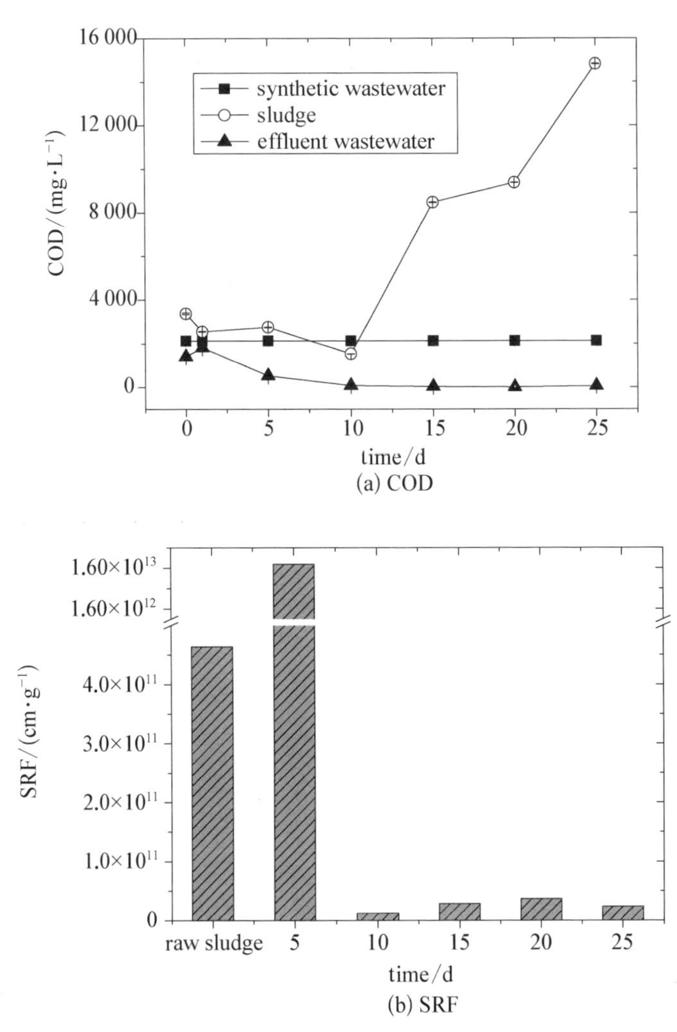

(a) COD

(b) SRF

图 8-8　好氧污泥颗粒化过程中的效果及脱水性能

粒化过程中，进水 COD 维持在 2 000 mg/L，出水 COD 逐渐减少；运行 10 d 后，COD 去除率达 85%以上。与之相对应，污泥中的总 COD 逐渐增加。

图 8-9 进一步表明，去除的 COD 主要转化为细胞的增长(表现为 VSS 的增加)。原污泥的 SRF 约为 4.7×10^{11} cm/g。培养 5 d 时，SRF 约为 1.6×10^{12} cm/g；而在培养 10 d 后直至 25 d，好氧颗粒污泥的 SRF 均在 1.0×10^{11} cm/g 以下。这些结果表明，好氧颗粒污泥的脱水性能明显比污泥絮体好。

综上所述，好氧颗粒污泥处理污水有较高的处理效率，同时，比污泥絮体有更好的脱水性能。

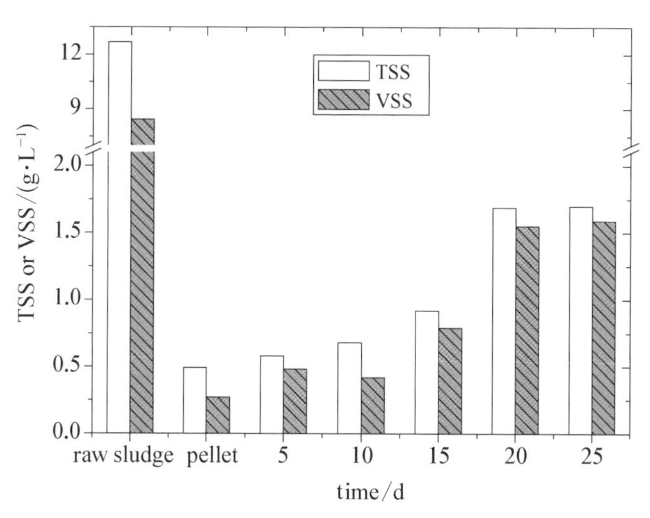

图 8-9　好氧污泥颗粒化过程中 TSS 和 VSS

5. EPS 在好氧颗粒污泥形成中的作用

图 8-10 为好氧颗粒污泥形成过程中不同污泥絮体层的蛋白质和多糖分布。好氧颗粒污泥中，TB-EPS 与 pellet 层的蛋白质和多糖总量分别在 20 d 和 10 d 内随时间增加而增加，尔后随时间增加而减少。在 supernatant、slime 和 LB-EPS 层，蛋白质总量随时间变化较小，而多糖总量则随时间增加略减少；蛋白质和多糖含量则随时间增加而减少。蛋白质与多糖在 TB-EPS 和 pellet 层的累积表明，好氧颗粒污泥中的细菌能利用污水中的物质合成细胞或 EPS，即具有把污水中物质转化为紧密结合 EPS 组分的能力。

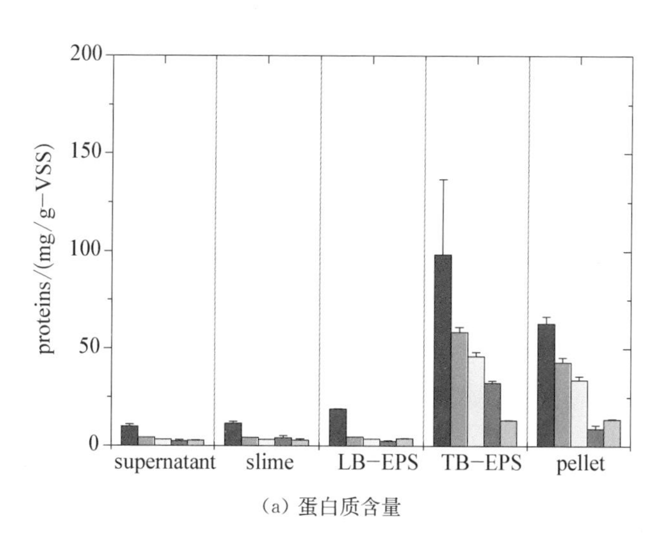

(a) 蛋白质含量

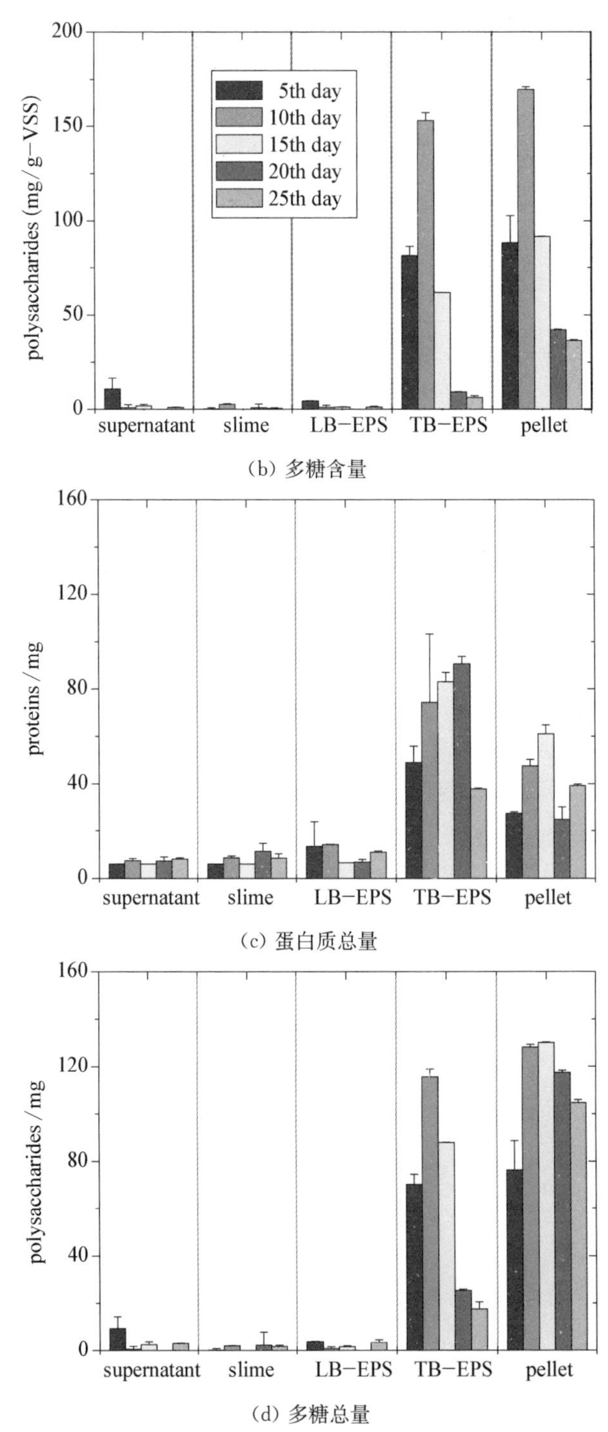

(b) 多糖含量

(c) 蛋白质总量

(d) 多糖总量

图 8-10 好氧颗粒污泥形成过程中的蛋白质和多糖

SEC 色谱图可以从分子水平描述好氧污泥颗粒化过程中，有机物在各 EPS 层间的转化迁移规律（图 8－11）。由图 8－11 可知，在 supernatant 层，培养5 d 时，在流出时间（elution time）为 9 min、10 min、12 min 和 13 min 处出现了4 个多糖峰；培养 10 d 时，12 min 和 13 min 处的多糖峰消失，但在排出时间6. 5 min 出现了 1 个蛋白质峰；培养 15—20 d 时，所有峰均未检测到；培养 25 d 时，在 4. 5 min和 5. 5 min 处出现了 2 个蛋白质峰。在 slime 层，培养 5 d 时，在排出时间为 9 min 和 10. 5 min 处出现了 2 个多糖峰；培养 10～25 d 时，所有峰均未检测到。在 LB－EPS 层，培养 5 d 时，没有检测到峰；培养 10 d 时，10. 5 min处出现了多糖峰；培养 15 d 时，7. 5 min 处出现了多糖峰；培养 20～25 d 时，在 5. 0 min 处出现了 1 个蛋白质峰。在 TB－EPS 层，培养 5 d 时，没有检测到峰；培养 10～15 d 时，10. 5 min 和 12. 5 min 处出现了多糖峰；培养 15 d 时，7. 5 min。

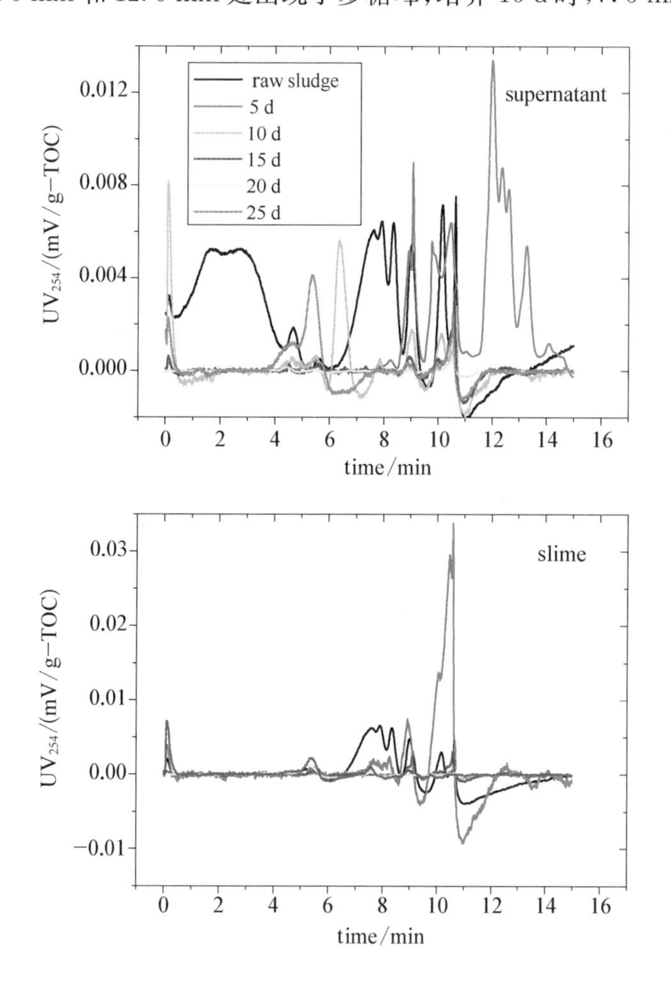

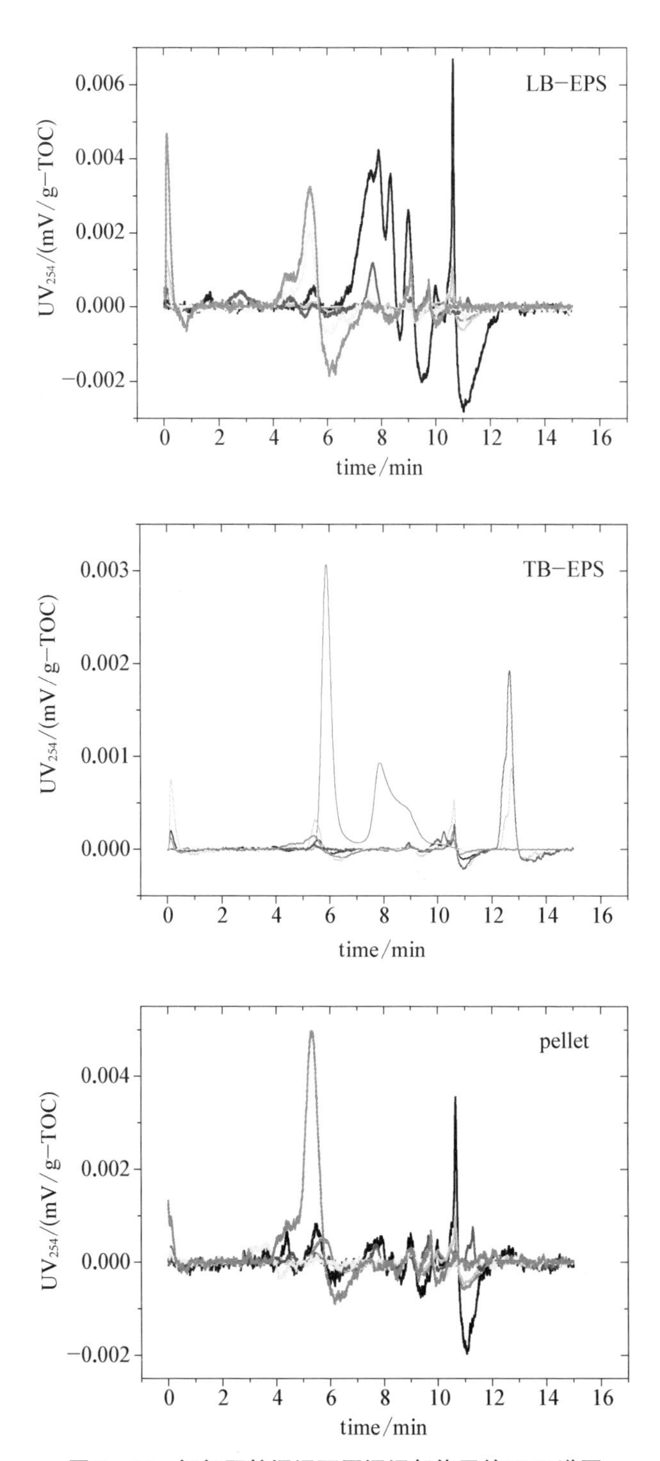

图 8-11　好氧颗粒污泥不同污泥絮体层的 SEC 谱图

处出现了多糖峰；培养 20～25 d 时，多糖峰消失，而在 5.5 min 处出现了 1 个蛋白质峰。在 pellet 层，培养 20 d 前，仅有几个很小的峰被检测到；培养 25 d 时，在 5.5 min 处出现了 1 个较大的蛋白质峰。

从以上各污泥絮体层在好氧颗粒污泥培养过程中的变化可发现，胞外有机物首先在外面的疏松结合的 EPS 层形成，然后才在内部的紧密结合的 EPS 层形成。在同一污泥絮体层中，先形成小分子量的胞外有机物，而后形成分子量较大的胞外有机物。SEC 谱图揭示的规律与蛋白质和多糖测定的结果是相同的，可从微观的分子水平进一步对蛋白质和多糖测定的结果提供支持。

EEM 谱图也从微观水平支持上述结论（图 8－12）。从图 8－12 可以看出，supernatant、slime 和 LB－EPS 层的 EEM 谱图与 TB－EPS 与 pellet 明显不同。前者既包含类蛋白质，也包含类腐殖酸，而后者仅包含类蛋白质。在好氧颗粒污泥培养过程中，supernatant 中先形成较多的类蛋白质和腐殖酸，最后类蛋白质消失，仅剩下难以降解的类腐殖酸；slime 和 LB－EPS 中先形成较多的类蛋白质和腐殖酸，20～25 d 仅剩下类蛋白质；TB－EPS 和 pellet 中则始终只有类蛋白质，没有出现类腐殖酸。

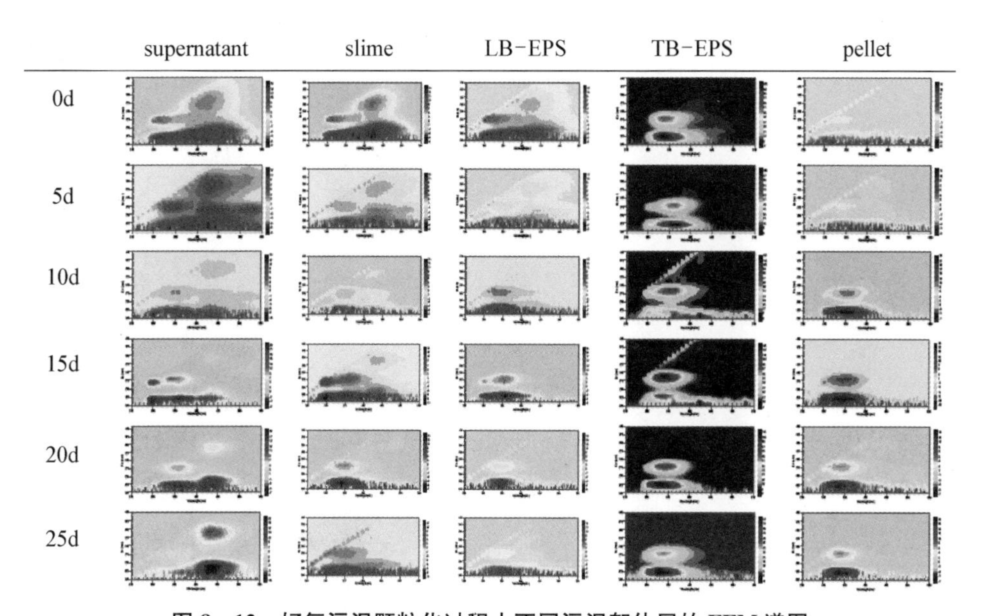

图 8－12　好氧污泥颗粒化过程中不同污泥絮体层的 EEM 谱图

荧光区域综合指数（fluorescence regional integration，FRI）可以定量表征 EEM 特定区域的荧光强度[67]。Chen 等[67]将 EEM 图谱分成 5 个区域（region）

(图 1-6),区域Ⅰ：类酪氨酸物质；区域Ⅱ：类色氨酸物质；区域Ⅲ：类富里酸物质；区域Ⅳ：可溶性的微生物副产物；区域Ⅴ：类腐殖酸物质。每个区域的荧光强度的体积，除以该区域激发发射波长的面积，即可得到比激发发射区域体积($\Phi_{i,n}$和$\Phi_{T,n}$，i 为各区域的序号，T 为 5 个区域的和，参见图 1-6)和各区域荧光区域体积的百分比($P_{i,n}$，参见图 1-6)。

图 8-13 为好氧污泥颗粒化过程中，荧光区域综合指数(*FRI*)的变化。从图中可以看出，supernatant、slime 和 LB-EPS 层中类腐殖酸(区域Ⅴ)和类富里酸(区域Ⅳ)所占比例较高，而 TB-EPS 和 pellet 层中类蛋白质(区域Ⅰ、区域Ⅱ和区域Ⅲ)所占比例较高。supernatant 层和 pellet 层有几乎相同的变化趋势，在好氧污泥颗粒化 0~15 d，类蛋白质(区域Ⅰ、区域Ⅱ和区域Ⅲ)所占比例逐渐增加，而类腐殖酸(区域Ⅴ)和类富里酸(区域Ⅳ)所占比例则逐渐减少；15~25 d，这些有机物变化趋势与 0~15 d 相反。

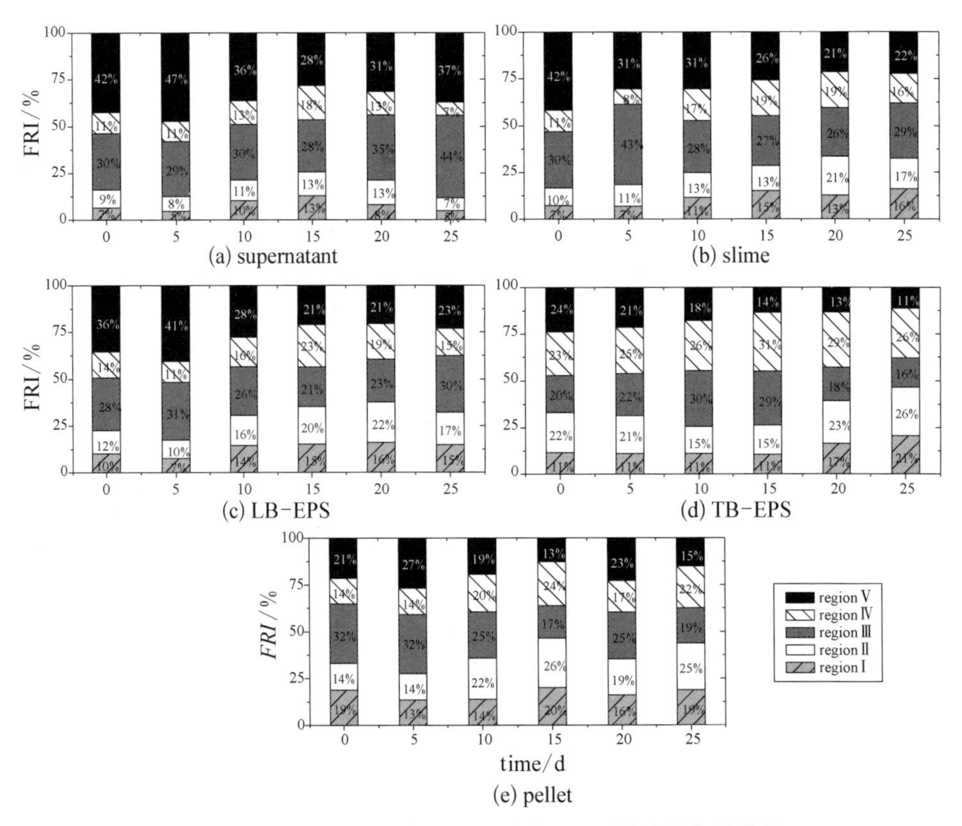

图 8-13 好氧污泥颗粒化过程中荧光区域综合指数的变化

slime 层中，在好氧污泥颗粒化 0～20 d，类蛋白质（区域Ⅰ、区域Ⅱ和区域Ⅲ）所占比例逐渐增加，而类腐殖酸（区域Ⅴ）和类富里酸（区域Ⅳ）所占比例则逐渐减少；20～25 d，这些有机物变化趋势与 0～20 d 相反。

LB－EPS 层中，类蛋白质（区域Ⅰ、区域Ⅱ和区域Ⅲ）变化趋势与 slime 层相同，而类腐殖酸（区域Ⅴ）和类富里酸（区域Ⅳ）变化趋势与 supernatant 层相同。

TB－EPS 层中，0～15 d，区域Ⅰ基本不变，区域Ⅱ和区域Ⅴ减少，而区域Ⅲ和区域Ⅳ比例逐渐增加；15～25 d，则这些有机物变化趋势与 0～15 d 相反。

以上 FRI 结果表明，在好氧污泥颗粒化前期（0～15 d），明显地出现了类蛋白质物质的累积，同时，伴随着腐殖化程度减少，说明蛋白质对颗粒污泥的形成起重要作用；在好氧污泥颗粒化后期（15～25 d），开始逐渐降解前期累积的类蛋白质物质，同时，伴随着腐殖化程度增加。结合图 8－13 可知，蛋白质的变化趋势与蛋白酶相反，说明好氧污泥颗粒化后期蛋白质的降低，主要是由于蛋白酶活性增强引起的。

污泥中胞外酶的活性和分布，决定了酶与有机物（蛋白质和多糖）接触的可能性及降解机制[203]。图 8－14 为好氧颗粒污泥形成过程中，蛋白酶、α－淀粉酶和 α－葡糖苷酶活性分布。由图看出，酶的分布与第 4 章结果相同。蛋白酶在 supernatant 和 slime 层随时间增加而增加，而在其他污泥絮体层则随时间增加而减少；α－淀粉酶主要分布在 TB－EPS 和 pellet 层，在 TB－EPS 层随时间增加，呈先减小后增加的趋势，在 pellet 层则与 TB－EPS 层相反；α－葡糖苷酶在各污泥絮体层中均是随时间增加而减少。

蛋白质和蛋白酶在不同 EPS 层（除 supernatant 外）几乎有一致的变化趋势。然而，在 supernatant 层，却呈现不同的变化趋势，这可能归因于较低的活性或含量。多糖和 α－淀粉酶有相似的变化趋势，而与 α－葡糖苷酶有不同的趋势。上述结果也表明，好氧颗粒污泥中蛋白质、多糖及相应的酶的分布模式与污泥絮体是一致的。

8.3.2　pellet 和 floc 接种好氧颗粒污泥（葡萄糖为碳源）

1. 好氧污泥颗粒化过程中的粒径分布

采用 3 个反应器分别用于活性污泥和 pellet 接种培养对比研究。其中，反应器 1（R1）采用 pellet 接种、SBR 模式运行，反应器 2（R2）采用活性污泥接种、SBR 模式运行，而反应器 3（R3）采用 pellet 接种、完全混合（CSTR）模式运行。R1 和 R2 用于对比接种类型对好氧颗粒化的影响；而 R1 和 R3 用于对比反应器内流场对好氧颗粒化的影响。

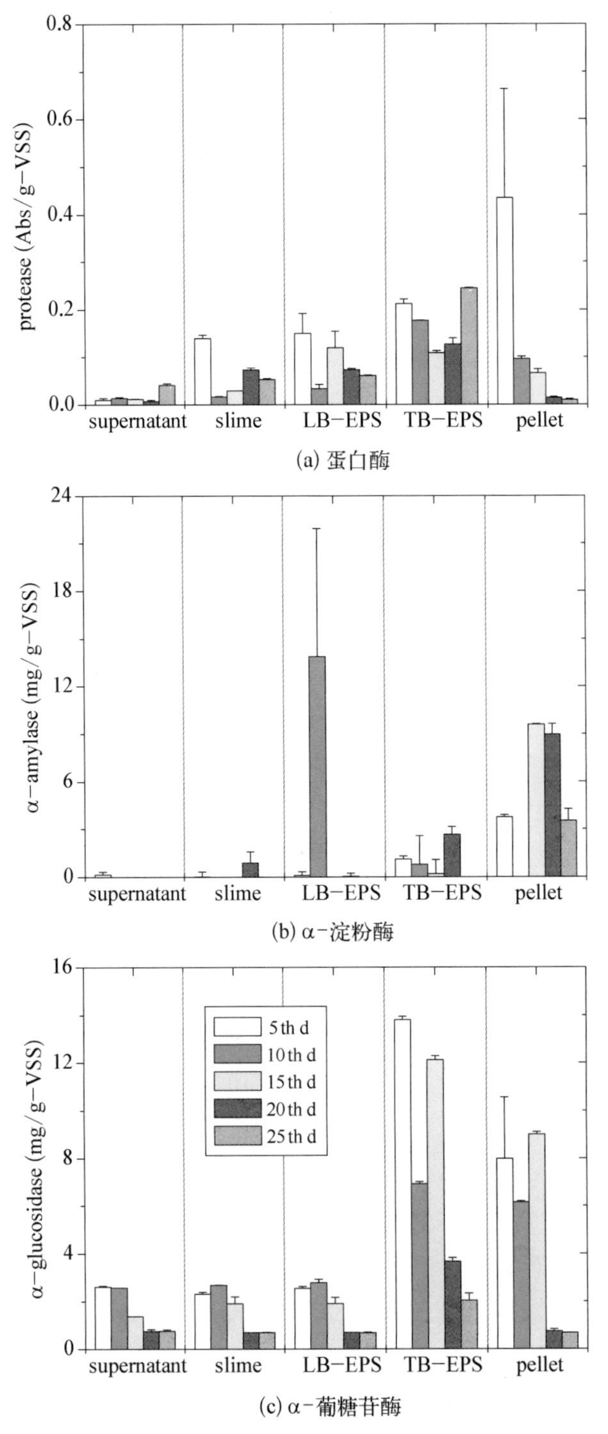

(a) 蛋白酶

(b) α−淀粉酶

(c) α−葡糖苷酶

图 8－14　好氧颗粒污泥形成过程中的胞外酶活性

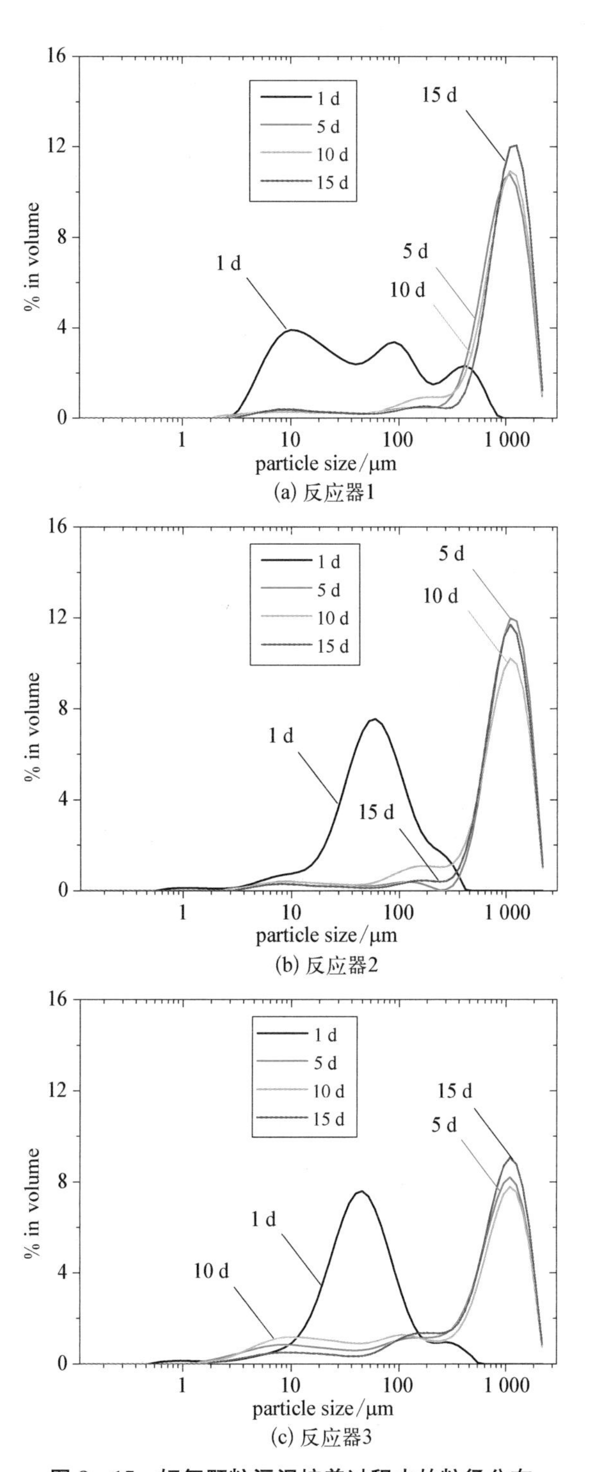

图 8 - 15　好氧颗粒污泥培养过程中的粒径分布

图 8－15 和图 8－16 分别为 3 个反应器在好氧污泥颗粒化过程中的粒径分布与光学照片。由图可知，培养 1 d 后，R1 中污泥平均粒径要大于 R2，而 R3 与 R2 相差不多。由图 8－15 可看出，R1 污泥为浅黄色，而 R2 和 R3 则为土黄色（原污泥颜色）。表明污泥去除 EPS 后，R1 具有更强的絮体形成菌（floc-former）排出能力，从而将沉降性能更好的菌（granule-former）保留在反应器中。

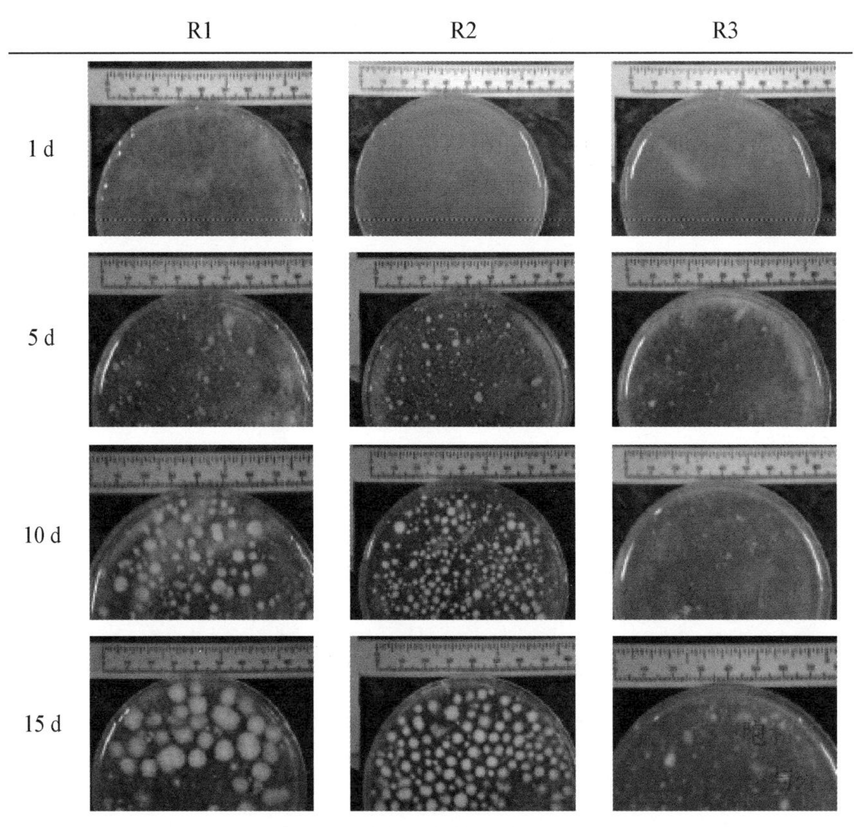

图 8－16　不同反应器中好氧颗粒污泥的光学照片

培养 5 d 后，3 个反应器中污泥粒径均达到 1 000 μm 左右。从光学照片可以看出，R1 和 R2 均有少量好氧污泥颗粒出现，同时，污泥也由浅黄色或土黄色转化为白色，R3 则为絮体。培养 10 d 后，3 个反应器中的污泥粒径已超过激光粒度仪的测定范围，污泥中小颗粒的粒径分布均达到 1 000 μm 左右；从光学照片还可以看出，R1 和 R2 均有大量好氧污泥颗粒形成，但 R1 形成的好氧颗粒污泥比 R2 更大，而 R3 仍没有好氧污泥颗粒形成。培养 15 d 后，3 个反应器中的污泥粒径已超过激光粒度仪的测定范围，污泥中小颗粒的粒径分布均达到 1 000 μm

左右；从光学照片可以看出，R1 和 R2 形成大量好氧污泥颗粒，且粒径比 10 d 时更大，同时，R1 形成的好氧颗粒污泥比 R2 更大（～1.0 cm *vs* 0.6 cm），R3 形成了少量粒径较大的圆形颗粒状污泥。

综上所述，pellet 和原污泥絮体接种的 SBR 反应器均可以形成好氧污泥颗粒，但前者形成的速度更快，且形成的颗粒更大。pellet 接种的 CSTR 反应器的连续流场，可以形成少量好氧污泥颗粒，但与形成的絮体相比数量较少。

2. 好氧污泥颗粒化过程中的 CLSM 原位观察结果

光学照片仅能提供好氧颗粒化过程中污泥形貌的变化信息，而荧光染色后的 CLSM 原位观察方法，不但可以提供颗粒化过程中污泥形貌的变化信息，还可以提供有机质和细菌分布模式改变的相关信息。

图 8－17 为不同反应器中好氧颗粒污泥的 CLSM 原位观察图。由图可知，

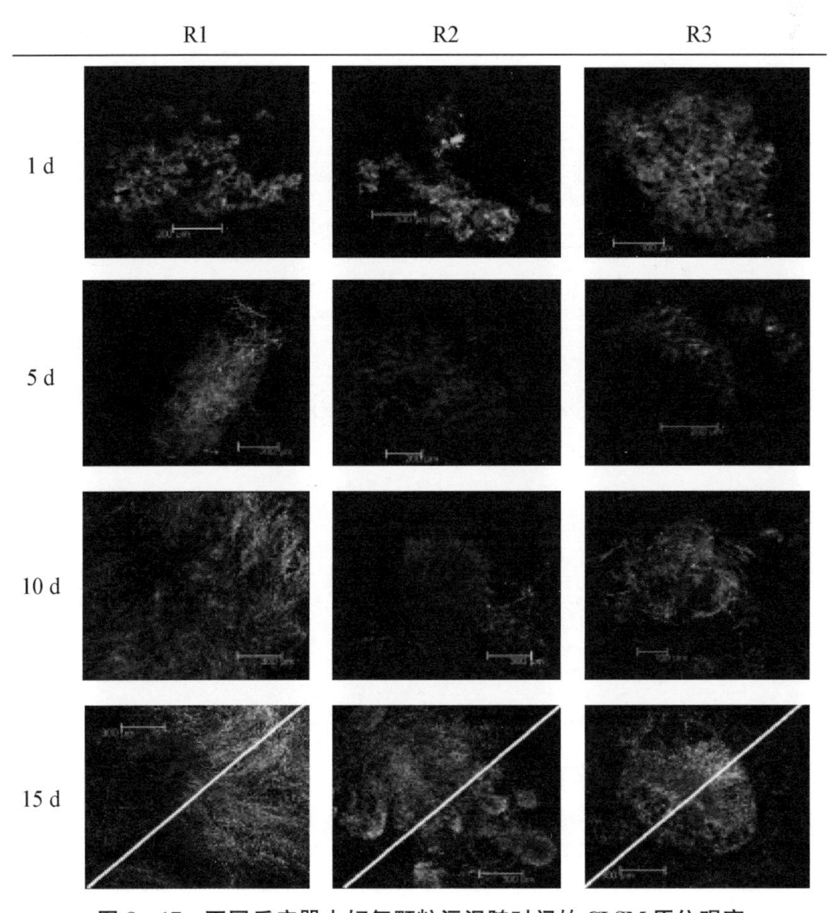

图 8－17　不同反应器中好氧颗粒污泥随时间的 CLSM 原位观察

培养 1 d 时，pellet 接种的 R1 和 R3 中的污泥粒径明显比原污泥接种的 R2 大。培养 5 d 时，3 个反应器中的污泥均出现了较多的 β-多糖，R1 中污泥絮体中心出现了较多的细菌和蛋白质。培养 10 d 时，R1 和 R2 有明显的颗粒形成，且 R1 中的颗粒明显比 R2 大很多，而 R3 仍为絮体特征；R1 和 R2 中颗粒的中心均以细菌为主，颗粒外缘为以蛋白质为主要组成的丝状菌和 β-多糖，R3 中的絮体中有机质和细菌则呈现随机分布。培养 15 d 时，R1 和 R2 中形成的颗粒粒径更大，中心区主要为细菌，外缘主要为以蛋白质为主要组成的丝状菌和 β-多糖（图 8-18 和图 8-19），R3 中也形成了具有结构密实的颗粒，细菌和有机质不再呈现随机分布，细菌、蛋白质和 β-多糖主要分布在中心区（图 8-20）。因此，好氧颗粒污泥在 pellet 接种的 CSTR 中也可以形成，但与形成的污泥絮体相比，数量较少。

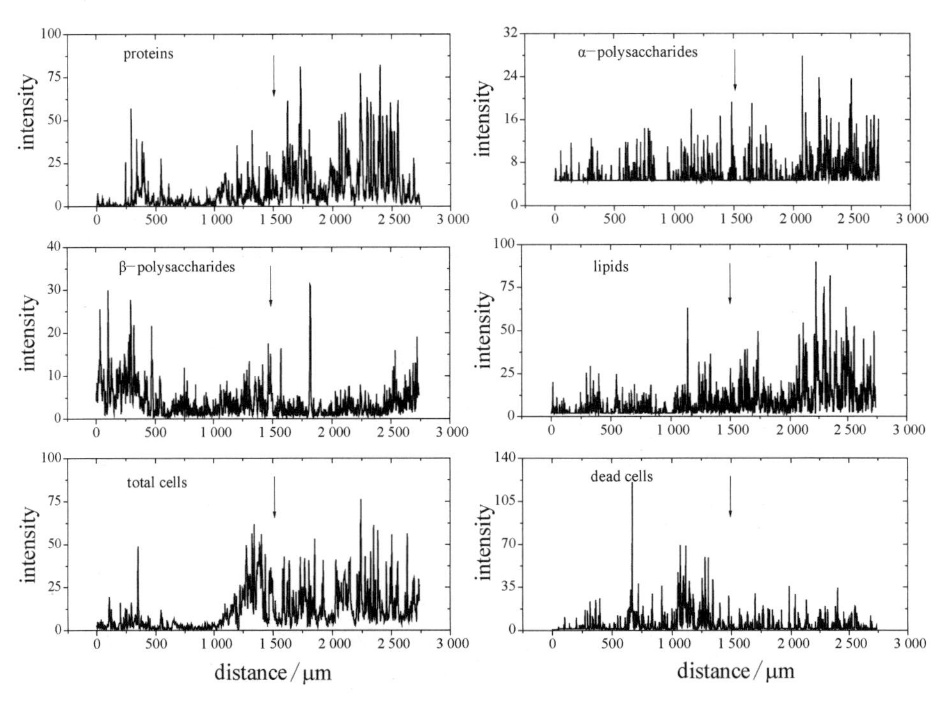

图 8-18　R1 培养 15 d 时好氧颗粒污泥的荧光强度分析

3. 成熟好氧颗粒污泥的多层结构

图 8-21 为培养 15 d 后，成熟的好氧颗粒污泥的 CLSM 原位观察图。成熟颗粒污泥中的生物量顺序为 R1＞R2＞R3，而 β-多糖顺序为 R1＜R2＜R3。从图中还可以观察到，成熟后的好氧颗粒污泥或絮体中以蛋白质为主的丝状菌起

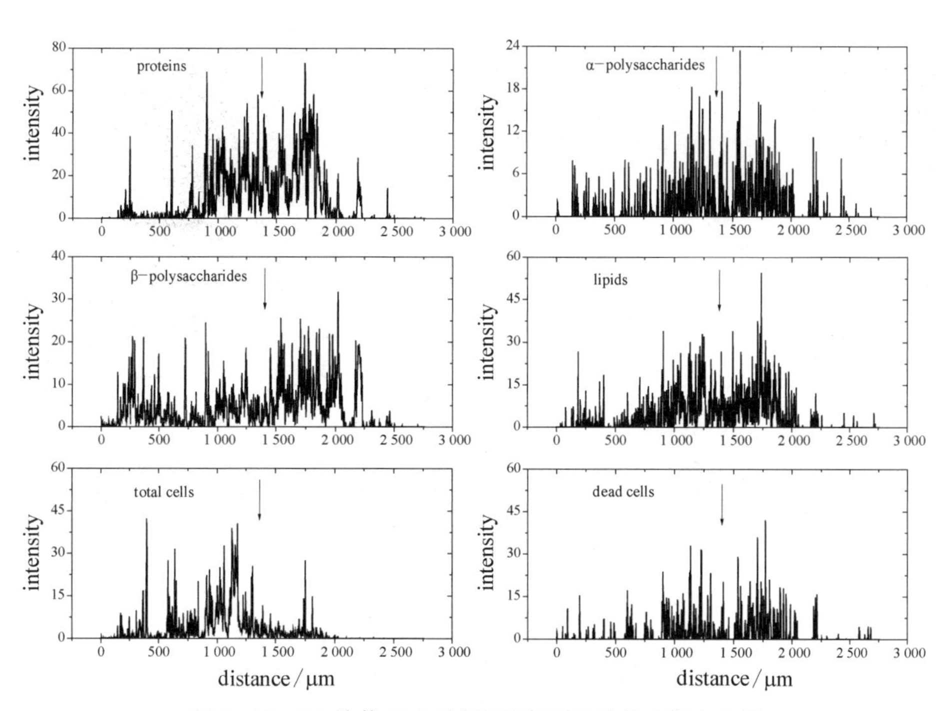

图 8 - 19　R2 培养 15 d 时好氧颗粒污泥的荧光强度分析

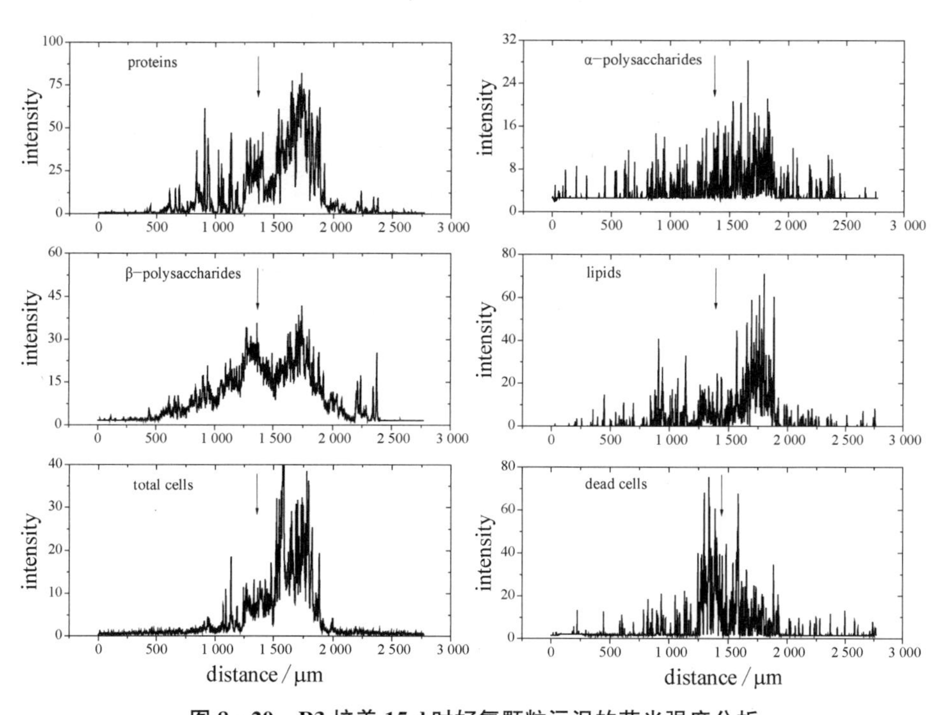

图 8 - 20　R3 培养 15 d 时好氧颗粒污泥的荧光强度分析

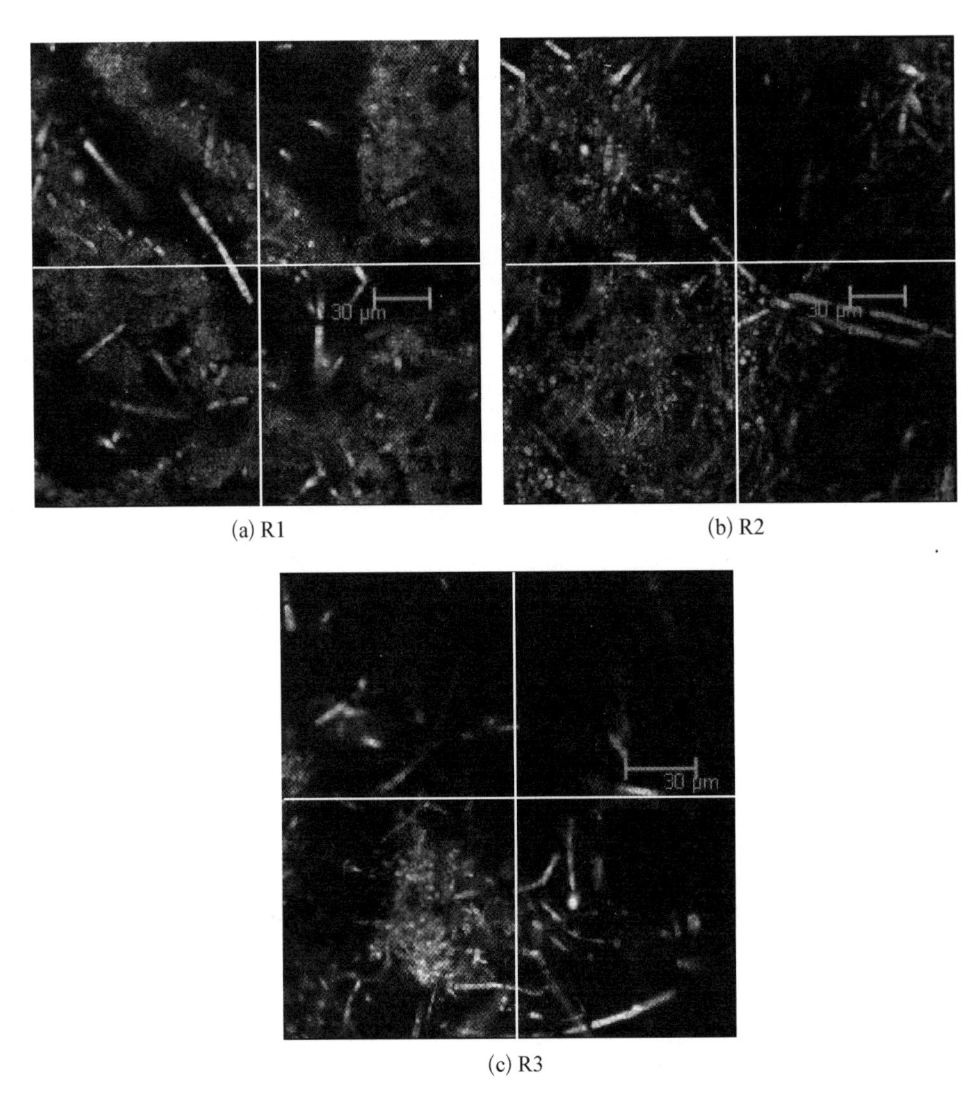

(a) R1　　(b) R2

(c) R3

图 8-21　成熟的好氧颗粒污泥的 CLSM 图

到骨架的作用，即颗粒污泥中不同部分通过丝状菌形成一个整体。同时，细菌和多糖附着生长在丝状菌周围，通过丝状菌的交叉连接在一起。与 SBR 相比，CSTR 中的好氧颗粒污泥中丝状菌所占比例更高。SEM 观察结果(图 8-22)也证实了上述结论。有机质和细菌的泊松相关性分析结果(表 8-3、表 8-4 与表 8-5)也表明，有机质和细菌之间具有显著 ($p < 0.01$) 的相关性，即有机质总是附着生长在丝状菌上。

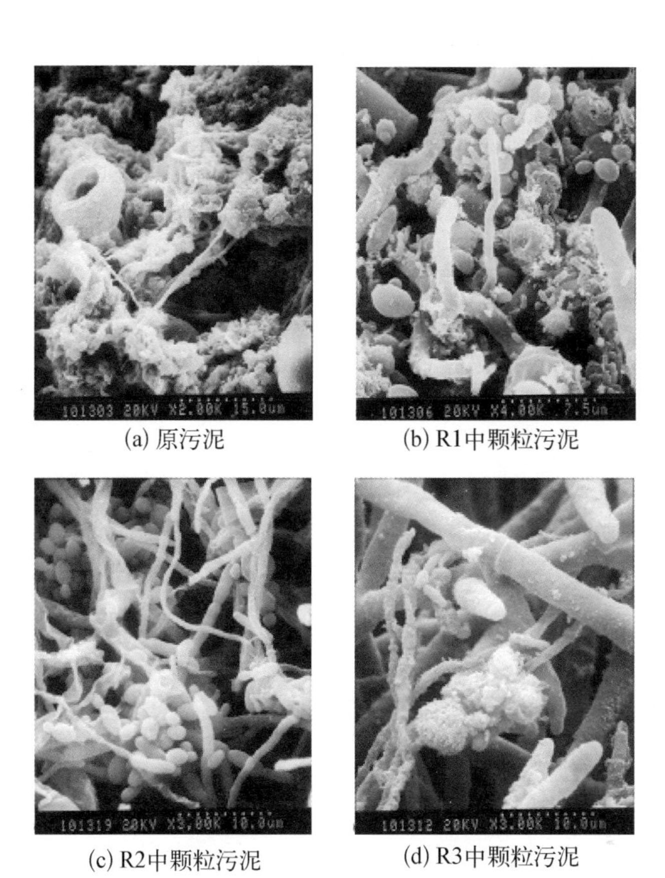

(a) 原污泥　(b) R1中颗粒污泥

(c) R2中颗粒污泥　(d) R3中颗粒污泥

图 8-22　原污泥和成熟颗粒污泥的 SEM 图

表 8-3　图 8-21(a)中化学成分和细菌的泊松相关性分析　($n = 2\,032$)

	蛋白质	α-多糖	β-多糖	脂　肪	总细胞	死细胞
蛋白质	1					
α-多糖	0.18**	1				
β-多糖	0.11**	0.16**	1			
脂肪	0.38**	0.22**	0.19**	1		
总细胞	0.19**	0.26**	0.41**	0.32**	1	
死细胞	0.16**	0.15**	0.13**	0.15**	0.27**	1

** 显著性水平为 0.01(2-尾)

表 8-4　图 8-21(b)中化学成分和细菌的泊松相关性分析　($n = 2\,032$)

	蛋白质	α-多糖	β-多糖	脂　肪	总细胞	死细胞
蛋白质	1					
α-多糖	0.34**	1				
β-多糖	0.29**	0.24**	1			
脂肪	0.29**	0.37**	0.26**	1		
总细胞	0.22**	0.21**	0.22**	0.24**	1	
死细胞	0.16**	0.14**	0.15**	0.14**	0.09**	1

** 显著性水平为 0.01(2-尾)

表 8-5　图 8-21(c)中化学成分和细菌的泊松相关性分析　($n = 2\,032$)

	蛋白质	α-多糖	β-多糖	脂　肪	总细胞	死细胞
蛋白质	1					
α-多糖	0.22**	1				
β-多糖	0.65**	0.19**	1			
脂肪	0.38**	0.42**	0.22**	1		
总细胞	0.29**	0.39**	0.24**	0.30**	1	
死细胞	0.32**	0.11**	0.22**	0.13**	0.13**	1

** 显著性水平为 0.01(2-尾)

综上，CLSM 原位观察结果和 SEM 图都可以说明，在好氧颗粒污泥中丝状菌起着骨架的作用，球状菌和有机物均附着生长在其上。

在以前的研究中，Weber 等[201]的研究结果表明，纤毛虫在好氧颗粒污泥的形成过程中起重要作用。他们发现原污泥中的纤毛虫在培养过程中会逐渐死去，然后作为好氧颗粒污泥的骨架，供细菌附着生长。然而，本研究中发现，一些原污泥中的原生动物(图 8-22 中的钟虫)，在培养过程中会消失，同时，丝状菌会大量出现，继而成为好氧颗粒污泥的骨架，供细菌和有机物附着生长。本研究与文献中的结果均表明，不同的接种污泥可能会导致不同的好氧颗粒污泥形成机理。

4. 好氧颗粒污泥的沉降速率和空间维度

图 8-23 为好氧污泥颗粒化过程中的颗粒污泥或絮体的沉降速率和密度。好氧污泥颗粒沉降速率随粒径增加而增加，R1、R2、R3 和原污泥的沉降速率范

围分别为 0.000 7～0.017 m/s、0.000 3～0.015 m/s、0.000 8～0.009 m/s 和 0.000 9～0.002 m/s。因此，形成的好氧颗粒污泥或絮体的沉降速率顺序为 R1≌R2＞R3≌原污泥。沉降速率和粒径经 log－log 转化后的斜率分别为 R1：0.47～0.90（$R^2>0.32$，$p<0.01$）、R2：0.41～0.91（$R^2>0.28$，$p<0.01$）、R3：0.54～0.65（$R^2>0.44$，$p<0.01$）、原污泥：0.34（$R^2>0.24$，$p<0.01$）。Xiao 等[204]研究结果表明，以真菌为主与细菌为主的好氧颗粒污泥的沉降速率范围分别是 0.003 8～0.026 7 m/s 和 0.004 2～0.032 1 m/s。Mu 等[205]的研究结果也表明，好氧颗粒污泥的沉降速率范围为 0.006～0.016 m/s。这些研究结果都是与本研究中好氧颗粒污泥的沉降速率范围是一致的。

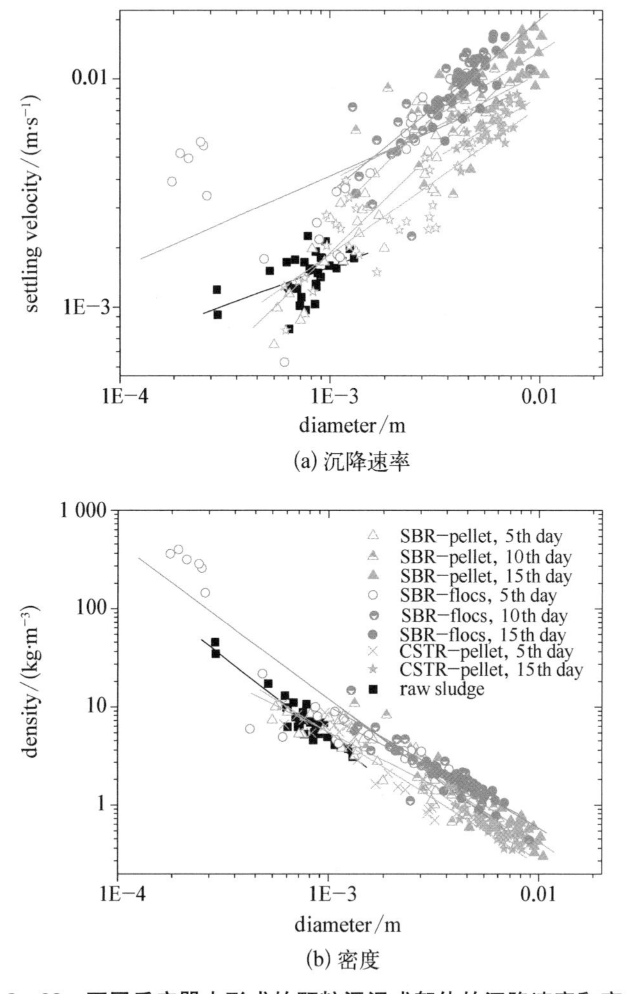

图 8－23　不同反应器中形成的颗粒污泥或絮体的沉降速率和密度

由图 8-23(b)可知，培养 15 d 时，R1-R3 的好氧颗粒污泥和原污泥絮体的空间维度分别为 1.97、1.91、1.65 和 1.34。该结果表明，R1 和 R2 中的好氧颗粒污泥结构比 R3(CSTR)中的更加密实。R3 中的生物聚集体结构松散，与原污泥絮体相似，可能是好氧颗粒污泥的前驱物。

5. EPS 在好氧颗粒污泥形成中的作用

图 8-24 为好氧颗粒污泥形成过程中不同 EPS 层的蛋白质和多糖分布。

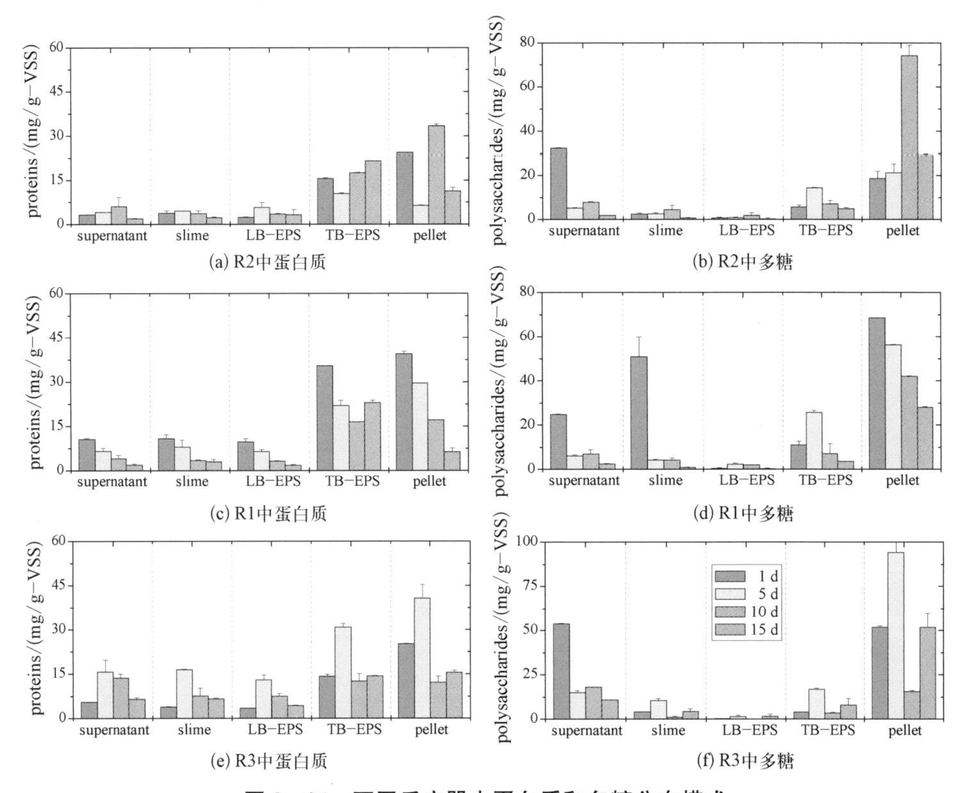

图 8-24　不同反应器中蛋白质和多糖分布模式

好氧颗粒污泥中蛋白质和多糖的分布模式与污泥絮体相同。培养 1 d 时，较多量的蛋白质和多糖出现在 supernatant、slime、TB-EPS 和 pellet 层。随着培养时间的增加，在 supernatant 和 slime 层，R1 和 R2 中的蛋白质和多糖逐渐减少，而 R3 中的蛋白质和多糖先增加后减少。在 TB-EPS 和 pellet 层，R1 和 R2 中的蛋白质随培养时间先减少后增加，而 R3 中的蛋白质和 3 个反应器中的多糖却是先增加后减少。这些结果表明，在好氧污泥颗粒化过程中，EPS 中的蛋白质和多糖是由外层(即 supernatant 和 slime 层)转移到内层(即 TB-EPS 层)的。

8.3.3　pellet 和 floc 接种好氧颗粒污泥(乙酸钠为碳源)

1. 好氧颗粒污泥启动过程中的粒径变化

图 8-25 为好氧颗粒污泥启动前期污泥粒径的变化。从图中可以看出,原生污泥平均粒径为 68 μm,而采用离心和超声波方法去除 EPS 后的 pellet 平均粒径仅为 4.3 μm。说明超声波具有很好的分散作用,提取 EPS 后 pellet 的粒径几乎与细菌在同一数量级(μm 级)。培养 1 d 和 2 d 后,反应器 1 和 2 中的污泥平均粒径几乎相等,分别为 95～98 μm 和 108～122 μm;培养 10 d 后,pellet 接种的反应器 1 中的平均粒径,明显大于原生污泥接种的反应器 2 中的平均粒径(199 μm *vs* 178 μm)。

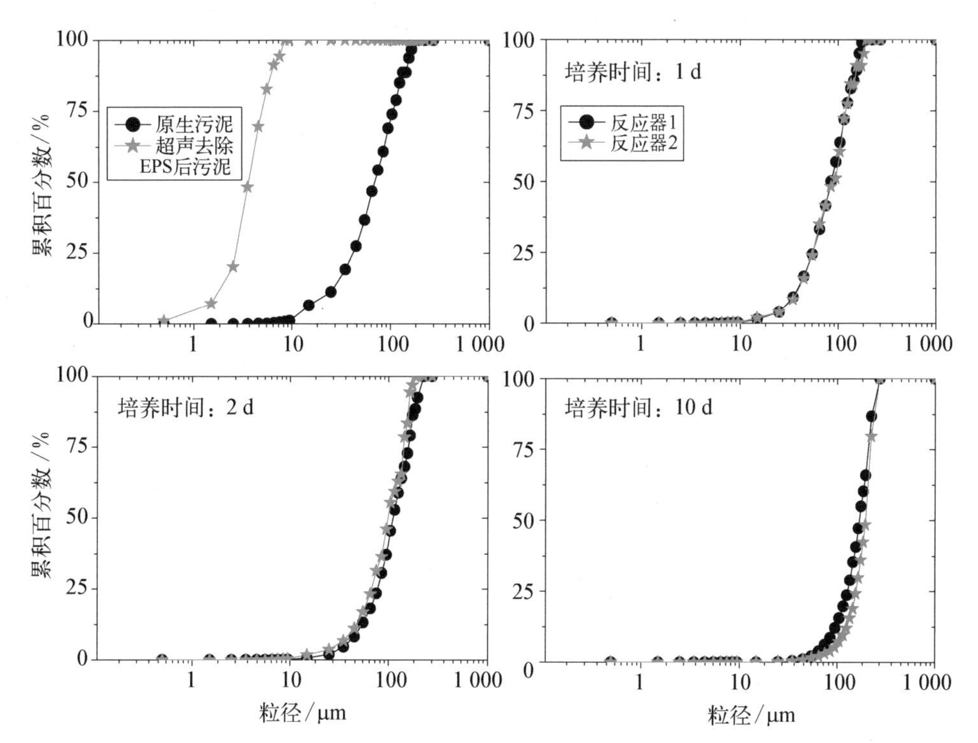

图 8-25　原生污泥和 pellet 接种的反应器启动过程中的粒径分布

该粒径分布测定结果表明,虽然 pellet 的平均粒径仅为原生污泥的 1/16,但接种后仅 1 d,污泥粒径就增大了 22 倍,几乎与原生污泥的粒径相当;在培养 10 d后,pellet 接种的反应器中的污泥粒径就超过了原生污泥接种的反应器中的污泥粒径。

2. 成熟的好氧颗粒污泥特征

培养 40 d 时的成熟颗粒污泥如图 8－26 所示。由图可见，在培养 40 d 后，pellet 接种的反应器培养出的好氧颗粒污泥粒径，明显大于原生污泥接种培养的好氧颗粒污泥。尽管粒径分布和镜检结果都表明，pellet 粒径远比原生污泥小，但前者培养的好氧颗粒污泥形成更快，且粒径更大。

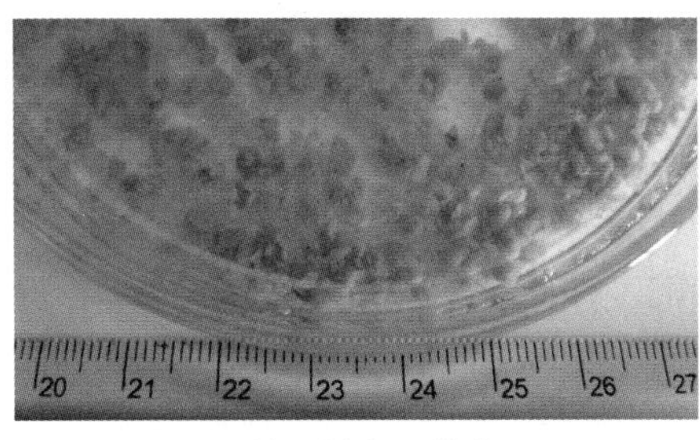

(a) 原生污泥接种

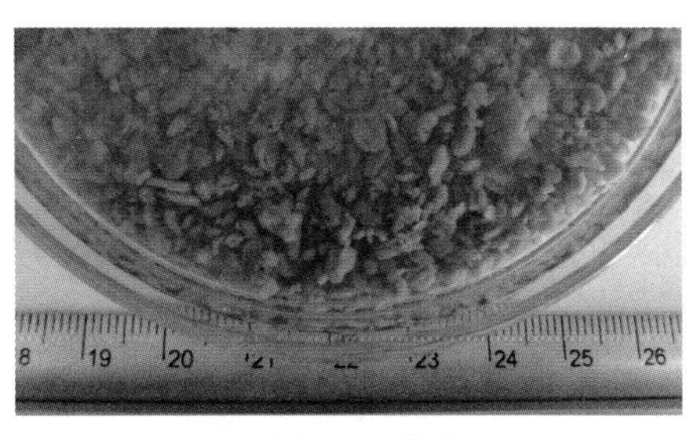

(b) pellet接种

图 8－26　成熟的好氧颗粒污泥(培养 40 d)

污泥颗粒化的过程，是通过选择一定的培养条件，使污泥颗粒形成菌(granules-former)逐渐占优势，而絮体形成菌(flocs-former)逐渐被排出反应器的过程。超声波处理在去除包裹在细菌外的 EPS 的同时，也能较好地使 granules-former 和 flocs-former 分开；结果，前者由于沉降性能好而保留在反应器内，后者由于沉降性能较差而被排出反应器外。因此，pellet 接种可以通过预处理(超声波)作用，使 granules-former 和 flocs-former 分开，加速了 granules-former 成为优势菌种的过程。此外，污泥絮体中原有的 EPS 可能对细胞利用新基质有阻碍作用。超声波去除细胞外的 EPS 后，使 granules-former 能与新基质充分接触，从而加速污泥的颗粒化进程。

3. 好氧颗粒污泥启动过程中的有机质变化

蛋白质和多糖是污泥絮体中的主要组分。图 8－27 为好氧颗粒污泥启动过程中，污泥中有机质的变化情况。由图可以看出，启动 10 d 时，反应器 1 中污泥的蛋白质含量比反应器 2 中略少，分别约为 184 和 202 mg/g－VSS；而多糖含量仅为后者的 23%，分别约为 86 和 380 mg/g－VSS。启动 20 d 时，前者污泥的蛋白质和多糖含量(130 和 456 mg/g－VSS)均明显低于后者(490 和 957 mg/g－VSS)。

在污泥颗粒化过程中，蛋白质和多糖含量均增多，但原生污泥接种的反应器 1 的增加量少于 pellet 接种的反应器 2。同时，反应器 2 中污泥的蛋白质和多糖的累积速率明显高于反应器 1 中的累积速率。蛋白质和多糖的这种变化趋势是

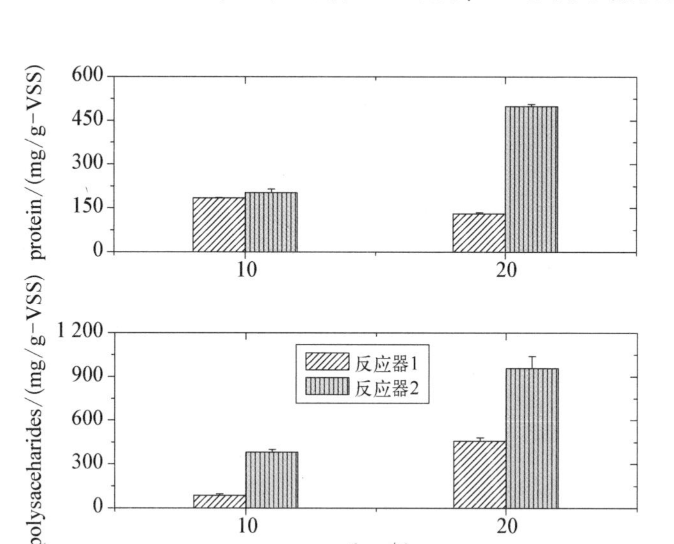

图 8-27　原生污泥和 pellet 接种反应器启动过程中的蛋白质和多糖的变化

与污泥颗粒化过程中的粒径变化(图 8-25)相对应的,即蛋白质和多糖的累积速率越高,污泥颗粒化过程中的粒径越大。上述结果表明,污泥去除 EPS 后的 pellet 在与新的基质接触时,具有比原生污泥更强的基质利用能力。

4. 好氧颗粒污泥启动 1 d 和 10 d 时的分子量分布

凝胶渗透色谱(GPC)可以提供更详细的有机质信息。GPC 中重均分子量(Mw)和数均分子量(Mn)的比值(Mw/Mn),常用来表征有机质的分子量分布特征[206]。图 8-28 为原生污泥和 pellet 接种反应器启动后 1 d 和 10 d 的分子量分布。

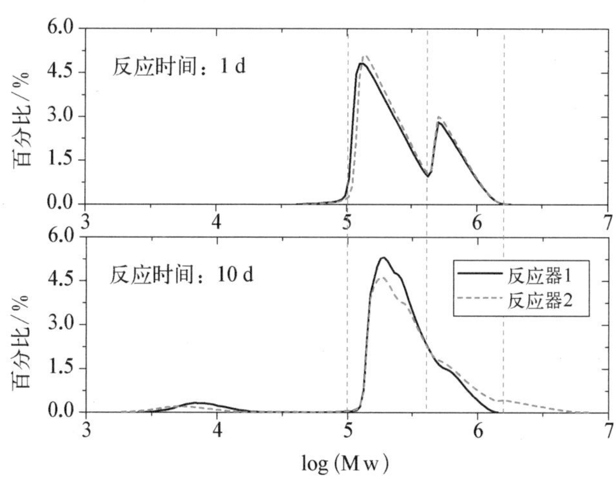

图 8-28　原生污泥和 pellet 接种反应器启动过程中的分子量分布

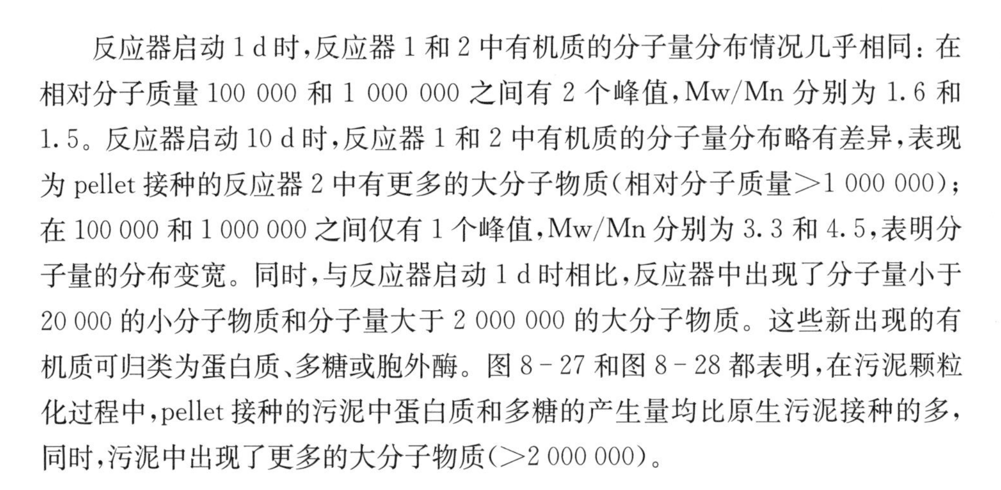

反应器启动 1 d 时，反应器 1 和 2 中有机质的分子量分布情况几乎相同：在相对分子质量 100 000 和 1 000 000 之间有 2 个峰值，Mw/Mn 分别为 1.6 和 1.5。反应器启动 10 d 时，反应器 1 和 2 中有机质的分子量分布略有差异，表现为 pellet 接种的反应器 2 中有更多的大分子物质(相对分子质量＞1 000 000)；在 100 000 和 1 000 000 之间仅有 1 个峰值，Mw/Mn 分别为 3.3 和 4.5，表明分子量的分布变宽。同时，与反应器启动 1 d 时相比，反应器中出现了分子量小于 20 000 的小分子物质和分子量大于 2 000 000 的大分子物质。这些新出现的有机质可归类为蛋白质、多糖或胞外酶。图 8－27 和图 8－28 都表明，在污泥颗粒化过程中，pellet 接种的污泥中蛋白质和多糖的产生量均比原生污泥接种的多，同时，污泥中出现了更多的大分子物质(＞2 000 000)。

8.3.4 好氧颗粒污泥储存实验

虽然好氧颗粒污泥与传统活性污泥相比有很多优点，然而在静置的条件下，好氧颗粒污泥会逐渐失去稳定性和活性[207]。Liu 和 Tay[208] 研究表明，短的饥饿时间可以使好氧颗粒污泥变得不稳定。Tay 等[209] 发现，在 4℃ 营养液中储存 4 个月后，葡萄糖和乙酸为基质的颗粒污泥的代谢活性分别减少 60%和 90%。很多研究者认为，在饥饿条件下，细胞将分泌的 EPS 作为食物[132, 210, 211, 212]。Wang 等[213] 观察到在无碳源可以利用时，好氧颗粒污泥可以降解约 50%的 EPS。本研究考察了好氧颗粒污泥储存 30 d 后的形态改变，及相应的机理。

1. 好氧颗粒污泥储存 30 d 后的 CLSM 图

图 8－29 和图 8－30 为好氧颗粒污泥储存 30 d 后的 CLSM 图。从图中可以看出，好氧颗粒污泥储存 30 d 后，蛋白质、α－多糖、β－多糖、脂肪、总细胞和死细胞有相似的分布模式，即大量地分布在好氧颗粒污泥的外层，小部分分布在与外层相连的部分，而内层则几乎没有(图 8－31)。β－多糖与其他物质却是在外层分布较多，而在内部则浓度较低(图 8－31)。值得注意的是，好氧颗粒污泥的内部几乎是空的，然而颗粒却并没有破碎，仍维持原形状。这表明好氧颗粒污泥储存 30 d 后，由于水解酶的作用，有机物被水解，并释放到外层，结果导致颗粒内部的空化。

2. 好氧颗粒污泥储存 30 d 后的有机质分布

图 8－32 为好氧颗粒污泥储存 30 d 后各层的有机质分布。从图中可以看出，好氧颗粒污泥储存 30 d 后，有机质的分布模式发生了变化，即总有机质(TOC)从好氧颗粒污泥内层(TB－EPS 和 pellet)释放到外层(supernatant 和 slime)。其中，蛋白质是主要的总有机质组成，其分布模式的变化与 TOC 相似；

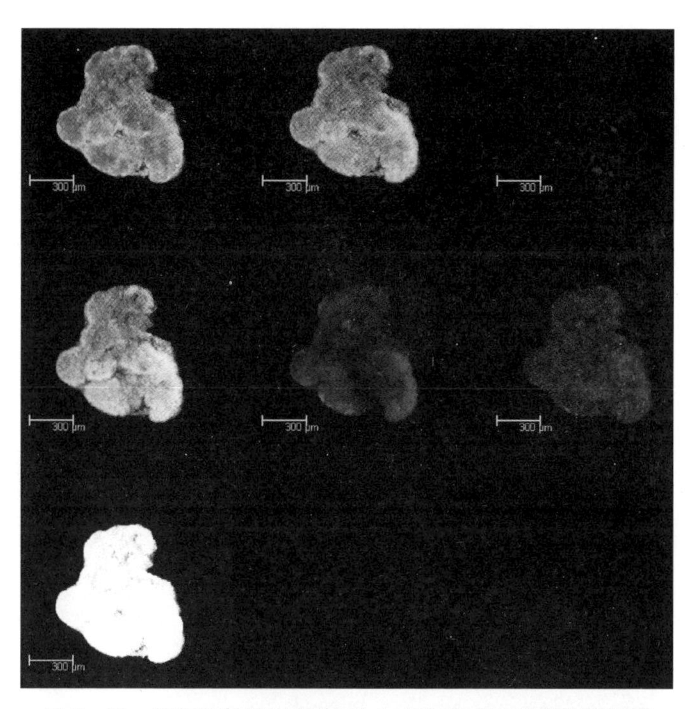

图 8－29　好氧颗粒污泥储存 30 d 后的 CLSM 观察的外貌图

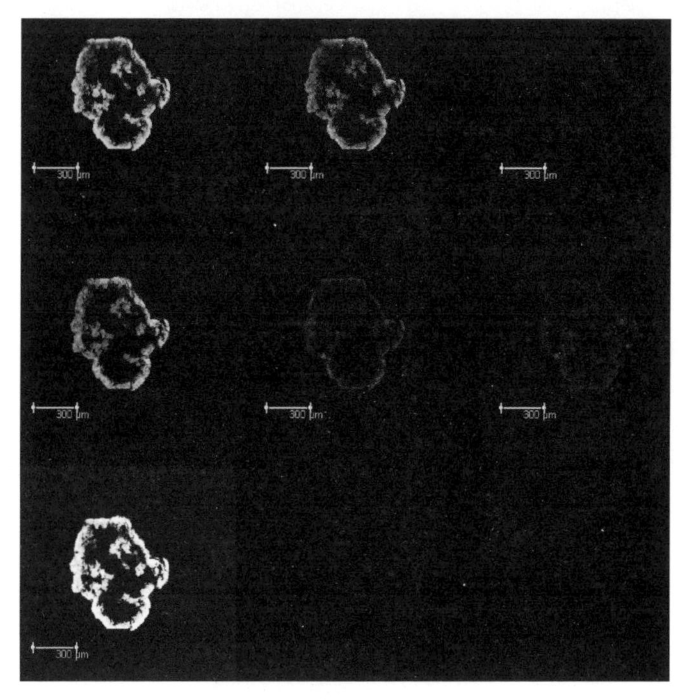

图 8－30　好氧颗粒污泥储存 30 d 切片后的 CLSM 图

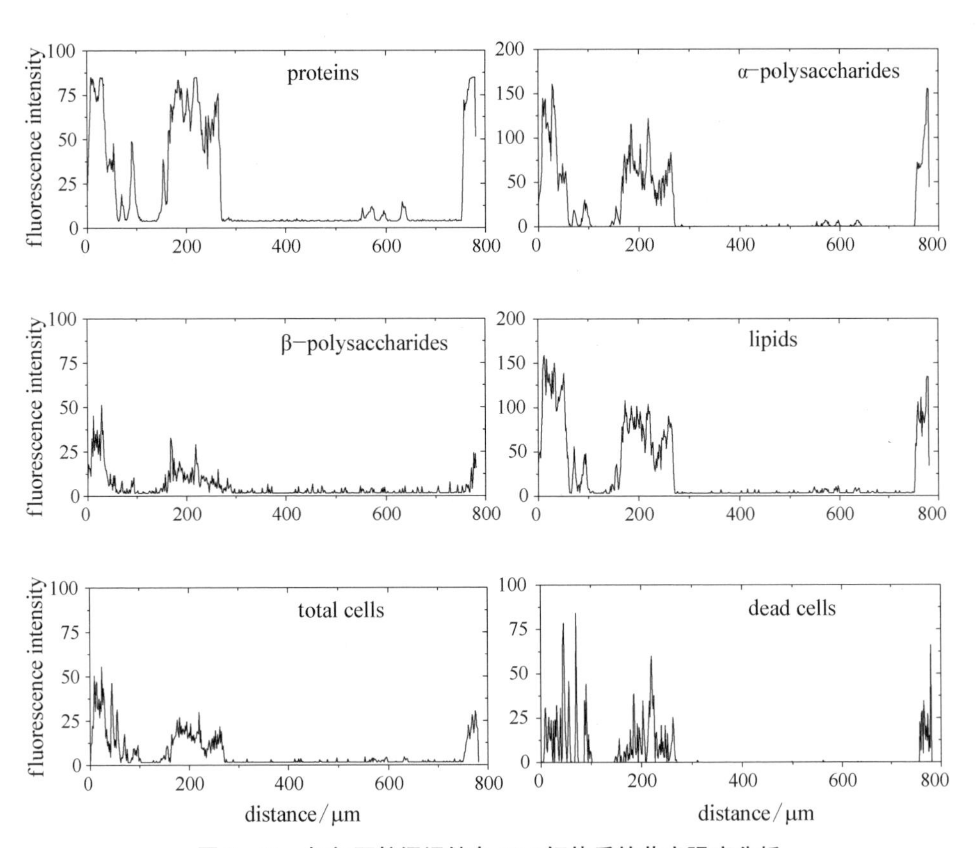

图 8-31　好氧颗粒污泥储存 30 d 切片后的荧光强度分析

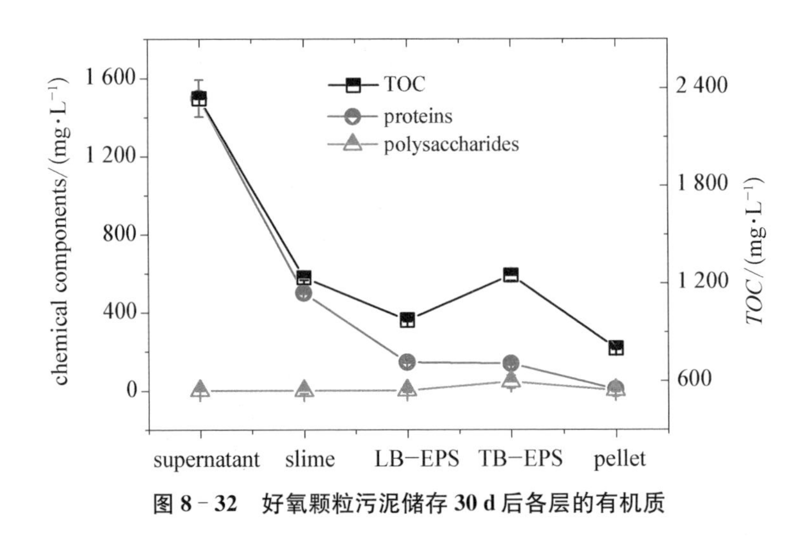

图 8-32　好氧颗粒污泥储存 30 d 后各层的有机质

而多糖在总有机质中所占比例较少，分布模式的变化也不明显。因此，好氧颗粒污泥储存 30 d 后的有机质分布模式与储存前的相反；这表明颗粒的结构也发生了相应的变化(图 8－31)。

3. 好氧颗粒污泥储存 30 d 后的金属离子分布

金属离子通过架桥作用将有机物连接在一起，对好氧颗粒污泥的稳定性有重要作用。图 8－33 为好氧颗粒污泥储存 30 d 后各层的金属离子分布。从图中可以看出，好氧颗粒污泥储存 30 d 后，较高比例的 Mg^{2+}、Al^{3+} 和 Fe^{3+} 释放到外层(Supernatant 和 Slime)中。结合图 8－32 可知，好氧颗粒污泥储存 30 d 后，有机物和金属离子的架桥作用部分被破坏，从而一起被释放到外层中。

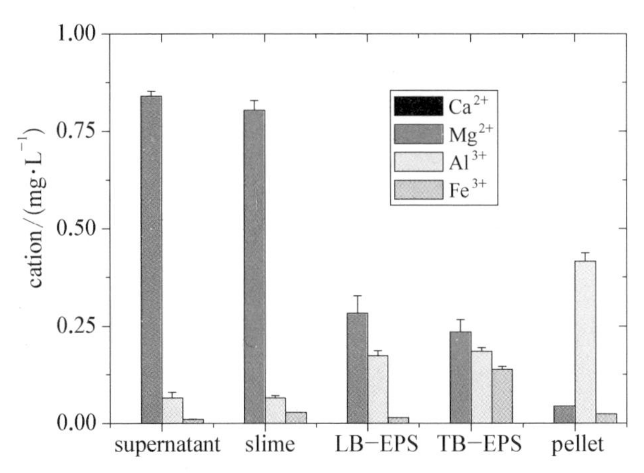

图 8－33　好氧颗粒污泥储存 30 d 后各层的金属离子

4. 好氧颗粒污泥储存 30 d 后的酶活性分布

酶活性对好氧颗粒污泥的稳定性有重要作用。Adav 等[197]的研究已经表明，好氧颗粒污泥中心的细菌通过分泌蛋白酶水解颗粒内部的蛋白质，是引起好氧颗粒污泥失稳的主要原因。然而，Adav 等[197]仅研究了蛋白酶对好氧颗粒污泥失稳的作用，并没有考虑其他酶活性。图 8－34 为好氧颗粒污泥储存 30 d 后，各层的 5 种水解酶活性分布。从图中可以看出，好氧颗粒污泥储存 30 d 后，较高比例的 α－淀粉酶、碱磷酸酯酶和酸磷酸酯酶分布在好氧颗粒污泥外层(supernatant 和 slime)，表明有较多的水解酶释放到外层。在好氧颗粒污泥内部(TB－EPS)有较高比例的蛋白酶，结合图 8－32 中有机物的分布可知，好氧颗粒污泥内部(TB－EPS)较高比例的蛋白酶水解了颗粒内部的蛋白质，然后释放到了好氧颗粒污泥外层(supernatant 和 slime)。

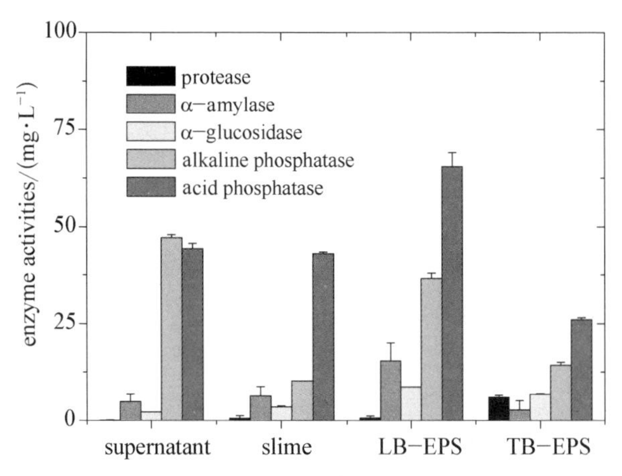

图 8-34　好氧颗粒污泥储存 30 d 后各层的酶活性

8.4　本章小结

(1) 原生污泥中的 EPS 在接种培养好氧颗粒污泥时，可能起到空间位阻的作用，延缓了好氧污泥的颗粒化过程；pellet 接种培养出的好氧颗粒污泥，比原生污泥接种培养的污泥颗粒更大，且生成速率更快，即 pellet 接种可以加速好氧颗粒污泥的培养过程；由于 pellet 启动速度快，其接种的 CSTR 中也可以形成少量好氧颗粒污泥，但所形成的好氧颗粒污泥数量远比污泥絮体少，表明流场对好氧颗粒污泥的形成有重要影响。

(2) 六倍荧光染色的 CLSM 原位观察方法，可以用于研究好氧颗粒污泥形成过程中的有机质和细菌的分布变化。胞外有机物首先在外面的疏松结合的 EPS 层形成，然后才在内部的紧密结合的 EPS 层形成。在同一污泥絮体层中，先形成小分子量的胞外有机物，而后形成分子量较大的胞外有机物。污泥絮体中有机质和细菌是随机分布的，而培养成熟的好氧颗粒污泥中有机质和细菌则出现分层分布：外层主要由丝状菌组成，中间层主要由球状细菌组成，而内层则主要由 EPS 和球状细菌组成。好氧颗粒污泥呈现层状分布，导致空隙率由外向内逐渐减小。因此，在好氧颗粒污泥中可能同时出现好氧区、缺氧区和厌氧区，进而可能有较好的脱氮除磷效果。

(3) 好氧颗粒污泥形成过程中，丝状菌起着骨架的作用，球状菌和有机物附着生长在其上。污泥絮体中蛋白质和多糖由外层(即 supernatant 和 slime 层)

转移到了内层(即 TB‐EPS 层)。

(4) 好氧颗粒污泥或絮体的沉降速率要大于污泥絮体。培养 15 d 时，pellet 接种 SBR 反应器(R1)、flocs 接种 SBR 反应器(R2)和 pellet 接种 CSTR 反应器(R3)培养的好氧颗粒污泥与原污泥絮体的空间维度分别为 1.97、1.91、1.65 和 1.34。该结果表明，R1 和 R2 中的好氧颗粒污泥结构比 R3(CSTR)中的更加密实。R3 中的生物聚集体结构松散，与原污泥絮体相似，可能是好氧颗粒污泥的前驱物。

(5) 好氧颗粒污泥储存 30 d 后，由于水解酶的作用，有机物被降解，导致有机物和金属离子一起释放到溶液中，导致颗粒内部的空化；但颗粒并没有破碎，仍能够维持原来的颗粒外形。

第9章 研究结论、创新点及建议

9.1 研究结论

鉴于污泥的脱水性能由污泥絮体结构和有机组成特征决定，本文通过构建和表征污泥絮体多层结构，结合三维荧光光谱-平行因子(EEM－PARAFAC)分析，及六倍荧光染色-共聚焦激光显微镜(CLSM)原位观察方法，建立对污泥脱水性能具有关键影响的污泥絮体结构和有机组分特征的创新研究方法。基于此方法，本文研究了影响污泥脱水性能的主要因素；探明了污泥超声波和碱预处理调控污泥絮体结构和有机质分布模式的机制，及对后续厌氧和好氧消化过程中的污泥消化性能和脱水性能的改善机制；系统比较了不同污泥絮体层的生物絮凝效果及机制，分析了其用作生物絮凝剂提高污泥脱水性能的潜力；本文还探讨了污泥絮体去除胞外聚合物(EPS)后的细胞相(pellet)优化好氧污泥颗粒化工艺的现象与机制。本文得出以下主要结论。

(1) 基于污泥絮体具有剪切力敏感性的特征，通过具有不同剪切力的离心力和超声波方法，构建了污泥絮体多层结构模式，探索了不同絮体层中有机质对污泥脱水性能的影响。研究结果表明：污泥絮体从外向内可分成上清液(supernatant)层、黏液(slime)层、疏松结合 EPS(LB－EPS)层、紧密结合 EPS(TB－EPS)层和细胞相(pellet)层；蛋白质和多糖具有不同的分布模式，蛋白质主要分布在 pellet 层和 TB－EPS 层，而多糖更多比例地分布在 supernatant 层、slime 层和 LB－EPS 层；污泥脱水性能主要受 supernatant、slime 和 LB－EPS 层的蛋白质和蛋白质与多糖的比值影响，而不受其他层或整个污泥絮体的蛋白质和蛋白质与多糖的比值影响，也不受任何污泥絮体层或整个污泥絮体中的多糖影响。

(2) EEM-PARAFAC的非破坏性表征方法，首次被应用于研究污泥脱水性能。结果表明：所研究的生活污水源(3个厂)、生活垃圾源(4个厂)、工业污水源(4个厂)和特殊工业污水源(1个厂)的污水处理厂污泥的荧光EEM光谱，都可被PARAFAC方法分成6个组分；污泥脱水性能在supernatant层主要受类蛋白质物质[$Ex/Em=(220, 280)/350$]影响，而在slime层、LB-EPS层和TB-EPS层不仅受类蛋白质物质影响，同时也受类腐殖酸和类富里酸物质[$Ex/Em=(230, 280)/430, (250, 340)/430, (250, 360)/460$]影响。

(3) 利用荧光染色-共聚焦激光显微镜方法，原位观察过滤过程中有机质在所形成的滤饼中的分布状况，及影响过滤性能的主要因素。结果表明，在supernatant、LB-EPS和TB-EPS层，蛋白质、α-多糖和脂肪均影响污泥过滤性能；而在slime层，蛋白质和脂肪对污泥过滤性能有重要影响。同时，蛋白质比脂肪对污泥过滤性能有更重要的影响。此外，β-多糖不影响污泥过滤性能。原污泥中过滤阻力是由可溶性EPS(supernatant + slime+部分LB-EPS)中的蛋白质和α-多糖控制的，而超声污泥中过滤阻力是由TB-EPS中的蛋白质控制的。超声波处理释放了大量的TB-EPS层中的蛋白质，使蛋白质成为控制污泥脱水性能的决定因素，结果致使污泥脱水性能劣化。因此，TB-EPS在污泥絮体中不影响污泥脱水性能，但当其变为可溶态时，会起决定污泥脱水性能的作用，即具有影响污泥脱水性能的潜势。

(4) 基于构建的污泥絮体多层结构，以不同类型污水处理厂的剩余污泥为对象，研究了污泥絮体中胞外酶的提取方法和分布模式。结果表明：超声波方法兼有较高的胞外酶提取效率和较低的细胞破坏能力，是一种从污泥絮体中提取胞外酶的温和、有效的方法，其最优提取条件为20 kHz、10 min和552 W/g-TSS。α-淀粉酶几乎均匀地分布在污泥絮体各层，而蛋白酶、葡萄苷酶、碱磷酸酯酶和酸磷酸酯酶则主要分布在污泥絮体的pellet层和TB-EPS层，在slime层和LB-EPS层分布较少，在supernatant层则几乎没有分布；污泥絮体中胞外酶的该分布模式不受污水来源、处理工艺及污泥性质的影响，而是污泥絮体中固有的分布模式。

(5) 超声波预处理以不破坏污泥絮体中的细胞，而最大限度地释放EPS固定的胞外有机质和胞外酶为确定最优工艺条件的依据。在该最优工艺条件(20 kHz，10 min，3 kW/L)下，超声波预处理通过调控污泥中有机质在絮体各层组成和分布(空间结构)特征，释放污泥絮体内层(pellet层和TB-EPS层)中的蛋白质、多糖及胞外酶到外层(slime层和LB-EPS层)，创造有机质与胞外酶充分接触的环境，起更有效及更迅速地降解后续消化工艺中可溶性有机物的效果，从而达到同时改善后续厌氧和好氧消化工艺中的污泥脱水性能和消化性能的目的。

(6) 研究了 pH 10.0 提高剩余污泥水解酸化过程中挥发性脂肪酸(VFA)产量的机制，及对水解酸化过程中污泥脱水性能的影响。结果表明：pH 10.0 可以大幅度提高污泥中温和高温水解酸化过程中 VFA 产量，同时有效阻断甲烷化途径；其机理是 pH 10.0 提供了污泥连续碱预处理的条件，不断释放污泥絮体内层(pellet 层和 TB－EPS 层)中难以被微生物利用的颗粒态有机质，到外层(slime 层和 LB－EPS 层)为易于微生物利用的可溶态有机质，解除了 EPS 对污泥水解的限制作用，提高了水解酸化过程中 VFA 产量；pH 10.0 的水解酸化中，污泥脱水性能严重劣化，而 pH 5.5 的水解酸化中，污泥脱水性能仅稍变差。

(7) 采用凝胶渗透色谱(GPC)和等离子体发射光谱(ICP)，研究了污泥絮体各层的分子量和金属阳离子分布特征，并探索了絮体各层的生物絮凝性能及机制。结果表明：TB－EPS 层含有较高浓度的相对分子质量在 330 000—1 200 000 的大分子有机物，而 supernatant 层、slime 层和 LB－EPS 层中有机物的分子量主要分布在 150 000 以下；二价阳离子(Ca^{2+} 和 Mg^{2+})主要分布在 supernatant 层，而三价阳离子(Al^{3+} 和 Fe^{3+})则主要分布在 TB－EPS 层；与其余污泥絮体层相比，TB－EPS 层具有较高的絮凝性能，是剩余污泥中的活性组分；TB－EPS 层具有较高絮凝性能的机制是大分子物质(330～1 200 kDa)的网捕和三价阳离子(Al^{3+} 和 Fe^{3+})的架桥作用。

(8) 通过污泥絮体的逐层去除和逐层再投加试验，探索了污泥絮体各层与污泥絮体的结合机制。结果表明：supernatant 层和 slime 层通过物理吸附作用与污泥絮体结合在一起，TB－EPS 层通过化学键吸附与污泥絮体结合在一起，而 LB－EPS 层与污泥絮体的结合并不能简单地归结于物理吸附或化学吸附；污泥絮体各层具有维持絮体完整性、增大絮体强度的作用。

(9) 原生污泥中的 EPS 在接种培养好氧颗粒污泥时，可能起到空间位阻的作用，延缓了好氧污泥的颗粒化过程；而 pellet 接种可以加速好氧颗粒污泥的培养过程；六倍荧光染色-共聚焦显微镜原位观察和污泥絮体分层结合的分析结果表明，污泥絮体中有机质和细菌是随机分布的，而培养成熟的好氧颗粒污泥中有机质和细菌则出现分层分布，即外层主要由丝状菌组成，中间层主要由球状菌组成，而内层则主要由 EPS 和球状菌组成；在好氧颗粒污泥形成过程中，丝状菌起着骨架的作用，球状菌和有机物附着生长在其上，该结果对探明好氧颗粒污泥的形成机理具有重要意义。好氧颗粒污泥储存 30 d 后，由于水解酶的作用，有机物被降解并与金属离子一起释放到溶液中，导致颗粒内部的空化；但颗粒并没有破碎，仍维持原来的外形。

(10) 探明污泥絮体中的胞外酶和有机质分布模式，对资源化利用污泥中酶资源和生物絮凝剂资源，及发展新的污泥管理模式都有重要意义。回收的酶资源和生物絮凝剂资源，可以回用于污水处理工艺，提高污水处理效率和污泥脱水性能；通过预处理手段和控制消化时间，可以达到同时提高污泥脱水性能和消化性能的目的；由于具有高敏感性、高选择性及同时测定类蛋白质、类腐殖酸和类富里酸物质等优点，EEM－PARAFAC 方法可以用作一种快速、价廉及有应用前景的污泥脱水性能监测工具。应用该方法测定污泥脱水性能时，不需要任何化学试剂，仅需过滤或稀释等简单的样品预处理。尽管污水来源和处理工艺差别很大，但污泥絮体的 TB－EPS 层和 pellet 层的 EEM 谱图几乎相同，*Ex*/*Em* 总是定位于 220/350 和 280/350。相反，疏松结合的污泥絮体层(即 supernatant，slime 和 LB－EPS 层)受污水来源影响较大。因此，疏松结合的污泥絮体层的 EEM 谱图可以用于区分污水的来源。

9.2 创新点

(1) 基于污泥絮体具有剪切力敏感性的特征，通过具有不同剪切力的离心和超声波方法，构建了污泥絮体多层结构模式，即污泥絮体从外向内可分成 supernatant 层、slime 层、LB－EPS 层、TB－EPS 层和 pellet 层；发现污泥脱水性能主要受 supernatant、slime 和 LB－EPS 层的蛋白质和蛋白质与多糖的比值影响，而不受其他层或整个污泥絮体的蛋白质和蛋白质与多糖的比值影响，也不受任何污泥絮体层或整个污泥絮体中的多糖影响。而在以前的同类研究中，supernatant 和 slime 层因含较少的有机质，通常是被忽略的。

(2) 首次将 EEM－PARAFAC 的非破坏性表征方法，应用于研究影响污泥脱水性能的主要因素。结果表明：所研究的生活污水源(3 个厂)、生活垃圾源(4 个厂)、工业污水源(4 个厂)和特殊工业污水源(1 个厂)的污水处理厂污泥的荧光 EEM 光谱都可被 PARAFAC 方法分成 6 个组分；污泥脱水性能在 supernatant 层主要受类蛋白质物质影响，而在 slime 层、LB－EPS 层和TB－EPS层则不仅受类蛋白质物质影响，同时也受类腐殖酸和类富里酸物质影响。而在以前的所有同类研究中，类腐殖酸和类富里酸对污泥脱水性能的影响均未被关注。此外，疏松结合的污泥絮体层(supernatant、slime 和 LB－EPS)的 EEM 谱图可以用于区分污水的来源。

(3) 利用荧光染色-共聚焦激光显微镜方法，原位观察过滤过程中所形成的滤饼中的有机质分布状况，及影响过滤性能的主要因素。结果表明，在 supernatant、LB－EPS 和 TB－EPS 层，蛋白质、α－多糖和脂肪均影响污泥过滤性能；而在 slime 层，蛋白质和脂肪对污泥过滤性能有重要影响；在所有污泥絮体层，β－多糖均不影响污泥过滤性能。而在以前的所有同类研究中，由于多糖没有被进一步区分，α－多糖对污泥过滤性能的影响常被忽略。此外，原污泥中过滤阻力是由可溶性 EPS(supernatant ＋ slime＋部分 LB－EPS)中蛋白质和 α－多糖控制的，而超声污泥中过滤阻力是由 TB－EPS 中蛋白质控制的，即 TB－EPS 层转化为可溶态时也会影响污泥脱水性能。

(4) 超声波预处理以不破坏污泥絮体中的细胞，而最大限度地释放 EPS 固定的胞外有机质和胞外酶为确定工艺最优条件的依据。在该最优工艺条件(20 kHz，10 min，3 kW/L)下，超声波预处理通过调控污泥中的有机质在絮体各层组成和分布(空间结构)特征，释放絮体内层中的蛋白质、多糖及胞外酶到外层，创造有机质与胞外酶充分接触的环境，达到更有效及更迅速地降解后续消化工艺中可溶性有机物的效果，进而达到同时改善后续厌氧和好氧消化工艺中的污泥脱水性能和消化性能的目的。

(5) pH 10.0 时，可以大幅度提高污泥中温和高温水解酸化过程中挥发性脂肪酸(VFA)产量，同时有效阻断甲烷化途径；但致使其污泥脱水性能劣化。其机制是 pH 10.0 提供了污泥连续碱预处理的条件，不断转化污泥絮体内层中难以被微生物利用的颗粒态有机质，到外层为易于微生物利用的可溶态有机质，解除了 EPS 对污泥水解的限制作用，使水解酸化过程中 VFA 产量提高。因此，pH 10.0 的水解酸化工艺可以作为污水厂三级处理的一部分。

(6) 原生污泥中的 EPS 在接种培养好氧颗粒污泥时，可能起到空间位阻的作用，延缓了好氧污泥的颗粒化过程；而 pellet 接种，可以加速好氧颗粒污泥的培养过程，同时，pellet 接种的 CSTR 反应器也可以培养出少量好氧颗粒污泥；六倍荧光染色-共聚焦显微镜原位观察和污泥絮体分层结合的分析方法用于研究污泥颗粒化过程，发现丝状菌起着骨架的作用，球状菌附着生长在其上，该结果对探明好氧颗粒污泥的形成机制具有重要意义。

9.3　后续研究建议

基于构建的污泥絮体分层结构，本文研究了超声波预处理和碱预处理污泥的厌氧与好氧消化过程中的脱水性能和消化性能，并对 pellet 接种加速好氧颗粒污泥的启动与机制进行了探讨。由于研究工作时间有限，还有待今后更深入地探索。

（1）目前，厌氧与好氧消化是污泥减量和处理的主要途径，消化后污泥的脱水仍是污泥无害化处理处置必不可少的处理环节，也是污泥管理过程中应用最为普遍的共性技术。本研究从构建的污泥絮体分层结构和酶活性提高的角度，提出了通过采用预处理手段和控制消化时间，达到同时提高污泥消化性能和脱水性能的目的。因此，为了进一步将该技术方法进行产业化应用，有必要继续进行连续的、中试规模的试验研究。

（2）与活性污泥絮体工艺相比，好氧颗粒污泥工艺处理污水不仅有较高的处理效率，也具有更好的污泥脱水性能。本研究已表明，pellet 接种可以优化好氧颗粒污泥工艺的启动，并从污泥絮体分层的角度，探讨了 pellet 接种加速好氧污泥颗粒化的机制。今后，还可以从分子生物学的角度进一步证实，pellet 接种是否通过预处理（超声波）作用，使颗粒形成菌和絮体形成菌分开，加速了颗粒形成菌成为优势菌种的过程。

参考文献

[1] 国家统计局. 中国环境统计公报，2007.

[2] Rai C L, Struenkmann G, Mueller J, et al. Influence of ultrasonic disintegration on sludge growth reduction and its estimation by respirometry [J]. Environmental Sciences and Technology, 2004, 38(21): 5779－5785.

[3] 何品晶，顾国维，李笃中. 城市污泥处理与利用[M]. 北京：科学出版社，2003.

[4] 朱敬平. 污泥胶羽结构、脱水性、水份分布与热分解特性之研究[D]. 台湾：台湾大学，1999.

[5] Appels L, Baeyens J, Degreve J, et al. Principles and potential of the anaerobic digestion of waste-activated sludge [J]. Progress in Energy and Combustion Science, 2008, 34(6): 755－781.

[6] Tiehm A, Nickel K, Zellhorn M, et al. Ultrasonic waste activated sludge disintegration for improving anaerobic stabilization [J]. Water Research, 2001, 35(8): 2003－2009.

[7] Chu C P, Lee D J, Chang B V, et al. "Weak" ultrasonic pre-treatment on anaerobic digestion of flocculated activated biosolids [J]. Water Research, 2002, 36(11): 2681－2688.

[8] Gronroos A, Kyllonen H, Korpijarvi K, et al. Ultrasound assisted method to increase soluble chemical oxygen demand (SCOD) of sewage sludge for digestion [J]. Ultrasonics Sonochemistry, 2005, 12(1－2): 115－120.

[9] Bruus J H, Nielsen P H, Keiding K. On the stability of activated sludge with implication to dewatering [J]. Water Research, 1992, 26(12): 1597－1604.

[10] Vesilind P A. Capillary suction time as a fundamental measure of sludge dewaterability [J]. Journal of Water Pollution Control Federal, 1988, 60(2): 215－220.

[11] Liu Y, Fang H H P. Influences of extracellular polymeric substances (EPS) on flocculation, settling, and dewatering of activated sludge [J]. Critical Reviews in Environmental Science and Technology, 2003, 33(3): 237－273.

[12] Veeken A, Hamelers B. Effect of temperature on hydrolysis rates of selected biowaste components [J]. Bioresource Technology, 1999, 69(3): 249 - 254.

[13] Houghton J I, Stephenson T. Effect of influent organic content on digested sludge extracellular polymer content and dewaterability [J]. Water Research, 2002, 36(14): 3620 - 3628.

[14] Rosenberger S, Kraume M. Filterability of activated sludge in membrane bioreactors [J]. Desalination, 2002, 146(3): 373 - 379.

[15] Wilen B M, Jin B, Lant P. The influence of key chemical constituents in activated sludge on surface and flocculating properties [J]. Water Research, 2003, 37(9): 2127 - 2139.

[16] Frølund B, Palmgren R, Keiding K, et al. Extraction of extracellular polymers from activated sludge using a cation ion exchange resin [J]. Water Research, 1996, 30(8): 1749 - 1758

[17] Christensen B E, Characklis W G. Physical and chemical properties of biofilms [M]. In: Characklis W G, Marshall K (Eds.), Biofilms, Wiley, New York, 1990, 93 - 130.

[18] Eriksson L, Steen I, Tendaj M. Evaluation of sludge properties at an activated sludge plant [J]. Water Science and Technology, 1992, 25: 251 - 265.

[19] Keiding K, Wybrandt I, Nielsen P H. Remember the water: a comment on EPS colligative properties [J]. Water Science and Technology, 2001, 43(6): 17 - 23.

[20] Houghton J I, Quarmby J, Stephenson T. Municipal wastewater sludge dewaterability and the presence of microbial extracellular polymer [J]. Water Science and Technology, 2001, 44(2 - 3): 373 - 379.

[21] Raszka A, Chorvatova M, Wanner J. The role and significance of extracellular polymers in activated sludge. Part Ⅰ: Literature review [J]. Acta Hydrochimica et Hydrobiologica, 2006, 34(5): 411 - 424.

[22] Dignac M F, Urbain V, Rybacki D, et al. Chemical description of extracellular polymers: implication on activated sludge floc structure [J]. Water Science and Technology, 1998, 38(8 - 9): 45 - 53.

[23] Poxon T L, Darby J L. Extracellular polyanions in digested sludge: measurement and relationship to sludge dewaterability [J]. Water Research, 1997, 31(4): 749 - 758.

[24] Cetin S, Erdincler A. The role of carbohydrate and protein parts of extracellular polymeric substances on the dewaterability of biological sludge [J]. Water Science and Technology, 2004, 50(9): 49 - 56.

[25] Jin B, Britt M W, Paul L. Impacts of morphological, physical and chemical properties of sludge flocs on dewaterability of activated sludge [J]. Chemical Engineer Journal,

2004, 98(1-2): 115-126.

[26] Higgins M J, Novak J T. Characterization of exocellular protein and its role in bioflocculation [J]. Journal of Environmental Engineering, 1997, 123(3): 479-485.

[27] Novak J T, Muller C D, Murthy S N. Floc structure and the role of cations [C]. Proc Sludge Management Entering the 3rd Millenium-Industrial, Combined, Water and Wastewater Residues, Taiwan, 2001, 354-359.

[28] Wu Y C, Smith E D, Novak R. Filterability of activated sludge in response to growth conditions [J]. Journal of Water Pollution Control Federation, 1982, 54(5): 444-456.

[29] Murthy S N, Novak J T. Factors affecting floc properties during aerobic digestion: implications for dewatering [J]. Water Environmental Research, 1999, 71(2): 197-202.

[30] Morgan J W, Forster C F, Evison L. A comparative study of the nature of biopolymers extracted from anaerobic and activated sludges [J]. Water Research, 1990, 24(6): 743-750.

[31] Nielsen P H, Jahn A. Extraction of EPS//Wingender J, Neu T R, Flemming H C. Microbial Extracellular Polymeric Substances [M]. Spinger, Verlag, Berlin, 1999, 49-72.

[32] Nielson P H, Jahn A, Palmgren R. Conceptual model for production and composition of exopelymers in biofilms [J]. Water Science and Technology, 1997, 36(1): 11-19.

[33] 王红武,李晓岩,赵庆祥.活性污泥的表面特性与其沉降脱水性能的关系[J].清华大学学报(自然科学版),2004, 44(6): 766-769.

[34] Li X Y, Yang S F. Influence of loosely bound extracellular polymeric substances (EPS) on the flocculation, sedimentation and dewaterability of activated sludge [J]. Water Research, 2007, 41(5): 1022-1030.

[35] Karr P R, Keinath T M. Influence of particle size on sludge dewaterability [J]. Journal Water Pollution Control Federation, 1978, 50(8): 1911-1930.

[36] Neyens E, Baeyens J, Dewil R, et al. Advanced sludge treatment affects extracellular polymeric substances to improve activated sludge dewatering [J]. Journal of Hazardous Materials, 2004, 106(2-3): 83-92.

[37] Bowen P T, Keinath T M. Sludge conditioning: effects of sludge biochemical composition [J]. Water Science and Technology, 1985, 17: 505-515.

[38] Mikkelsen L H. Applications and limitations of the colloid titration method for measuring activated sludge surface charges [J]. Water Research, 2003, 37(10): 2458-2466.

[39] Elmitwalli T A, Soellner J, De K A, et al. Biodegradability and change of physical

characteristics of particles during anaerobic digestion of domestic sewage [J]. Water Research, 2001, 35(5): 1311 - 1317.

[40] Thomas N, Rolf K. Change of particle structure of sewage sludges during mechanical and biological processes with regard to the dewatering result [J]. Water Science and Technology, 1997, 36(4): 293 - 306.

[41] Forster C F. The rheological and physico-chemical characteristics of sewage sludges [J]. Enzyme and Microbial Technology, 2002, 30(3): 340 - 345.

[42] 田禹,王宁.酱油污水污泥脱水的影响因素及其作用机理[J].环境科学研究,2005, 18 (5): 59 - 62.

[43] 陈银广.改善活性污泥机械脱水性能及活性污泥法生物除铬的初步研究[D].同济大学,2001.

[44] Chen Y G, Yang H Z, Gu G W. Effect of acid and surfactant treatment on activated sludge dewatering and settling [J]. Water Research, 2001, 35(11): 2615 - 2620.

[45] Li C W, Lin J L, Kang S F, et al. Acidification and alkalization of textile chemical sludge: volume/solid reduction, dewaterability, and Al(Ⅲ) recovery [J]. Separation and Purification Technology, 2005, 42(1): 31 - 37.

[46] Yin X, Han P F, Lu X P, et al. A review on the dewaterability of bio-sludge and ultrasound pretreatment [J]. Ultrasonics Sonochemistry, 2004, 11(6): 337 - 348.

[47] Jin B, Wilén B M, Paul L. A comprehensive insight into floc characteristics and their impact on compressibility and settleability of activated sludge [J]. Chemical Engineering Journal, 2003, 95(1 - 3): 221 - 234.

[48] Ormeci B, Vesilind A P. Development of an improved synthetic sludge: a possible surrogate for studying activated sludge dewatering characteristics [J]. Water Research, 2000, 34(4): 1069 - 1078.

[49] Nguyen T P, Hilal N, Hankins N P, et al. Determination of the effect of cations and cationic polyelectrolytes on the characteristics and final properties of synthetic and activated sludge [J]. Desalination, 2008, 222(1 - 3): 307 - 317.

[50] Novak J T, Muler C D, Murthy S N. Floc structure and the role of cations [J]. Water Science and Technology, 2001, 44(10): 209 - 213.

[51] Frølund B, Keiding K and Nielsen P. Enzymatic activity in the activated sludge flocs matrix [J]. Appllied Microbiology and Biotechnology, 1995, 43(4): 755 - 761.

[52] Cadoret A, Conrad A, Block J C. Availability of low and high molecular weight substrates to extracellular enzymes in whole and dispersed activated sludges [J]. Enzyme and Microbial Technology, 2002, 31(1 - 2): 179 - 186.

[53] Sheng G P, Yu H Q. Characterization of extracellular polymeric substances of aerobic

and anaerobic sludge using three-demensional excitation and emission matrix fluorescence spectroscopy [J]. Water Research, 2006, 40(6): 1233 - 1239.

[54] Morgenroth E, Kommedal R, Harremoes P. Processes and modeling of hydrolysis of particulate organic matter in aerobic wastewater treatment-a review [J]. Water Science and Technology, 2002, 45(6): 25 - 40.

[55] Nybroe O, Jorgensen P E, Henze M. Enzyme activities in waste water and activated sludge [J]. Water Research, 1992, 26(5): 579 - 584.

[56] Gessesse A, Dueholm T, Petersen S B, et al. Lipase and protease extraction from activated sludge [J]. Water Research, 2003, 37(15): 3652 - 3657.

[57] Teuber M, Brodisch K E U. Enzymatic activities of activated sludge [J]. European Journal of Applied Microbiology, 1977, 4(3): 185 - 194.

[58] Goel R, Mino T, Satoh H, et al. Enzyme activities under anaerobic and aerobic conditions in activated sludge sequencing batch reactor [J]. Water Research, 1998, 32(7): 2081 - 2088.

[59] Goel R, Mino T, Satoh H, et al. Comparison of hydrolytic enzyme systems in pure culture and activited sludge under different electron acceptor conditions [J]. Water Science and Technology, 1998, 37(4 - 5): 335 - 343.

[60] Confer D R, Logan B E. Location of protein and polysaccharide hydrolytic activity in suspended and biofilm wastewater cultures [J]. Water Research, 1998, 32(1): 31 - 38.

[61] Whiteley C G, Heron P, Pletschke B, et al. The enzymology of sludge solubilisation utilising sulphate reducing systems: properties of proteases and phosphatases [J]. Enzyme and Microbial Technology, 2002, 31(4): 419 - 424.

[62] Li Y, Chrost R J. Microbial enzymatic activities in aerobic activated sludge model reactors [J]. Enzyme and Microbial Technology, 2006, 39(4): 568 - 572.

[63] Neu T R, Lawrence J R. *In situ* characterization of extracellular polymeric substances (EPS) in biofilm systems. //Wingender J, Neu T R, Flemming H C Microbial Extracellular Polymeric Substances [M]. Berlin: Springer, 1999.

[64] Chen M Y, Lee D J, Yang Z, et al. Fluorecent staining for study of extracellular polymeric substances in membrane biofouling layers [J]. Environmental Science and Technology, 2006, 40(21): 6642 - 6646.

[65] Chen M Y, Lee D J, Tay J H, et al. Staining of extracellular polymeric substances and cells in bioaggregates [J]. Applied Microbiology and Biotechnology, 2007, 75(2): 467 - 474.

[66] Henderson R K, Baker A, Murphy K R, et al. Fluorescence as a potential monitoring tool for recycled water systems: a review [J]. Water Research, 2009, 43(4):

863 - 881.
[67] Chen W, Westerhoff P, Leenheer J A, et al. Fluorescence excitation-emission matrix regional integration to quantify spectra for dissolved organic matter [J]. Environmental Science and Technology, 2003, 37(24): 5701 - 5710.
[68] Ohno T, Amirbahman A, Bro R. Parallel factor analysis of excitation-emission matrix fluorescence spectra of water soluble soil organic matter as basis for the determination of conditional metal binding parameters [J]. Environmental Science and Technology, 2008, 42(1): 186 - 192.
[69] Yamashita Y, Jaffe R. Characterizing the interactions between trace metals and dissolved organic matter using excitation-emission matrix and parallel factor analysis [J]. Environmental Science and Technology, 2008, 42(19): 7374 - 7379.
[70] 李卫华,盛国平,王志刚,等.废水生物处理反应器出水的三维荧光光谱解析[J].中国科学技术大学学报,2008, 38(6): 601 - 608.
[71] Low E U, Chase H A, Milner M G, et al. Uncoupling of metabolism to reduce biomass production in the activated sludge process [J]. Water Research, 2000, 34(12): 3204 - 3212.
[72] Wei Y S, Van H R T, Borger A R, et al. Comparison performances of membrane bioreactor (MBR) and conventional activated sludge (CAS) processes on sludge reduction induced by *Oligochaete* [J]. Environmental Science and Technology, 2003, 37 (14): 3171 - 3180.
[73] 梁鹏,黄霞,钱易.3种生物处理方式对污泥减量效果的比较及优化[J].环境科学,2006, 27(11): 2339 - 2343.
[74] 曹秀芹,陈珺.超声波技术在污泥处理中的研究及发展[J].环境工程,2002,20(4): 23 - 25.
[75] Sangave P C, Gogate P R, Pandit A B. Ultrasound and ozone assisted biological degradation of thermally pretreated and anaerobically pretreated distillery wastewater [J]. Chemosphere, 2007, 68(1): 42 - 50.
[76] Harrison S L. Bacterial cell disruption: a key unit operation in the recovery of intracellular products [J]. Biotechnology Advances, 1991, 9(2): 217 - 240.
[77] 王芬,季民.剩余活性污泥超声破解性能研究[J].农业环境科学学报,2004,23(3): 584 - 587.
[78] Zhang P Y, Zhang G M, Wang W. Ultrasonic treatment of biological sludge: floc disintegration, cell lysis and inactivation [J]. Bioresource Technology, 2007, 98(1): 207 - 221.
[79] 刘红,阎怡新,杨志峰,等.低强度超声波改善污泥活性[J].环境科学,2005, 26(4):

124 - 128.

[80] 曾晓岚,龙腾锐,丁文川,等.低能量超声波辐射提高好氧污泥活性研究[J].中国给水排水,2006, 22(5): 88 - 91.

[81] Wang F, Lu S, Ji M. Components of released liquid from ultrasonic waste activated [J]. Ultrasonics Sonochemistry, 2006, 13(4): 334 - 338.

[82] Tiehm A, Nickel K, Neis U. The use of ultrasound to accelerate the anaerobic digestion of sewage sludge [J]. Water Science and Technology, 1997, 36(11): 121 - 128.

[83] Wang Q, Kuninobu M, Kakimoto K, et al. Upgrading of an aerobic digestion of waste activated sludge by ulrtasonic prereatment [J]. Bioresource Technology, 1999, 68(3): 309 - 313.

[84] Ding W C, Li D X, Zeng X L, et al. Enhancing excess sludge aerobic digestion with low intensity ultrasound [J]. Journal of Central South University of Technology, 2006, 13 (4): 408 - 411.

[85] Salsabil M R, Prorot A, Casellas M, et al. Pre-treatment of activated sludge: effect of sonication on aerobic and anaerobic digestibility [J]. Chemical Engineering Journal, 2009, 148(2 - 3): 327 - 335.

[86] Na S, Kim Y U, Khim J. Physiochemical properties of digested sewage sludge with ultrasonic treatment [J]. Ultrasonics Sonochemistry, 2007, 14(3): 281 - 285.

[87] Yin X, Lu X P, Han P F, et al. Ultrasonic treatment on activated sewage sludge from petro-plant for reduction [J]. Ultrasonics, 2006, 44(1): 397 - 399.

[88] Wang F, Ji M, Lu S. Influence of ultrasonic disintegration on the dewaterability of waste activated sludge [J]. Environmental Progress, 2006, 25(3): 257 - 260.

[89] Dewil R, Baeyens J, Goutvrind R. Ultrasonic treatment of waste activated sludge [J]. Environmental Progress, 2006, 25(2): 121 - 128.

[90] Chu C P, Chang B V, Liao G S. Observation on changes in ultrasonically treated waste-activated sludge [J]. Water Research, 2001, 35(4): 1038 - 1046.

[91] Appels L, Dewil R, Baeyens J, et al. Ultrasonically enhanced anaerobic digestion of waste activated sludge [J]. International Journal of Sustainable Engineering, 2008, 1 (2): 94 - 104.

[92] Cassini S T, Andrade M C E, Abreu T A, et al. Alkaline and acid hydrolytic processes in aerobic and anaerobic sludges: effect on total EPS and fractions [J]. Water Science and Technology, 2006, 53(8): 51 - 58.

[93] Yuan H Y, Chen Y G, Zhang H X, et al. Improved bioproduction of short-chain fatty acids (SCFAs) from excess sludge under alkaline conditions [J]. Environmental Science and Technology, 2006, 40(6): 2025 - 2029.

[94] Heo N, Park S, Kang H. Solubilization of waste activated sludge by alkaline pretreatment and biochemical methane potential (BMP) test for anaerobic co-digestion of municipal organic waste [J]. Water Science and Technology, 2003, 48(8): 211 - 219.
[95] 盛宇星,曹宏斌,李玉平,等. 预处理对废弃活性污泥中细胞破碎和有机物质溶出的影响[J]. 化工学报,2008, 59(6): 1496 - 1501.
[96] Li H, Jin Y Y, Mahar R B, et al. Effects and model of alkaline waste activated sludge treatment [J]. Bioresource Technology, 2008, 99(11): 5140 - 5144.
[97] Lin J G, Chang C N. Enhancement of anaerobic digestion of waste activated sludge by alkaline solubilization [J]. Bioresource Technology, 1997, 62(3): 85 - 90.
[98] Knezevic Z, Mavinic D S, Anderson B C. Pilot scale evaluation of anaerobic codigestion of primary and pretreated waste activated sludge [J]. Water Environmental Research, 1995, 67(5): 835 - 841.
[99] Inagaki N, Suzuki S, Takemura K, et al. Enhancement of anaerobic sludge digestion by thermal alkaline pre-treatment//Proceedings of the eighth international conference on Anaerobic Digestion [C]. Sendai, Japan, May 25 - 29, 1997.
[100] Tanaka S, Kamiyama K. Thermochemical pre-treatment in the anaerobic digestion of waste activated sludge [J]. Water Science and Technology, 2002, 46(10): 173 - 179.
[101] Bahram M, Bro R, Stedmon C, et al. Handling of Rayleigh and Raman scatter for PARAFAC modeling of fluorescence data using interpolation [J]. Journal of Chemometrics, 2006, 20(3 - 4): 99 - 105.
[102] Lu F, Chang C H, Lee D J, et al. Dissolved organic matter with multi-peak fluorophores in landfill leachate [J]. Chemosphere 2009, 74(4): 575 - 582.
[103] Stedmon C A, Bro R. Characterizing dissolved organic matter fluorescence with parallel factor analysis: a tutorial [J]. Limnology and Oceanography: Methods, 2008, 6: 572 - 579.
[104] 陈明源. 多重染色方案-胞外聚合物于生物聚集体之分布[D]. 台湾: 台湾大学,2006.
[105] Christensen G L, Dick R I. Specific resistence measurements: methods and procedures [J]. Journal of Environmental Engineering - ASCE, 1985, 111(3): 258 - 271.
[106] Gaudy A F. Colorimetric determination of protein and carbohydrate [J]. Industrial Water and Wastes, 1962, 7: 17 - 22.
[107] Sun Y, Clinkenbeard K D, Clarke C, et al. Pasteurella haemolytica leukotoxin induced apoptosis of bovine lymphocytes involves DNA fragmentation [J]. Veterinary Microbiology, 1999, 65(2): 153 - 166.
[108] Bernfeld O. Amylases, alpha and beta. In: Methods in Enzymology [M]. Colowick S O and Kaplan N O (eds), Vol. 1, Academic Press Inc Publishers, New York,

149 - 158.

[109] APHA, AWWA, WEF. Standard Methods for the Examination of Water and Wastewater [M]. 20th ed, Americal Public Health Association/American Water Works Associaation/Water Environment Federation, Washington, DC, USA, 1998.

[110] Shirgaonkar I Z, Pandit A B. Degradation of aqueous solution of potassium iodide and sodium cyanide in the presence of carbon tetrachloride [J]. Ultrasonics Sonochemistry, 1997, 4(3): 245 - 253.

[111] Yokoi H, Arima T, Hayashi S, et al. Flocculation properties of poly (gamma-glutamic acid) produced by *Bacillus subtilis* [J]. Journal of Fermentation and Bioengineering, 1996, 82(1): 84 - 87.

[112] Deng S B, Bai R B, Hu X M, et al. Characteristics of a bioflocculant produced by *Bacillus mucilaginosus* and its use in starch wastewater treatment [J]. Applied Microbiology and Biotechnology, 2003, 60(5): 588 - 593.

[113] Lee D J, Chen G W, Liao Y C, et al. On the free-settling test for estimating activated sludge floc density [J]. Water Research, 1996, 30(3): 541 - 550.

[114] 米红,张文璋. 实用现代统计分析方法与 SPSS 应用[M]. 北京: 当代中国出版社,2000.

[115] Merlo R P, Trussell R S, Hermanowicz S W, et al. A comparison of the physical, chemical, and biological properties of sludges from a complete-mix activated sludge reactor and a submerged membrane bioreactor [J]. Water Environmental Research, 2007, 79(3): 320 - 328.

[116] Scholz M. Revised capillary suction time (CST) test to reduce consumable costs and improve dewaterability interpretation [J]. Journal of Chemical Technology and Biotechnology, 2006, 81(3): 336 - 344.

[117] Ramesh A, Lee D J, Lai J Y. Membrane biofouling by extracellular polymeric substances or soluble microbial products from membrane bioreactor sludge [J]. Applied Microbiology and Biotechnology, 2007, 74(3): 699 - 707.

[118] Novak J T, Sadler M E, Murthy S N. Mechanisms of floc destruction during anaerobic and aerobic digestion and the effect on conditioning and dewatering of biosolids [J]. Water Research, 2003, 37(13): 3136 - 3144.

[119] Gregory J. The action of polymeric flocculants in flocculation, sedimentation and consolidation//Moudgil B M, Somasundaran P. Proceedings of the Engineering Foundation Conference [C]. New York: United Engineering Foundation, 1985: 125 - 137.

[120] Kim J S, Akeprathumchai S, Wickramasinghe S R. Flocculation to enhance

microfiltration [J]. Journal of Membrane Science, 2001, 182(1-2): 161-172.

[121] Murthy S N, Novak J T, Holbrook R D, et al. Mesophilic aeration of autothermal thermophilic aerobically digested biosolids to improve plant operations [J]. Water Environmental Research, 2000, 72(4): 476-483.

[122] Adav S S, Lee D J, Show K Y, et al. Aerobic granular sludge: recent advances [J]. Biotechnology Advances, 2008, 26(5): 411-423.

[123] Murthy S N, Novak J T, Holbrook R D. Optimizing dewatering of biosolids from autothermal thermophilic aerobic digesters (ATAD) using inorganic conditioners [J]. Water Environmental Research, 2000, 72(6): 714-721.

[124] Novak J T, Verma N, Muller C D. The role of iron and aluminium in digestion and odor formation [J]. Water Science and Technology, 2007, 56(9): 59-65.

[125] Tsai B N, Chang C H, Lee D J. Fractionation of soluble microbial products (SMP) and soluble extracellular polymeric substances (EPS) from wastewater sludge [J]. Environmental Technology, 2008, 29(10): 1127-1138.

[126] Katsiris N, Kouzeli-katsiri A. Bound water content of biological sludges in relation to filtration and dewatering [J]. Water Research, 1987, 21(11): 1319-1327.

[127] Lyko S, Al-Halbouni D, Wintgens T, et al. Polymeric compounds in activated sludge supernatant-characterisation and retention mechanisms at a full-scale municipal membrane bioreactor [J]. Water Research, 2007, 41(17): 3894-3902.

[128] Novak J T, Knocke W R. Discussion of specific resistance measurements: nonparabolic data [J]. Journal of Environmental Engineering-ASCE, 1985, 111(3): 659-661.

[129] Hudson N, Baker A, Reynolds D. Fluorescence analysis of dissolved organic matter in natural, waste and polluted waters-a review [J]. River Research and Applications, 2007, 23(6): 631-649.

[130] Durmaz B, Sanin F D. Effect of carbon to nitrogen ratio on the composition of microbial extracellular polymers in activated sludge [J]. Water Science and Technology, 2001, 44: 221-229.

[131] Ramesh A, Lee D J, Hong S G. Soluble microbial products (SMP) and soluble extracellular polymeric substances (EPS) from wastewater sludge [J]. Applied Microbiology and Biotechnology, 2006, 73: 219-225.

[132] Zhang X G, Bishop P L, Kinkle B K. Comparison of extraction methods for quantifying extracellular polymers in biofilms [J]. Water Science and Technology, 1999, 39(7): 211-218.

[133] Kim I S, Jang N. The effect of calcium on the membrane biofouling in the membrane bioreactor (MBR) [J]. Water Research, 2006, 40(14): 2756-2764.

[134] Comte S, Guibaud G, Baudu M. Relations between extraction protocols for activated sludge extracellular polymeric substances (EPS) and EPS complexation properties Part Ⅰ. Comparison of the efficiency of eight EPS extraction methods [J]. Enzyme and Microbial Technology, 2006, 38(1-2): 237-245.

[135] Tan K H. Humic matter in soil and the environment-principles and controversies [M]. Marcel Dekker, New York, Basel, 2003.

[136] Gossart P, Semmoud A, Ruckebusch C, et al. Multivariate curve resolution applied to Fourier transform infrared spectra of macromolecules: structural characterisation of the acid form and the salt form of humic acids in interaction with lead [J]. Analytica Chimica Acta, 2003, 477(2): 201-209.

[137] Meissl K, Smidt E, Schwanninger M. Prediction of humic acid content and respiration activity of biogenic waste by means of Fourier transform infrared (FTIR) spectra and partial least squares regression (PLS-R) models [J]. Talanta, 2007, 72(2): 791-799.

[138] Park C, Novak J T. Characterization of activated sludge exocellular polymers using several cation-associated extraction methods [J]. Water Research, 2007, 41(8): 1679-1688.

[139] Bougrier C, Carrere H, Delgenes J P. Solubilisation of waste-activated sludge by ultrasonic treatment [J]. Chemical Engineering Journal, 2005, 106(2): 163-169.

[140] Khanal S K, Isik H, Sung S, et al. Ultrasonic conditioning of waste activated sludge for enhanced aerobic digestion//State of the Art, Challenges and Perspectives. Proceedings of IWA Specialized Conference-Sustainable Sludge Management [C]. May 29-31, 2006, Moscow, Russia.

[141] Zouari N, Achour O, Jaoua S. Production of delta-endo-doxin by Bacillus thuringiensis subsp kurstaki and overcoming of catabolite repression by using highly concentrated gruel and fish meal media in 2 and 20 dm^3 fermentors [J]. Journal of Chemical Technology and Biotechnology, 2002, 77(8): 877-882.

[142] Yezza A, Tyagi R D, Valero J R, et al. Wastewater sludge pre-treatment for enhanciing entomotoxicity produced by *Bacillus thuringiensis* var. *kurstaki* [J]. World Journal of Microbiology and Biotechnology, 2005, 21(6-7): 1165-1174.

[143] Floros J D, Liang H. Acoustically assisted diffusion through membranes and biomaterials [J]. Food Technology, 1994, 48(12): 79-84.

[144] Schlafer O, Sievers M, Klotzbucher H, et al. Improvement of biological activity by low energy ultrasound assisted bioreactors [J]. Ultrasonics, 2000, 38(1-8): 711-716.

[145] Lehne G, Muller A, Schwedes J. Mechanical disintegration of sewage sludge [J]. Water Science and Technology, 2001, 43(1): 19 - 26.

[146] Ozbek B, Ulgen K O. The stability of enzymes after sonication [J]. Process Biochemistry, 2000, 35(9): 1037 - 1043.

[147] Kloeke F V, Geesey G G. Localization and identification of populations of phosphatase-active bacterial cells associated with activated sludge flocs [J]. Microbial Ecology, 1999, 38(3): 201 - 214.

[148] Vavilin V A, Rytov S V, Lokshina L Y. A description of hydrolysis kinetics in anaerobic degradation of particulate organic matter [J]. Bioresource Technology, 1996, 56(2): 229 - 237.

[149] Hogan F, Mormede S, Clark P, et al. Ultrasonic sludge treatment for enhanced anaerobic digestion [J]. Water Science and Technology, 2004, 50(9): 25 - 32.

[150] Mahmoud N, Zeeman G, Gijzen H, et al. Interaction between digestion conditions and sludge physical characteristics and behaviour for anaerobically digested primary sludge [J]. Biochemical Engineering Journal, 2006, 28(2): 196 - 200.

[151] Biggs C, Lant P. Identifying the mechanisms of activated sludge flocculation [C]. Environmental Engineering Research Event, Avoca Beach, New South N, Australia, 1998, 6 - 9, December.

[152] Higgins M J, Novak J T. The effect of cations on the settling and dewatering of activated sludges [J]. Water Environmantal Research, 1997, 69(2): 215 - 224.

[153] Rust M E. Biopolymer and cation release in aerobic and anaerobic digestion and the consequent impact on sludge dewatering and conditioning properties [D]. Virginia Polytechnic Institute & State University, Blacksburg, Virginia, 1998.

[154] Coble P G. Characterization of marine and terrestrial DOM in seawater using excitation-emission matrix spectroscopy [J]. Marine Chemistry, 1996, 51 (4): 325 - 346.

[155] Elefsiniotis P, Oldham W K. Anaerobic acidogenesis of primary sludge: the role of solids retention time [J]. Biotechnology and Bioengneering, 1994, 44(1): 7 - 13.

[156] Barnard J L. Background to biological phosphorus removal [J]. Water Science and Technology, 1983, 15(3 - 4): 1 - 13.

[157] Elefsiniotis P, Wareham D G, Oldham W K. Particulate organic carbon solubilization in an acid-phase upflow anaerobic sludge blanket system [J]. Environmental Science and Technology, 1996, 30(5): 1508 - 1514.

[158] Fang H H P, Yu H Q. Mesophilic acidification of gelanaceous wastewater [J]. Journal of Biotechnology, 2002, 93(2): 99 - 108.

[159] Chen Y G, Jiang S, Yuan H Y, et al. Hydrolysis and acidification of waste activated sludge at different pHs [J]. Water Research, 2007, 41(3): 68 - 69.

[160] Fang H H P, Yu H Q. Acidification of lactose in wastewater [J]. Journal of Environmental Engineering, 2001, 127(9): 825 - 831.

[161] Vlyssides A G, Karlis P K. Thermal-alkaline solubilization of waste activated sludge as a pre-treatment stage for anaerobic digestion [J]. Bioresource Technology, 2004, 91 (2): 201 - 206.

[162] Cokgor E U, Oktay S, Tas D O, et al. Influence of pH and temperature on soluble substrate generation with primary sludge fermentation [J]. Bioresource Technology, 2009, 100(1): 380 - 386.

[163] Yu H Q, Zheng X J, Hu Z H, et al. High-rate anaerobic hydrolysis and acidogenesis of sewage sludge in a modified upflow reactor [J]. Water Science and Technology, 2003, 48(4): 69 - 75.

[164] Oehmen A, Lemos P C, Carvalho G, et al. Advances in enhanced biological phosphorus removal: from micro to macro scale [J]. Water Research, 2007, 41(11): 2271 - 2300.

[165] Neyens E, Baeyens J, Creemers C. Alkaline thermal sludge hydrolysis [J]. Journal of Hazardous Materials, 2003, 97(1 - 3): 295 - 314.

[166] Tong J, Chen Y G. Enhanced biological phosphorus removal driven by short-chain fatty acids produced from waste activated sludge alkaline fermentation [J]. Environmental Science and Technology, 2007, 41(20): 7126 - 7130.

[167] Ang W S, Elimelech M. Fatty acid fouling of reverse osmosis membranes: implications for wastewater reclamation [J]. Water Research, 2008, 42(16): 4393 -4403.

[168] Vallom J K, McLoughlin A J. Lysis as a factor in sludge flocculation [J]. Water Research, 1984, 18(12): 1523 - 1528.

[169] Wu J Y, Ye H F. Characterization and flocculating properties of an extracellular biopolymer produced from a *Bacillus subtilis* DYU1 isolate [J]. Process Biochemistry, 2007, 42(7): 1114 - 1123.

[170] Tenney M W, Stumm W. Chemical flocculation of microorganisms in biological waste treatment [J]. Journal of the Water Pollution Control Federation, 1965, 37(10): 1370 -1388.

[171] Chen F. Bacterial auto-aggregation and co-aggregation in activated sludge [D]. Clemson University: South Carolina, 2007.

[172] Nielsen P H, Jahn A, Palmgren R. Conceptual model for production and composition of exopolymers in biofilms [J]. Water Science and Technology, 1997, 36(1): 11 - 19.

[173] Nomura T, Araki S, Nagao T, et al. Resource recovery treatment of waste sludge using a solubilizing reagent [J]. Journal of Material Cycles and Waste Management, 2007, 9(1): 34 - 39.

[174] Liu X M, Sheng G P, Yu H Q. DLVO approach to the flocculability of a photosynthetic H_2-producing bacterium, *Rhodopseudomonas acidophila* [J]. Environmental Science and Technology, 2007, 41(13): 4620 - 4625.

[175] Saito K, Endo T, Watanable M, et al. Deoxyribonuclease susceptible floc-forming *Pseudomonas sp* [J]. Agricultural Biology and Chemistry, 1981, 45(2): 497 - 504.

[176] Bender H, Rodriguez-Eatun S, Ekanemesang U, et al. Characterization of metal-binding bioflocculants produced by the cyanobacterial component of mixed microbial mats [J]. Applied and Environmental Microbiology, 1994, 60(7): 2311 - 2315.

[177] Salehizadeh H, Shokaosadati S A. Extracellular biopolymeric flocculants: recent trends and biotechnological importance [J]. Biotechnology Advances, 2001, 19(5): 371 - 385.

[178] Miller S M, Fugate E J, Craver V O, et al. Toward understanding the efficacy and mechanism of *Opuntia* spp as a natural coagulant for potential application in water treatment [J]. Environmental Science and Technology, 2008, 42(12): 4274 - 4279.

[179] Jarvis P, Jefferson B, Parsons S A. Breakage, regrowth, and fractal nature of natural organic matter flocs [J]. Environmental Science and Technology, 2005, 39(7): 2307 - 2314.

[180] Morgenroth E, Sherden T, van Loosdrecht M C M, et al. Aerobic granular sludge in a sequencing batch reactor [J]. Water Research, 1997, 31(12): 3191 - 3194.

[181] Tay J H, Liu Q S, Liu Y. Microscopic observation of aerobic granulation in sequential aerobic sludge blanket reactor [J]. Journal of Applied Microbiology, 2001, 91(1): 168 - 175.

[182] Yang S F, Liu Y, Tay J H. A novel granular sludge sequencing batch reactor for removal of organic and nitrogen from wastewater [J]. Journal of Biotechnology, 2006, 106(1): 77 - 86.

[183] Adav S S, Chen M Y, Lee D J, et al. Degradation of phenol by aerobic granules and isolated yeast *Candida tropicalis* [J]. Biotechnology and Bioengineering, 2007, 96(5): 844 - 852.

[184] Adav S S, Lee D J, Lai J Y. Intergeneric coaggregation of strains isolated from phenol degrading aerobic granules [J]. Applied Microbiology and Biotechnology, 2008, 79(4): 657 - 661.

[185] Moy B Y P, Tay J H, Toh S K, et al. High organic loading influences the physical

characteristics of aerobic sludge granules [J]. Letters in Applied Microbiology, 2002, 34(6): 407 - 412.

[186] Tay J H, Liu Q S, Liu Y. Aerobic granulation in sequential sludge blanket reactor [J]. Water Science and Technology, 2002, 46(4 - 5): 41 - 48.

[187] Liu Y Q, Wang Z W, Tay J H. A unified theory for upscaling aerobic granular sludge sequencing batch reactors [J]. Biotechnology Advances, 2005, 23(5): 335 - 344.

[188] Adav S S, Lee D J, Lai J Y. Effects of aeration intensity on formation of phenol-fed aerobic granules and extracellular polymeric substances [J]. Applied Microbiology and Biotechnology, 2007, 77(1): 175 - 182.

[189] Liu Y, Tay J H. State of the art of biogranulation technology for wastewater treatment [J]. Biotechnology Advances, 2004, 22(7): 533 - 563.

[190] Maximova N, Dahl Q. Environmental implications of aggregation phenomena: current understanding [J]. Current Opinion in Colloid and Interface Science, 2006, 11(4): 246 - 266.

[191] de Kreuk M K, Kishida N, van Loosdrecht M C M. Aerobic granular sludge-state of the art [J]. Water Science and Technology, 2007, 55(8 - 9): 75 - 81.

[192] Liu Y Q, Liu Y, Tay J H. The effects of extracellular polymeric substances on the formation and stability of biogranules [J]. Applied Microbiology and Biotechnology, 2004, 65(2): 143 - 148.

[193] Liu Y, Wang Z U, Qin L, Liu Y Q, et al. Selection pressure-driven aerobic granulation in a sequencing batch reactor [J]. Applied Microbiology and Biotechnology, 2005, 67(1): 26 - 32.

[194] McSwain B S, Irvine R L, Hausner M, et al. Composition and distribution of extracellular polymeric substances in aerobic flocs and granular sludge [J]. Applied Microbiology and Biotechnology, 2005, 71(2): 1051 - 1057.

[195] Tay J H, Liu Q S, Liu Y. The role of cellular polysaccharides in te formation and stability of aerobic granules [J]. Letters in Applied Microbiology, 2001, 33(3): 222 - 226.

[196] Liu Y, Tay J H. The essential role of hydrodynamic shear force in the formation of biofilm and granular sludge [J]. Water Research, 2002, 36(7): 1653 - 1665.

[197] Adav S S, Lee D J, Lai J Y. Proteolytic activity in stored aerobic granular sludge and structural integrity [J]. Bioresource Technnology, 2009, 100(1): 68 - 73.

[198] Adav S S, Lee D J, Ren N Q. Biodegradation of pyridine using aerobic granules in the presence of phenol [J]. Water Research, 2007, 41(13): 2903 - 2910.

[199] Adav S S, Lee D J. Extraction of extracellular polymeric substances from aerobic

granule with compact interior structure [J]. Journal of Hazardous Materials, 2008, 154(1-3): 1120-1126.

[200] Tay J H, Ivanov V, Pan S, et al. Specific layers in aerobically grown microbial granules [J]. Letters in Applied Microbiology, 2002, 34(4): 254-257.

[201] Weber S D, Ludwig W, Schleifer K H, et al. Microbial composition and structure of aerobic granular sewage biofilms [J]. Applied and Environmental Microbiology, 2007, 73(19): 6233-6240.

[202] Lemaire R L, Yuan Z, Blackall L L, et al. Microbial distribution of *Accumulibacter* spp. and *Competibacter* spp. in aerobic granules from a lab-scale biological nutrient removal system [J]. Environmental Microbiology, 2008, 10(2): 354-363.

[203] Molina-Munoz M, Poyatos J M, Vilchez R, et al. Effect of the concentration of suspended solids on the enzymatic activities and biodiversity of a submerged membrane bioreactor for aerobic treatment of domestic wastewater [J]. Applied Microbiology and Biotechnology, 2007, 73(6): 1441-1451.

[204] Xiao F, Yang S F, Li X Y. Physical and hydrodynamics properties of aerobic granules produced in sequencing batch reactors [J]. Separation and Purification Technology, 2008, 63(3): 634-641.

[205] Mu Y, Ren T T, Yu H Q. Drag coefficient of porous and permeable microbial granules [J]. Environmental Science and Technology, 2008, 42(5): 1718-1723.

[206] 黄满红,李咏梅,顾国维. 城市污水活性污泥处理系统中有机物分子量的分布及其变化[J]. 环境化学,2006, 25(6): 726-729.

[207] Zhang L L, Zhang B, Huang Y F, et al. Re-activation characteristics of preserved aerobic granular sludge [J]. Journal of Environmental Sciences, 2005, 17(4): 655-658.

[208] Liu Y Q, Tay J H. Influence of starvation time on formation and stability of aerobic granules in sequencing batch reactors [J]. Bioresource Technology, 2008, 99(5): 980-985.

[209] Tay J H, Liu Q S, Liu Y. Characteristics of aerobic granules grown on glucose and acetate in sequential aerobic sludge blanket reactors [J]. Environmental Technology, 2002, 23(8): 931-936.

[210] Boyd A, Chakrabarty A M. Role of alginate lyase in cell detachment of *Pseudomonas aeruginosa* [J]. Applied and Environmental Microbiology, 1994, 60(7): 2355-2359.

[211] Ruijssenaars H J, Stingele F, Hartmans S. Biodegradability of food-associated extracellular polysaccharides [J]. Current Microbiology, 2000, 40(3): 194-199.

[212] Zhang X Q, Bishop P L. Biodegradability of biofilm extracellular polymeric substances

[J]. Chemosphere, 2003, 50(1): 63 - 69.

[213] Wang S G, Liu X W, Gong W X, et al. Aerobic granulation with brewery wastewater in a sequencing batch reactor [J]. Bioresource Technology, 2007, 98(11): 2142 - 2147.

后 记

提起笔来，感慨万千，想到有那么多人值得我感谢，一时竟不知从何说起。本书不仅是我 3 年多来攻读博士学位期间的工作和学习总结，也凝结着很多人的心血和期许。今天终于完成，算是给自己和关心我的师长、亲人和朋友们一个交代，为几年来的辛苦努力划一个句号。

首先，要感谢我的导师何品晶教授。古人云："师者，传道授业解惑者也。"从何老师的身上，我真切地体会到了这句话的含义。从课题的开题，到一系列实验的顺利完成，从每一篇学术论文的发表和整个毕业论文的完成，无不倾注了何老师的心血和汗水。至今仍清晰记得何老师逐字逐句帮我修改第一篇论文的情景，其中辛苦可见一斑。何老师的谆谆教诲不仅成了我美好的回忆，而且也成为我一笔宝贵的人生财富，为我将来独立开展研究工作奠定了基础，令我受益终身。

感谢何老师给我们提供了宽松的学术环境和自由的探索空间，并在研究中提出了很多建设性的意见和建议！感谢何老师对我的严格要求，是您的严格要求改变了我做人做事的态度，您的谆谆教诲我将铭记于心！也感谢何老师给我提供了去台湾大学学习的机会，使我增长了见识，开阔了视野！

感谢课题组邵立明教授 3 年来的悉心指导和大力帮助。3 年来，我每个实验方案的完善、每篇学术论文及博士论文的撰写和修改，都离不开邵老师的指点与关怀，也都凝结了邵老师很多的汗水。邵老师渊博的知识、诲人不倦的态度和豁达的心态给我留下了深刻印象。

感谢李国建教授在课题组会议上对我汇报的实验方案和研究结果提出了许多宝贵的意见和建议。聆听李教授极具专业性的指导，使我受益匪浅。

感谢台湾大学李笃中教授对我多篇学术论文提出了很多建设性的意见。在台湾大学学习其间，感谢李教授在百忙之中给我点拨学术思路及分析讨论试验结果，使我受到了很多启发。李教授活跃的学术思想、严谨求实的治学态度和一丝不苟的钻研精神永远是我学习的楷模。

感谢师姐吕凡老师、章骅老师、张波和郑仲博士后3年来在工作和生活中给予的无私帮助，你们一直是我学习的榜样。至今仍清晰地记得我刚到同济大学时，吕老师不厌其烦地三易其稿修改我的第一篇英文学术论文；记得章老师在百忙之中多次细致、耐心地帮我修改学术论文，认真回答我请教的问题；记得张波和郑仲博士后在工作中不厌其烦地回答我请教的很多问题。

感谢一起共同度过3年时间的张冬青。怀念我们在一起共同分享酸甜苦辣的日子。有了你的支持和鼓励，才使攻读博士学位变得不是那么漫长。你待人接物的方式，也让我受益颇多。

感谢所有和我一起奋斗过的师弟、师妹们。感谢何培培的勤奋努力和无私奉献，怀念和你一起奋斗的日子；感谢诸一殊在实验中给予的帮助，有你的日子实验变得不再枯燥；感谢徐华成和王冠钊帮忙取样及做实验，你们给研究工作增添了很多活力；感谢邵正浩帮忙做污泥前期探索实验，和你一起终于从茫茫黑夜看到了曙光；感谢法国的 Marlène BAZOUIN 和 Claire LEBARZ 一起帮忙做实验，谢谢你们给课题组带来了很多欢声和笑语。

感谢一些已经毕业离开课题组的师兄师姐师弟师妹：刘永德、冯军会、瞿贤、张后虎、陈金发、王佩、张莲、李冰、陈军、袁莉、叶凝芳、付强、谷惠丽、张翔宇、唐琼瑶、余婷、冯佳、曾阳、徐苏云、郭敏、朱敏、孔祥锐和陈瑶；也感谢还正在实验室奋斗的师弟师妹：赵玲、唐家富、吴骏、郝丽萍、杨娜、吴铎、徐颂、於林中、金泰峰、吴长淋、邱伟坚、方文娟、仲跻胜、姚倩、马忠贺、赵有亮、顾伟妹、庞蕾、韩竞耀、陈森、李敏和吴清。

感谢台湾大学化学工程学系的雅伶、美芳、晏汝、育权、炳友、Jastin、Bobby、国领、雅凡、林彬、家振、戴荣、昱佑、法志等在台大给予我很多的帮助，使我在台大的研究得以顺利进行。

感谢我的室友丁孝全老师。两年多时间的朝夕相处，你让我学到了很多。感谢你在生活中给予我的关心与照顾。

感谢同济大学环境科学与工程学院和污染与控制国家重点实验室提供的提供良好的学术氛围和支撑平台。感谢班主任谢丽老师和06级春博同学3年来对我的帮助！

感谢国家高技术研究发展计划（863）项目（2006AA06Z384）、水污染控制与治理重大专项（2008ZX07316－002）和教育部博士点基金课题（200802470029）

的项目资助。

感谢我的父母对我一如既往的支持和鼓励，特别感激你们在我初中毕业后给我又一次求学的机会，没有你们的支持，我的人生可能就走了另一条道路；感谢我的妹妹在我母亲生病时一直在身边照顾，有了你在家里，才使我能安心在外求学；感谢我的岳父岳母在家辛苦地帮忙照顾我女儿余曦，才使我能全身心地投入到学习和科研工作中；特别感谢我的妻子裴伟，你的支持和信任给了我很大的动力。感谢女儿给我带来快乐，祝福女儿健康快乐地成长！

谨以此文献给所有关心和支持我的亲人、师长和朋友！

余光辉